战略性新兴领域“十四五”高等教育系列教材

智能机器人与运动控制

王景川　张　晗　余洪山　陈卫东　编著

机械工业出版社

本书以讲授“运动控制及其在智能机器人方面的应用”为目标，分为3部分，共9章内容。首先阐述运动控制系统的构成、直流电机的建模与辨识方法，在此基础上介绍以线性二次型最优控制为主的电机控制方法，并进一步以双轮差速和阿克曼运动学模型的移动机器人为例，介绍多电机协同的建模、感知、规划与控制技术。同时，本书还非常注重实践，内容涵盖了如何通过微控制器实验进行电机参数辨识、实现电机反馈信息的读取，以及电机的速度、位置控制，也阐述了如何在ROS下实现智能机器人的基本定位、SLAM、规划与控制等。

本书可作为高等院校自动化、机器人工程等相关专业的本科生教材，也可作为机器人领域的从业人员的入门参考用书。

本书配有以下教学资源：ppt课件、教学大纲、教学视频、源代码等，欢迎选用本书作教材的教师登录 www.cmpedu.com 注册后下载相关资料，或发邮件至 jinacmp@163.com 索取。

图书在版编目（CIP）数据

智能机器人与运动控制 / 王景川等编著 . -- 北京 ：机械工业出版社， 2024. 12. --（战略性新兴领域“十四五”高等教育系列教材）. -- ISBN 978-7-111-77669-7

Ⅰ. TP242.6

中国国家版本馆 CIP 数据核字第 2024T458B0 号

机械工业出版社（北京市百万庄大街 22 号　邮政编码 100037）

策划编辑：吉　玲　　　　责任编辑：吉　玲　张振霞

责任校对：樊钟英　薄萌钰　　封面设计：张　静

责任印制：单爱军

北京虎彩文化传播有限公司印刷

2024 年 12 月第 1 版第 1 次印刷

184mm × 260mm · 15 印张 · 360 千字

标准书号：ISBN 978-7-111-77669-7

定价：58.00 元

电话服务　　　　　　　　　　网络服务

客服电话：010-88361066　　机　工　官　网：www.cmpbook.com

010-88379833　　机　工　官　博：weibo.com/cmp1952

010-68326294　　金　书　网：www.golden-book.com

封底无防伪标均为盗版　　机工教育服务网：www.cmpedu.com

前言

PREFACE

本书讲什么

这是一本介绍智能机器人与运动控制的书。随着社会的发展，机器人在生活中也变得越来越普遍，不仅是工厂流水线上的工业机械臂，如无人驾驶汽车、无人物流配送车之类的机器人也逐渐走入千家万户。而这些智能机器人技术背后的基石正是运动控制。

运动控制是一类自动化技术，是指让系统中的可动部分按预期的目标受控运行的技术。这里的“可动部分”可以是电机、液压泵等驱动单元，也可以是机器人本身。具体地说，对于电机、液压泵等驱动单元而言，通常的运动控制目标是使其按照预期的力（力矩）、速度运行，或者使其达到期望的位置；而对于机器人而言，其运动控制的目标通常是跟踪预设的轨迹，或者使机器人到达指定的位置。由于机器人通常是由多个电机、液压泵等驱动单元共同组成的，因此单个电机、液压泵等驱动单元的运动控制是机器人整体运动控制的基础。直流电机是当前机器人系统中最常用的驱动单元，因此本书将以直流电机为例，讲述运动控制技术。本书首先讲述单电机的运动控制技术，随后逐步扩展到多电机的协同运动控制技术，即智能机器人的运动控制技术。由于无人驾驶汽车、无人物流配送车等的兴起，智能移动机器人已成为智能制造中不可忽视的重要组成部分，也鉴于已有许多介绍机械臂的教材，因此本书将以智能移动机器人为例，着重介绍多电机系统运动控制技术。

从基本的自动控制原理中可知，为了实现对一个控制对象的自动控制，一般首先需要控制对象的模型（无模型控制不在此列）。对于控制器来说，控制对象的模型非常重要，因为控制对象的模型是用来描述“这些控制量输入系统后，系统的状态（输出）会相应发生什么改变”的；因此，通过控制对象的模型，才能知道“为了使系统的状态（输出）达到期望值，需要的控制量应该是什么”。在实际工程中，一个准确的控制对象的模型可以使控制器设计变得非常简单。然而，如何获得控制对象的模型呢？一般的做法是，设计特定的实验，通过输入特定的控制信号来激励控制对象、采集控制对象的输出，并依据该输入－输出信号来估计控制对象的模型，这一过程被称为系统辨识（System Identification）。鉴于“建立准确的控制对象模型”对于运动控制的重要性，本书将以直流电机和移动机器人为例，介绍运动控制系统的控制对象的建模方法，为之后的控制器设计打下基础。

对于一个运动控制系统来说，若要实现自动控制，在获得了控制对象的模型后，还需要感知模块，用于提供闭环控制所需的反馈信号。因此，本书将以单直流电机系统和智能移动机器人为例，介绍其感知模块。具体地，对于单直流电机系统，将介绍其反馈传感器与信号；对于智能移动机器人，将介绍其常用的传感器以及基本的定位算法。

在建立控制对象的模型和反馈通道后，本书将以单直流电机为例，介绍其控制方法。鉴于已经获得了具体的控制对象的模型，因此本书不再采用传统的 PID 控制，而着重介绍线性二次型最优控制的方法。这种方法相比于无模型的 PID 控制而言，通常具有更好的控制性能。

本书除了详细介绍运动控制技术的建模、感知与控制理论外，还非常重视实践。本书不仅会逐步介绍如何为控制对象建立模型、如何通过单片机实现单直流电机反馈信息的读取与控制，还将介绍如何在 ROS 中实现智能机器人的基本定位、SLAM、规划与控制，使读者逐步了解 ROS 这一当前被机器人界广泛使用的架构。

如何使用本书

每个算法的背后均有严格的数学原理进行支撑，因此为了讲清楚这些算法，本书不可避免地将涉及一些“枯燥无味”的数学知识。然而，鉴于本书面向的读者是工科专业的学生，因此会尽可能地把这些数学知识结合实际的运动控制系统进行讲述。

本书分为 3 部分：

第 1 部分为电机运动控制技术，具体包括：

1）电机的种类和一个单电机运动控制系统的构成。

2）由于直流电机是智能机器人上最常用的电机，因此将介绍直流电机拖动的电气与力学模型，建立其状态空间模型。

3）基于直流电机的状态空间模型，将介绍如何设计实验对直流电机拖动的电气与力学模型中的待定参数开展辨识以及其背后的辨识原理。

4）基于辨识得到的直流电机拖动的电气与力学模型，将介绍直流电机的线性二次型最优控制方法。

第 2 部分为多电机协同控制技术，具体包括：

1）移动机器人的运动学模型及其模型辨识方法。

2）移动机器人的感知方法，包括其常用传感器与基本的定位方法。

3）移动机器人的路径规划与轨迹跟踪。

第 3 部分为运动控制实践，具体包括：

1）如何基于 STM32 实现第 1 部分讲述的直流电机的反馈控制，包括直流电机的运动控制系统搭建、系统辨识与控制。

2）介绍如何使用当今科研界广泛使用的 ROS 和 Gazebo 架构与仿真软件。

3）如何在 ROS 中实现移动机器人的路径规划与轨迹跟踪。

本书的使用需要有一定的基础，因此建议读者在阅读本书之前，需具备以下知识：

1）高等数学、线性代数、概率论和一定程度的数理统计知识。这些知识大部分读者在本科低年级时应当均有涉猎，如果读者对已学过知识的记忆已经模糊，请不要慌张，本书中依旧会在适当的时候结合实际案例帮助读者温故而知新。

2）C 和 Python 语言基础。C 语言是单片机编程中最常用的语言，具有执行效率高的优点；Python 也是当前最流行的脚本语言，简单明了，非常适合编程新手入门。如果读者不具有这两种语言基础，强烈建议读者在阅读本书之前对这两种语言有一个初步的了解。

3）现代控制理论。随着时代的发展，工程中的控制系统也越来越复杂，经典的基于传递函数的控制已不能满足性能的需要。因此，本书与经典的运动控制教材不同，无论是建模、控制还是感知，均采用现代控制理论的状态空间（State-Space）表达式来陈述。因此建议读者在阅读本书前，对现代控制理论有一个初步的了解。此外，本书将结合具体实例，详细叙述如何基于现代控制理论开展系统辨识、运动控制与感知。

本书的编写得到了上海交通大学自动化系自主机器人实验室的同学们的大力协助，他们是陈怡、蔡冠宇、曹川、刘一哲、项柏涵等。在此向他们表示诚挚的谢意。

编　者

目录

CONTENTS

第2部分　多电机协同控制技术

第3部分　运动控制实践

| 第 1 部分 |

电机运动控制技术

第 1 章　运动控制系统构成与电机的种类

1.1　运动控制系统构成

运动控制系统是用于精确控制机械部件位置、速度、加速度等运动参数的系统。它广泛应用于工业自动化、机器人、航空航天、医疗设备等领域。运动控制系统通常由以下几个关键部分组成。

（1）控制器

控制器是运动控制系统的“大脑”，负责接收输入信号并生成控制指令，指挥整个系统的运行。控制器可以是简单的开关逻辑，也可以是复杂的计算机系统，执行复杂的算法来优化运动性能。

（2）驱动器

驱动器又称为功率执行装置，负责接收控制器的指令，并将电信号转换为机械部件所需的力或转矩，控制执行器的工作状态。驱动器通常包括功率放大器和接口电路，用于将控制器的小功率控制信号放大为可以控制电机的位置和速度的大功率信号。

（3）执行器

执行器是将电能转换为机械能的设备，可实现位置、速度等的控制，如电机、液压缸或气动缸等。电机是最常见的执行器，包括直流电机、交流电机、步进电机和伺服电机等。

（4）传感器

传感器用于监测整个运动控制系统的运行状态，通过采集实时数据为控制器提供反馈信息，如位置、速度、加速度、温度等。常见的传感器有编码器、光电传感器、力矩传感器等。

（5）反馈系统

反馈系统将执行器的实际运行状态反馈给控制器，形成闭环控制，用于提高控制精度和稳定性。

（6）用户界面

用户界面允许操作者与系统交互，方便设置参数和监控系统状态，也可以启动、暂停或停止运动等。它可以是简单的按钮和开关，也可以是复杂的触摸屏和图形界面。

（7）通信接口

通信接口用于系统内部各部件之间的数据交换，也可以用于与外部系统的连接。常见的通信接口有 RS-232、RS-485、以太网、CAN 总线等。

（8）控制软件

软件通过处理传感器数据实现控制逻辑，并提供给用户界面，包括操作系统、控制算法等，也包括实现用户交互的用户界面程序。

运动控制系统的设计和实现需要综合考虑控制理论、机械设计、电子技术、计算机科学等多个领域的知识，依照具体对象的运动要求，根据其负载情况配置合理的驱动器、执行器，完成相应的运动要求。运动感知、运动控制与运动执行是运动控制系统的三大要素。以电机为执行器的典型运动控制系统如图 1-1 所示。

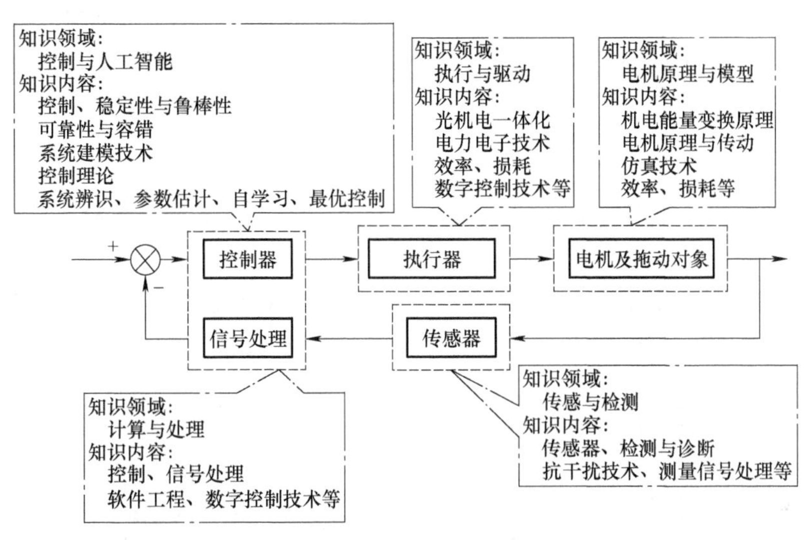

图 1-1　以电机为执行器的典型运动控制系统

图 1-1 不仅反映了系统的构成，也是对各个要素单元所涉及的知识领域的阐述。其中，控制器所涉及的知识领域为运动学理论、控制理论、插补理论、智能控制技术等；执行器所涉及的知识领域为驱动控制器技术（电力电子技术）、计算机控制技术、现代控制理论等；电机及拖动对象所涉及的知识领域为执行器技术（电动、液动、气动）、电机学等；传感器及信号处理单元所涉及的知识领域为传感器与检测技术、信号处理技术、抗干扰技术等。

那么，为什么要学习运动控制系统呢？

1）从控制系统的角度看，运动控制系统具有系统的集成性和应用的广泛性。

2）运动控制系统在国民经济中应用广泛，作用重大。大部分的运动控制系统都具有相似的结构，只是控制目标、执行机构和被控对象因系统的不同而不同。

3）从知识体系的角度看，其知识体系和内容具有较好的代表性和综合性。

运动控制系统所涉及的知识领域和所需要的支撑学科包括电机学、计算机、网络通信、自动化、传感测量、电力电子等，它们共同构成了运动控制系统的理论基础，而每个学科都有各自的相关课程。本书结合运动系统自身特色，将有关支撑学科的知识集成为运动控制系统，通过对该系统的学习，学生可掌握专业的综合知识，包括对专业术语的理解，还可以加深对自动化专业的理解。

1.2 电机分类概述

电机广泛应用于工业、家用电器、交通运输等领域。电机的分类方式多种多样，可以根据其工作原理、结构、用途等进行分类。以下是一些常见的电机类型及其性能特点、用途和优缺点。

（1）直流电机

根据励磁方式的不同，直流电机又可分为永磁式和电磁式两种。永磁式直流电机的磁场由永磁体产生，无须外部励磁，主要应用于电动工具、家用电器等领域，由于其调速性能好、起动转矩大，永磁式直流电机在这些领域的应用越来越广泛。电磁式直流电机的磁场由励磁线圈产生，需要外部励磁，主要应用于需要较大起动转矩和调速范围的场合，如起重设备、电梯等。

直流电机一般为有刷结构，直流电源的电能通过电刷和换向器进入电枢绕组，产生电枢电流，电枢电流产生的磁场与主磁场相互作用，产生电磁转矩，从而使电机旋转带动负载。

直流电机具有调速性能好、起动转矩大等优点，但存在换向困难、维护复杂、故障多、寿命短以及换向时易产生火花导致电磁干扰等缺点。

（2）交流电机

交流电机一般不通过换向，而是通过改变定子磁场方向来带动转子持续转动。

对于交流电机来说，定子磁场不是固定不变的，而是按照一定的规律旋转，所以能够保证转子绕组受到的电磁力方向不变。在交流电机的定子上接入三相对称交流电，电流的变化产生旋转的合成磁场，这个磁场像一个绕着定子旋转的磁铁，从而通过磁感效应带动转子转动。交流电机根据结构的不同又可分为异步电机、同步电机等。

异步电机是一种常用的交流电机，也称为感应电机，其转子的结构是简单的闭合线圈，把这样一个闭合线圈放入定子内部，定子的旋转磁场必然会在转子线圈上产生感应电动势，进而产生感应电流，最后产生转子磁场，这样异步电机的转子就变成了一个电磁铁，这个电磁铁会跟随定子旋转磁场进行旋转。由于转子磁场是靠切割磁感线产生的感应电动势得到的，因此若要一直存在感应电动势，转子必须持续切割磁感线，所以转子的旋转速度就不能和定子的旋转磁场速度相等，故称为异步电机。异步电机结构简单、运行可靠、维护方便，广泛应用于各种工业和民用领域。

同步电机的转子可以是一个永磁体，也可以专门接入一个直流电源，这个直流电源的效果也是把转子变成一个电磁铁，当定子在交变电流下产生旋转磁场时，转子就会以定子磁场旋转的同步速度跟随旋转，故称为同步电机。同步电机主要应用于需要恒定转速的场合，如泵站等。

（3）步进电机

步进电机是一种将电脉冲转换为角位移的执行机构。简单来说，当步进电机的驱动器接收到一个脉冲信号，它就驱动步进电机按设定的方向转动一个固定的角度，可以通过控制脉冲的个数来控制电机的角位移量，从而达到精确位置控制的目的；同时，还可以通过控制脉冲频率来控制电机转动的速度和加速度，从而达到调速的目的。

步进电机由定子和转子两部分组成，定子上有齿，齿上绕有线圈，而转子是永磁体或是可变磁阻的铁心。图 1-2 描述了步进电机的截面图及其工作原理，定子上有 A、B、C 三相线圈，通过给定子的一个或多个线圈通电，线圈中流动的电流产生磁场，转子与该磁场对齐，即可实现电能到动能的转换，通过依次提供不同的相位，转子可以旋转特定的量以到达所需的最终位置。图 1-2a 中，线圈 A 通电，转子与其产生的磁场对齐；图 1-2b 中，线圈 B 通电，转子逆时针旋转 60° 后与新磁场对齐；图 1-2c 中，线圈 C 通电，转子再逆时针旋转 60° 后与新磁场对齐。

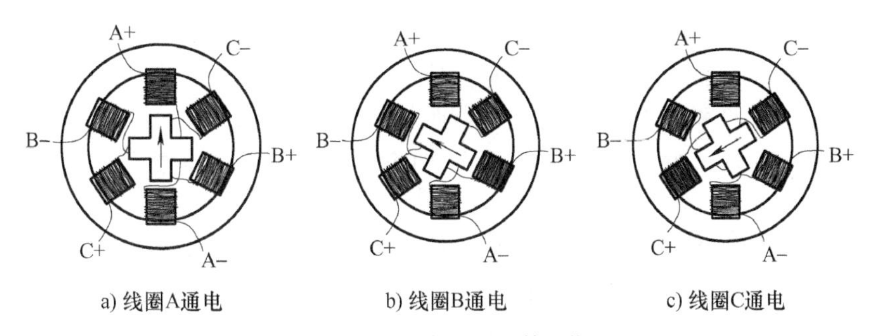

图 1-2　步进电机截面图及其工作原理

步进电机控制简单、低速转矩大、成本低，但存在空载起动频率，所以步进电机可以低速正常运转，但若高于一定速度时则无法起动，并伴有尖锐的噪声。同时，步进电机的电脉冲角度控制是开环控制，如果不配合其他传感器，控制精度和稳定性都没有其他电机高。

（4）伺服电机

伺服系统是使物体的位置、方位、状态等输出被控量能够跟随输入目标（或给定值）的任意变化进行自动控制的系统。伺服电机将输入的电压信号（或者脉冲数）转换为转矩或是转速，从而在电机轴上得以输出，达到跟踪转矩、转速的目的。

与步进电机相同，伺服电机也主要靠脉冲数来进行位置、速度的判断，它每接收到一个脉冲，就会旋转一个脉冲对应的角度，从而实现位移。但与步进电机不同的是，伺服电机本身具备发出脉冲的功能，所以伺服电机每旋转一个角度，都会发出对应数量的脉冲，和伺服电机接收的脉冲形成呼应，即形成了闭环控制。因此，伺服电机能够精确控制电机转动，从而实现精确的速度、位置跟踪。

当伺服电机所需要跟随的输入目标是旋转力矩时，此类电机又称为力矩电机。它可以在不同的转速下以期望的力矩进行工作，从而达到特殊情况下驱动负载的目的。例如，在印染机械上，伺服电机被用于带动卷绕织物的辊筒进行转动，随着织物不断卷绕到辊筒上，辊筒的直径逐渐增大，负载也相应增加，此时电机转矩也需要持续加大，才能保持辊筒的正常运转。

综上，每种电机都有其特定的应用场景和优势，因此需要综合考虑具体的应用需求、成本预算、维护要求等因素来选择合适的电机类型。

1.3 减速与传动器件

电机的变速器件是用于改变电机输出速度和转矩的机械装置。这些装置可以是减速器、增速器或变速装置，它们通过齿轮等机械元件来实现速度和转矩的转换。每种变速器件都有其优势和特定的应用场景。在选择变速器件时，需要考虑系统的功率需求、速度范围、精度要求、成本预算、维护方便性等因素。通过合理的变速器件选择和设计，可以提高系统的效率、稳定性和可靠性，满足不同的应用需求。

1.3.1 减速方式

1. 行星齿轮减速

行星齿轮减速是一种具有动轴线的齿轮减速，行星齿轮相比于圆柱齿轮具有质量轻、体积小、传动比大、效率高等优点，缺点是结构复杂，精度要求较高。

如果轮系中至少有一个齿轮的轴线绕另一个齿轮的轴线转动，则这个轮系称为周转轮系，如图 1-3 所示。周转轮系由行星轮、中心轮、行星架和机架构成。在周转轮系中，凡是轴线与主轴轴线重合并承受外力矩的构件称为基本构件；既绕自身轴线旋转，又绕公共轴线旋转的齿轮称为行星轮；齿轮的中心线固定并与主轴线重合，且与行星齿轮相啮合的齿轮称为中心轮；支撑行星轮的构件称为行星架或系杆。

若周转轮系的自由度为 2，则称其为差动轮系，即该轮系有两个独立运动的主动件，如图 1-3a 所示。若周转轮系的自由度为 1，则为行星轮系，这种轮系只有一个独立运动的主动件，如图 1-3b 所示。

当输入轴旋转时，中心轮也旋转，而行星轮因为受到行星架的约束，只能作为中间套上的行星轴转动，并且由于在行星轮上安装了减速齿轮，因此输入轴旋转一周时，行星轮的旋转速度仅有输入轴一圈的速度。换言之，在行星轮周围的内齿圈上，传递了一个高速的输入电机的转动动力，通过行星齿轮的作用，将其转换为低速、高转矩的输出轴转矩力，这样就完成了高速与低速之间的转换。

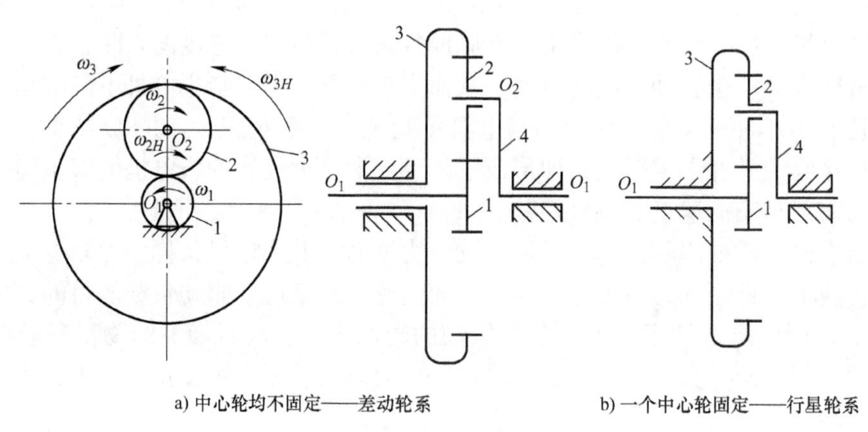

图 1-3 周转轮系示意图

1、3—中心轮 2—行星轮 4—行星架

如图 1-4 所示，在行星轮系中，减速传动存在三种情况。在图 1-4a 中，锁定齿圈，中心轮主动，行星架被动，传动比一般为 2.5 ～ 5，为减速传动，方向相同；在图 1-4b 中，中心轮锁定，齿圈主动，行星架被动，传动比一般为 0.2 ～ 0.4，为升速传动、方向相同；在图 1-4c 中，行星架固定，中心轮主动，齿圈被动，传动比一般为 1.5 ～ 4，为减速传动，方向相反。若中心轮、行星轮、齿圈锁成一个整体，则变速器的速比为 1，传动效率最高。

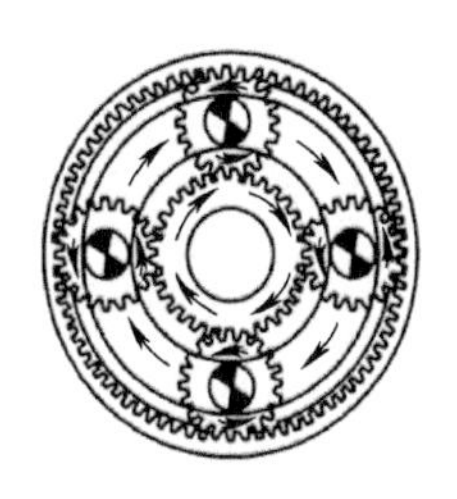
a) 锁定齿圈时的动力传递

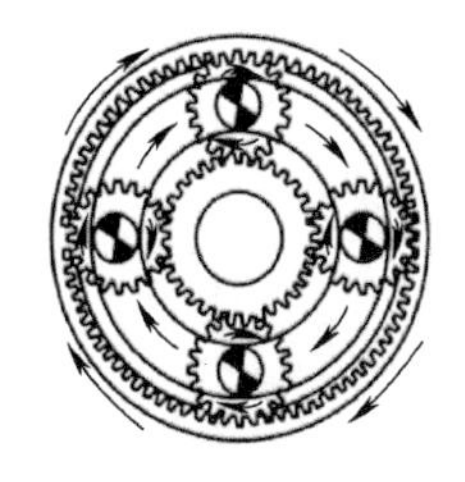
b) 锁定中心轮时的动力传递

c) 锁定行星架时的动力传递

图 1-4　减速传动的不同情况

2. 谐波减速

谐波传动减速器（Harmonic Gear Drive）是一种通过在波发生器上装配柔性轴承使柔性齿轮产生可控弹性变形，并与刚性齿轮相啮合来传递运动和动力的齿轮传动。谐波传动减速器在航空、航海、造船、多轴关节机器手臂、人型机器人、机床、仪表、电子设备、交通运输、起重机械、石油化工机械、造纸机械、纺织机械、农业机械以及医疗器械等方面得到日益广泛的应用，特别是在高动态性能的伺服系统中，采用谐波齿轮传动更能显示出其优越性。

谐波传动减速器的主要特点为结构简单、体积小、质量小、承载能力大、谐波齿轮传动同时啮合齿数多、运动精度高、运动平稳无冲击、噪声小、齿侧间隙可以调整、传动效率高。

如图 1-5 所示，谐波传动减速器主要由三个基本构件组成：带有内齿圈的刚性齿轮（刚轮）、带有外齿圈的柔性齿轮（柔轮）、波发生器。作为减速器使用时，通常采用波发生器主动、刚轮固定、柔轮输出的形式。

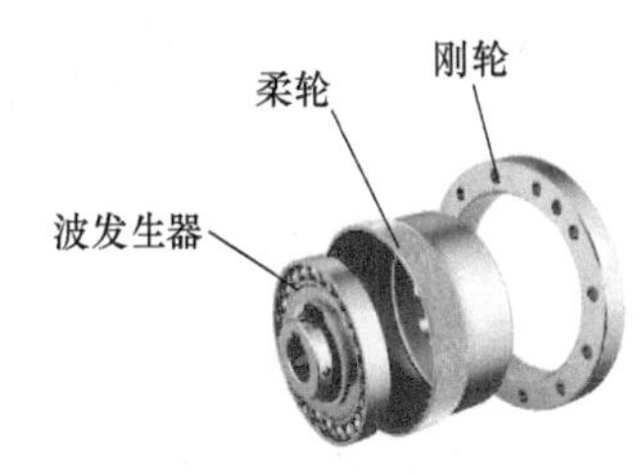

图 1-5　谐波传动减速器组成

波发生器是一个凸轮部件，其两端与柔轮的内壁相互压紧。柔轮为可产生较大弹性变形的薄壁齿轮，其内孔直径略小于波发生器的总长。当波发生器装入柔轮后，迫使柔轮的剖面由原先的圆形变成椭圆形，其长轴两端附近的齿与刚轮的齿完全啮合，而短轴两端附近的齿则与刚轮完全脱开，周长上其他区段的齿则处于啮合和脱离的过渡状态。

谐波齿轮传动简图如图 1-6 所示，当波发生器连续转动时，柔轮的变形不断改变，使柔轮与刚轮的啮合状态也不断改变，由啮入、啮合、啮出、脱开、再啮入……周而复始地进行，从而实现柔轮相对刚轮沿波发生器相反方向的缓慢旋转。

在传动过程中，波发生器转动一周柔轮上某点变形的循环次数称为波数，以 n 表示。常用的是双波和三波两种。双波传动的柔轮应力较小，结构比较简单，易于获得大的传动比，故为目前应用最广的一种。

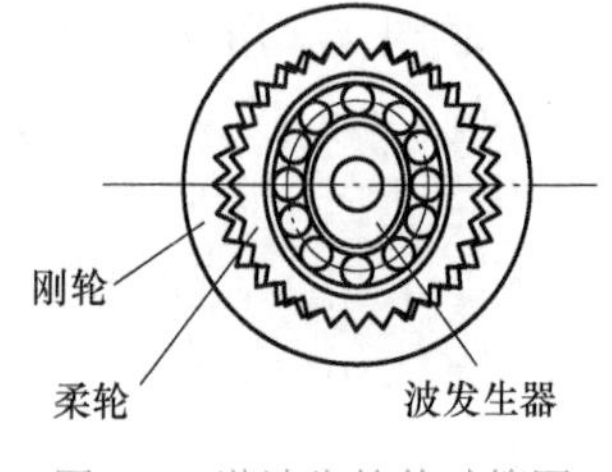

图 1-6 谐波齿轮传动简图

谐波传动减速器柔轮和刚轮的齿距相同，但齿数不等，通常选用刚轮与柔轮的齿数差等于波数，即

$$Z_2 - Z_1 = n$$

式中，Z_1、Z_2 分别为柔轮与刚轮的齿数。

其传动比 i 为：

$$\text{刚轮固定、柔轮输出} \quad i = -\frac{Z_1}{Z_1 - Z_2}$$

$$\text{柔轮固定、刚轮输出} \quad i = \frac{Z_2}{Z_2 - Z_1}$$

在双波传动中，$Z_2 - Z_1 = 2$，柔轮齿数很多。上式负号表示柔轮的转向与波发生器的转向相反。由此可看出，谐波传动减速器可获得很大的传动比。

3. 摆线针轮减速

摆线针轮减速机是一种基于特殊摆线技术的减速机。它的原理是将输入轴的转速转换为输出轴的低转速，以达到驱动机构的目的，如图 1-7 所示。摆线针轮减速机采用了螺旋线摆线针形轮，使得输入轴和输出轴之间的转速比可以达到极高的精度。

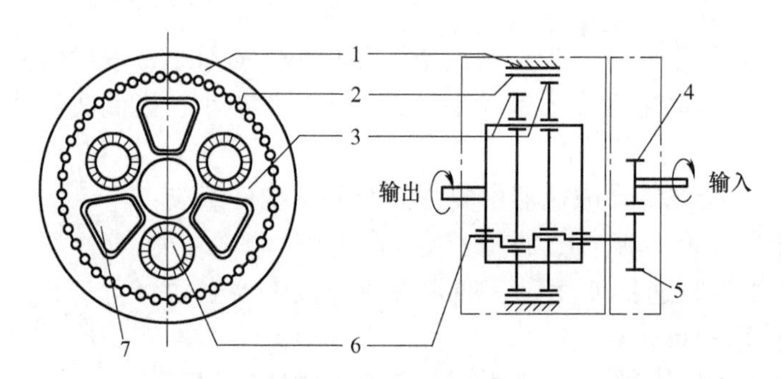

图 1-7 摆线针轮减速机

1—壳体 2—柱箱 3—RV 齿轮 4—中心轮 5—行星轮 6—偏心轮 7—非圆柱销

摆线针轮减速机的工作原理是将输入轴上的动力传递到螺旋线摆线针形轮上，由于螺旋线摆线针形轮的特殊结构，使输入轴上的动力传递到输出轴上，随着输入轴转速的变化，输出轴的转速也会随之变化，这样就达到了将输入轴的转速转换为输出轴的低转速的目的。

摆线针轮减速机的优点是能够有效减少传动系统的振动，并且具有良好的耐磨性能；输出的转矩大；采用高强度的齿轮，可以提高减速机的耐用性；可以达到极高的精度，并且噪声低，比较安静。摆线针轮减速机广泛应用于机械设备，如风力发电机、离心泵、造纸机、船舶机械等，因此，摆线针轮减速机在机械设备中发挥着重要作用。

4. 无级变速

无级变速（Continuously Variable Transmission，CVT）系统主要包括主动轮组、从动轮组、金属带和液压泵等基本部件。金属带由两束金属环和几百个金属片构成。主动轮组和从动轮组都由可动盘和固定盘组成，与油缸靠近的一侧的带轮可以在轴上滑动，另一侧则固定。可动盘与固定盘都是锥面结构，它们的锥面形成 V 形槽与 V 形金属传动带啮合。发动机输出轴输出的动力首先传递到 CVT 的主动轮，然后通过 V 形传动带传递到从动轮，最后经减速器、差速器传递给车轮来驱动汽车。工作时，通过主动轮与从动轮的可动盘做轴向移动来改变主动轮、从动轮锥面与 V 形传动带啮合的工作半径，从而改变传动比。可动盘的轴向移动量是由驾驶人根据需要通过控制系统调节主动轮、从动轮油泵油缸压力来实现的。由于主动轮和从动轮的工作半径可以实现连续调节，从而实现了无级变速。

在金属带式无级变速器的液压系统中，从动油缸的作用是控制金属带的张紧力，以保证来自发动机的动力高效、可靠地传递。主动油缸控制主动轮的位置沿轴向移动，在主动轮组上金属带沿 V 形槽移动，由于金属带的长度不变，在从动轮组上金属带沿 V 形槽向相反的方向变化。金属带在主动轮组和从动轮组上的回转半径发生变化，从而实现转速比的连续变化。

1.3.2　传动器件

电机的传动器件是指那些连接电机和负载、传递和转换运动和动力的机械元件。这些传动器件可以改变运动的方向、速度、转矩和位置。

每种传动器件都有其优势和特定的应用场景。在选择传动器件时，需要考虑系统的功率需求、速度范围、精度要求、成本预算、维护方便性等因素。通过合理的传动器件选择和设计，可以提高系统的效率、稳定性和可靠性，满足不同的应用需求。

1. 滚珠丝杠

滚珠丝杠是将回转运动转换为直线运动，或将直线运动转换为回转运动的理想执行器件。如图 1-8 所示为滚珠丝杠和螺母机构的工作原理。当滚珠丝杠作为主动体时，螺母就会随丝杠的转动角度按照对应规格的导程转换成直线运动，被动工件可以通过螺母座和螺母连接，从而实现对应的直线运动。

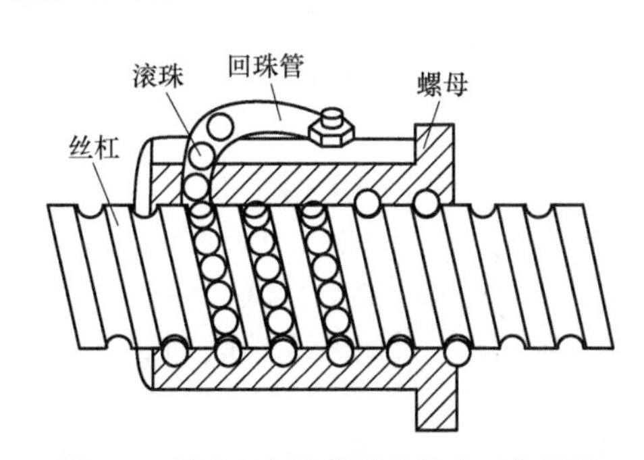

图 1-8　滚珠丝杠和螺母机构的工作原理

滚珠丝杠兼具高精度、可逆性和高效率的特点。由于具有很小的摩擦阻力，滚珠丝杠被广泛应用于各种工业设备和精密仪器。例如，滚珠丝杠在步进电机的带动下可以实现相对精确的位置控制，多个组合便可实现平面或是三维空间下的物体运动。

2. 链条传动和带传动

如图 1-9、图 1-10 所示为链条传动和带传动示意图。其中，带传动是用张紧的（环形的）传动带，套在两根传动轴的带轮上，依靠传动带和带轮张紧时产生的摩擦力，将一个轴的动力传递给另一个轴；而链条传动多为金属的链环或环形物，多用作机械传动或是动力牵引。

图 1-9　链条传动示意图

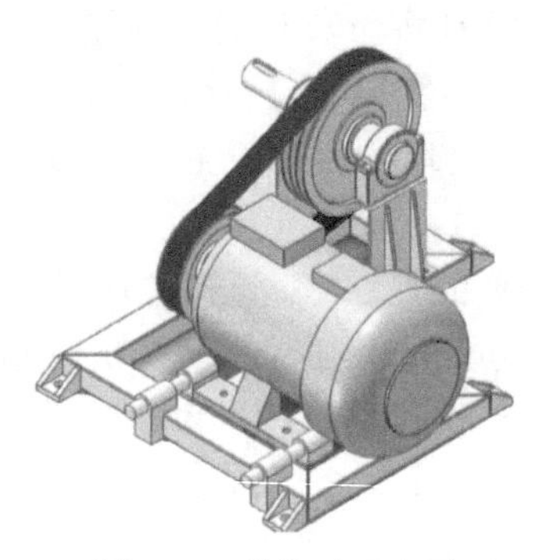
图 1-10　带传动示意图

链条传动结构简单、维修方便，在价格方面也更有优势，但噪声相对更大，而且裸露在外的链条非常容易被杂质污染，所以需要经常对链条进行保养，添加润滑剂来保证链条的正常运转。由于链条传动属于金属摩擦，所以一旦出现链条与齿盘咬合松动，就需要更换新链条。

带传动的材质较软，所以运行过程中会更平稳，噪声较小，尤其是切换档位时，会明显感觉到更高的舒适度。但其摩擦力较低，所以传动效率比链条传动的效率低，尤其在大转矩时，还会出现传动带打滑。

3. 联轴器

联轴器是用来将不同机构中的主动轴和从动轴牢固地连接起来一同旋转，并传递运动和转矩的机械部件，有时也用以连接轴与其他零件（如齿轮、带轮等）。联轴器常由两半合成，分别用键或其他紧配合方式进行连接，紧固在两个轴端，再通过某种方式将两半连接起来。联轴器可以补偿两轴之间由于制造安装不精确、工作时的变形或热膨胀等原因所引起的偏移（包括轴向偏移、径向偏移、角偏移或综合偏移），以及缓和冲击、吸振。

联轴器可分为刚性联轴器和挠性联轴器两大类。

如图 1-11 所示，刚性联轴器不具有缓冲性和补偿两轴线相对位移的能力，要求两轴严格对中，但此类联轴器结构简单，制造成本较低，装拆、维护方便，能保证两轴有较高的对中性，传递转矩较大，应用广泛。常用的刚性联轴器有凸缘联轴器、套筒联轴器和夹壳联轴器等。

挠性联轴器又分为无弹性元件挠性联轴器和有弹性元件挠性联轴器，前一类只具有补偿两轴线相对位移的能力，但不能缓冲和减振，常见的有滑块联轴器、齿式联轴器、万向联轴器和链条联轴器等；后一类因含有弹性元件，除具有补偿两轴线相对位移的能力外，还具有缓冲和减振作用，如图 1-12 所示，但传递的转矩因受到弹性元件强度的限制，比无弹性元件挠性联轴器要小，常见的有弹性套柱销联轴器、弹性柱销联轴器、梅花形联轴器、轮胎式联轴器、蛇形弹簧联轴器和簧片联轴器等。

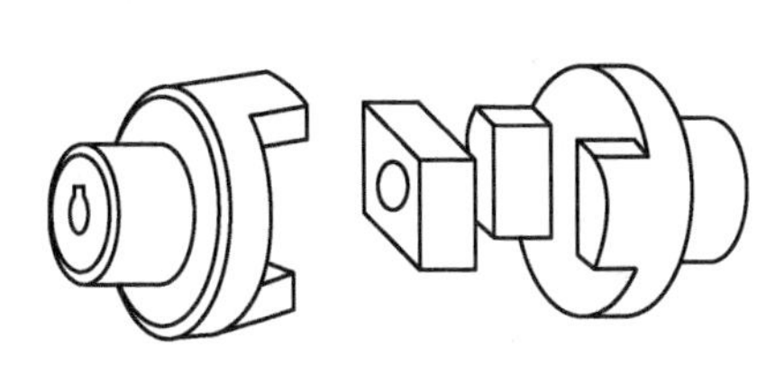
图 1-11　刚性联轴器

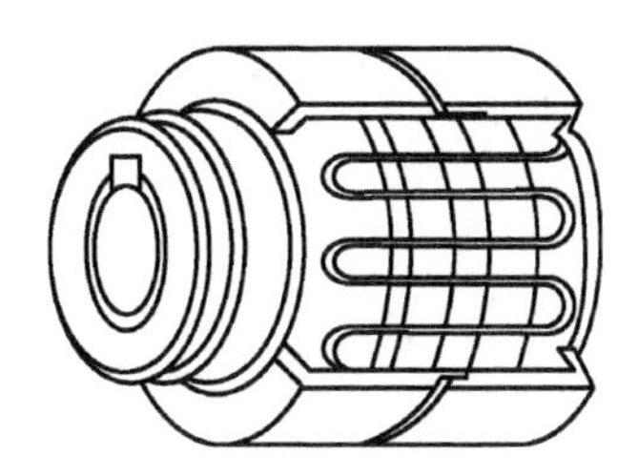
图 1-12　弹性元件挠性联轴器

4. 齿轮传动

齿轮传动是指由齿轮副传递运动和动力的装置，它是现代各种设备中应用最广泛的一种机械传动方式。其传动精度高，适用范围宽，结构紧凑，传动效率较高，工作可靠，寿命长。在各种传动形式中，虽然齿轮传动在现代机械中的应用最为广泛，但对使用环境的条件要求一般较为严格，除少数低速、低精度的情况以外，需要安置在箱罩中防尘防垢，还需要重视润滑。齿轮传动也不适用于相距较远的两轴间的传动，其减振性和抗冲击性等也不如带传动等柔性传动好。

齿轮传动可以实现平行轴、相交轴、交错轴等空间任意两轴间的传动，这也是带传动、链条传动等做不到的。

（1）平行轴间传动的齿轮机构

平行轴间传动的齿轮机构如图 1-13 所示。

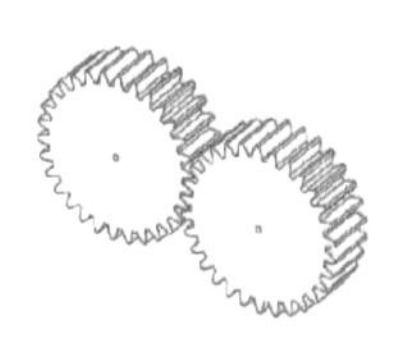
a) 直齿外齿轮啮合传动

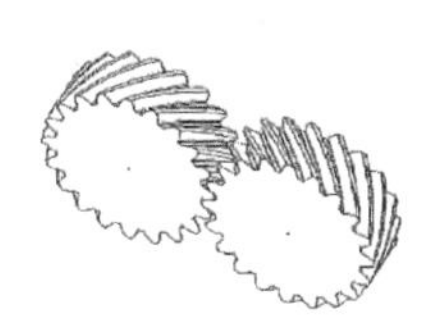
b) 斜齿外齿轮啮合传动

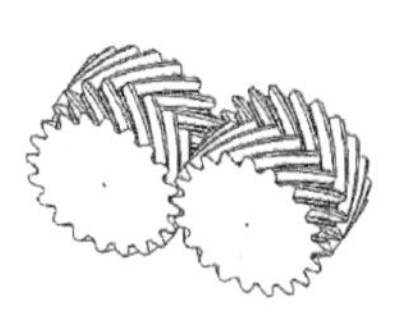
c) 人字齿齿轮外啮合传动

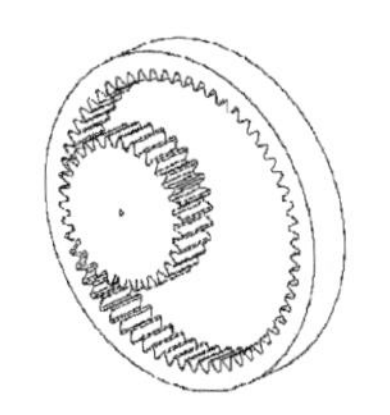
d) 直齿内齿轮啮合传动

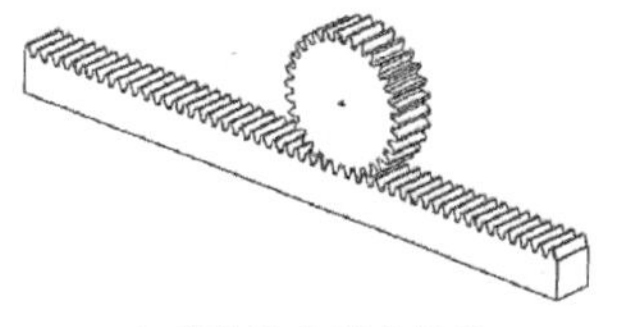
e) 齿轮齿条啮合传动

图 1-13　平行轴间传动的齿轮机构

（2）相交轴间传动的齿轮机构

相交轴间传动的齿轮机构如图 1-14 所示。

（3）交错轴间传动的齿轮机构

交错轴间传动的齿轮机构如图 1-15 所示。

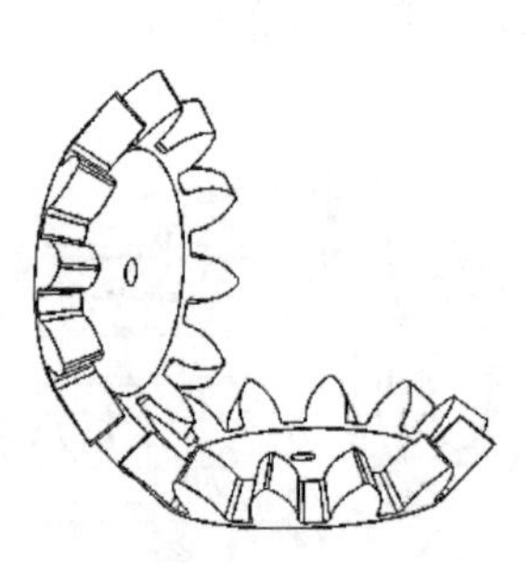

图 1-14 相交轴间传动的齿轮机构

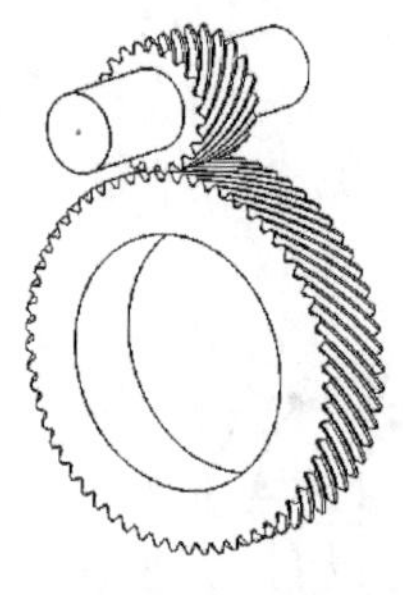

a) 斜齿圆柱齿轮传动

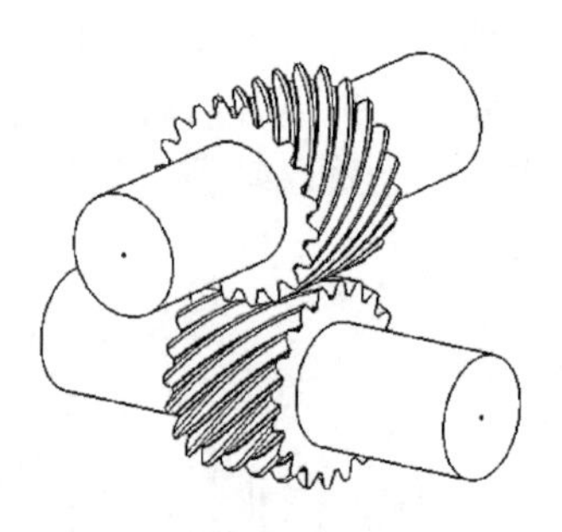

b) 螺旋齿轮传动

图 1-15 交错轴间传动的齿轮机构

（4）涡轮蜗杆传动

涡轮蜗杆传动机构如图 1-16 所示。

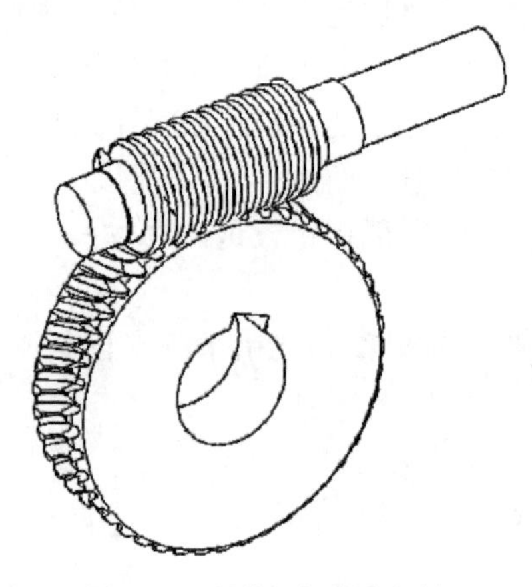

图 1-16 涡轮蜗杆传动机构

1.4 运动检测传感器

运动检测传感器是一种用于监测和测量物体运动状态的设备，它可以感知物体的位置、速度、加速度等参数，并将这些信息转换为电信号输出。在电机运动控制中，运动检测传感器扮演着至关重要的角色，具体作用包括但不限于以下几点：

1）精确定位和控制：运动检测传感器能够提供高精度的位置、速度和加速度等运动参数，实现精确的运动定位和控制。这在需要精确控制电机位置和速度的应用中尤为重要，如伺服系统。

2）安全监测和保护：传感器可以监测电机的运动状态，如速度和方向，及时检测异常情况，如过速或碰撞，从而采取措施保护设备和人员安全。

3）运动分析和优化：通过记录和分析物体的运动数据，运动检测传感器有助于评估系统性能和改进控制算法，优化运动路径，降低能耗并提高效率。

4）姿态控制和导航：某些类型的运动检测传感器，如陀螺仪和加速度计，可用于姿态控制和导航，在机器人、无人机的导航控制领域提供准确的方向和定位信息。

5）提高生产效率和产品质量：在自动化生产线中，运动检测传感器能够监测并调整设备的运动状态，提高生产效率并保证产品质量。

6）故障检测：在电机控制系统中，传感器用于提供反馈信息，提高系统的可靠性和故障检测能力，防止电机损坏。

运动检测传感器的工作原理可能基于多种技术，它们将物体的位置信息转换为数字信号输出，为电机控制系统提供实时的反馈信息。

1.4.1　绝对式测量传感器

1. 旋转变压器

如图 1-17 所示旋转变压器，是一种电磁式传感器，又称为同步分解器。它是一种用于测量角度的小型交流电机，用来测量旋转物体的转轴角位移和角速度，由定子和转子组成。其中定子绕组作为变压器的一次侧，接收励磁电压，励磁频率通常为 400Hz、3000Hz 及 5000Hz 等。转子绕组作为变压器的二次侧，通过电磁耦合得到感应电压。

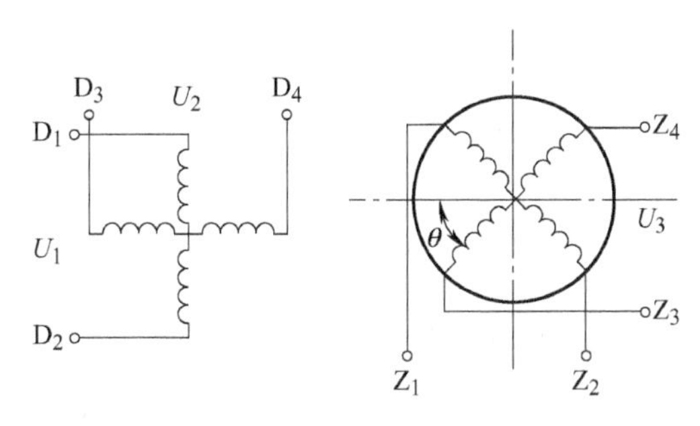

图 1-17　旋转变压器

旋转变压器的工作原理和普通变压器基本类似，区别在于普通变压器的一次、二次绕组是相对固定的，所以输出电压和输入电压之比是常数；而旋转变压器的一次、二次绕组则随转子的角位移发生相对位置的改变，因此其输出电压的大小随转子角位移而发生变化，输出绕组的电压幅值与转子转角呈正弦、余弦函数关系，或保持某一比例关系，或在一定转角范围内与转角呈线性关系。旋转变压器在同步随动系统及数字随动系统中可用于传递转角或电信号；在解算装置中可作为函数的解算之用，故也称为解算器。

旋转变压器一般有两极绕组和四极绕组两种结构形式。两极绕组旋转变压器的定子和转子各有一对磁极，四极绕组则各有两对磁极，主要用于高精度的检测系统。除此之外，还有多极式旋转变压器，用于高精度绝对式检测系统。

按输出电压与转子转角间的函数关系，旋转变压器主要分为三大类：

1）正余弦旋转变压器，其输出电压与转子转角的函数关系呈正弦或余弦函数关系。

2）线性旋转变压器，其输出电压与转子转角呈线性函数关系。线性旋转变压器按转子结构又分成隐极式和凸极式两种。

3）比例式旋转变压器，其输出电压与转子转角成比例关系。

采用不同接线方式或不同的绕组结构，可以获得与转角成不同函数关系的输出电压。采用不同的结构还可以制成弹道函数、圆函数、锯齿波函数等特种用途的旋转变压器。

旋转变压器是一种精密的角度、位置、速度检测装置，适用于所有使用旋转编码器的场合，特别是高温、严寒、潮湿、高速、高振动等旋转编码器无法正常工作的场合。由于旋转变压器具有以上特点，因此可完全替代光电编码器，被广泛应用在伺服控制系统、机器人系统、机械工具、汽车、电力、冶金、纺织、印刷、航空航天、船舶、兵器、电子、冶金、矿山、油田、水利、化工、轻工、建筑等领域的角度、位置检测系统中，也可用于坐标变换、三角运算和角度数据传输，还可作为两相移相器用在角度 - 数字转换装置中。

2. 绝对式编码器

绝对式编码器是把被测转角通过读取码盘上的图案信息直接转换成相应代码的检测元件。码盘有光电式、接触式和电磁式三种。

光电式码盘是目前应用较多的一种，它是在透明材料的圆盘上精确地印制上二进制编码。图 1-18a 所示是 4 位二进制的码盘，码盘上各圈圆环分别代表一位二进制的数字码道，在同一个码道上印制黑白等间隔图案，形成一套编码。黑色不透光区和白色透光区分别代表二进制的 0 和 1。在一个 4 位光电码盘上，有 4 圈数字码道，每一个码道表示二进制的一位，里侧是高位，外侧是低位，在 360° 范围内可编数码为 2^4=16 个。

工作时，码盘的一侧放置电源，另一侧放置光电接收装置，每个码道都对应有一个光电管及放大、整形电路。码盘转到不同位置，光电器件接收光信号，并转换成相应的电信号，经放大整形后，成为相应的数码电信号。但由于制造和安装精度的影响，当码盘回转在两码段交替过程中时，会产生读数误差。例如，当码盘顺时针方向旋转，由位置 0111 变为 1000 时，这 4 位数必须要同时变化，很可能将数码误读成 16 种代码中的任意一种，如读成 1111，1011，1101，…，0001 等，从而产生无法估计的很大的数值误差，这种误差称为非单值性误差。

为了消除非单值性误差，可采用以下方法。

（1）循环码盘

循环码习惯上又称为格雷码，它也是一种二进制编码，只有 0 和 1 两个数。图 1-18a 所示的 4 位二进制循环码盘特点是任意相邻的两个代码间只有一位代码有变化，即 0 变为 1 或 1 变为 0。因此，在两数变换过程中，所产生的读数误差最多不超过 1，只可能读成相邻两个数中的一个数。所以，它是消除非单值性误差的一种有效方法，码盘由外至内表征的数制的权位分别是 2^0、2^1、2^2、2^3，其表述的数值是 0 ～ 15 或十六进制的 0 ～ F。

（2）带判位光电装置的二进制循环码盘

带判位光电装置的二进制循环码盘是在 4 位二进制循环码盘的最外圈再增加一圈信号位，如图 1-18b 所示。该码盘最外圈上的信号位的位置正好与状态交线错开，只有当信号位所处位置的光电器件有信号时才读数，这样就不会产生非单值性误差。

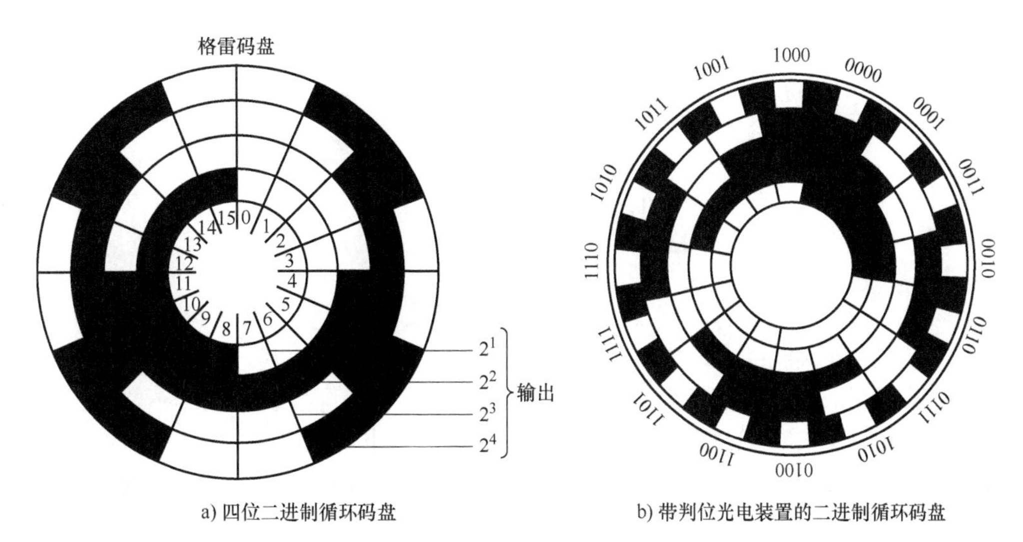

a) 四位二进制循环码盘　　b) 带判位光电装置的二进制循环码盘

图 1-18　两种二进制循环码盘

1.4.2　增量式测量传感器

1. 霍尔编码器

霍尔编码器是一种使用霍尔元件检测磁场变化的装置，可以将物理运动转换为数字信号。在许多机械设备中，霍尔编码器都扮演着重要的角色，它可以在电机、传感器和测量仪表中实现位置、角度及速度等的测量。

霍尔编码器的原理是利用霍尔元件感应磁场的变化，并将其转换成电信号。霍尔元件作为磁敏元件，可以感应磁场的强度和方向的变化。当它感应到磁场的变化时，会产生一定的电势差，这个电势差就可以转换成数字信号输出。在磁场中，磁感线以相反的方向穿越两两对称的霍尔效应器，正弦波电信号的组合用于确定旋转的角度。如图 1-19 所示，目前主流芯片能够达到 14 位分辨率（360°/4096 线）。

图 1-19　霍尔编码器

霍尔编码器由于具有精度高、响应速度快和抗干扰性强等优点，被广泛应用于许多领域，如机械加工、自动控制、工业自动化等。霍尔编码器还可以通过编程对信号进行处理，实现更为复杂的控制功能，如位置闭环控制、速度闭环控制等。

2. 增量式光电编码器

增量式光电编码器将位移转换成周期性的电信号，再把这个电信号转换成计数脉冲，用脉冲的个数表示位移的大小。如图 1-20 所示，光电编码器主要由主码盘、光源、透镜和光电变换器构成。

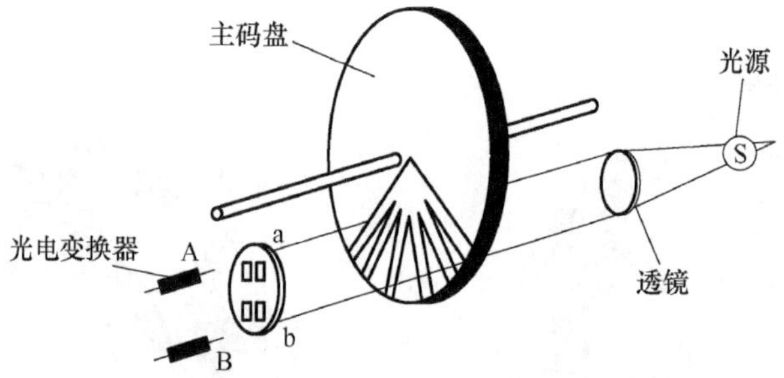

图 1-20　增量式光电编码器结构分解图

旋转增量式编码器在转动时输出脉冲，通过计数设备来知道其位置，当编码器不动或停电时，依靠计数设备的内部记忆来记住位置。这样，当停电后，编码器不能有任何的移动，当再次来电工作时，在编码器的输出脉冲过程中，也不能因干扰而丢失脉冲，否则，计数设备记忆的零点就会偏移，而且这种偏移的量是无从知道的，只有错误的生产结果出现后才能知道。

解决上述问题的方法是增加参考点，编码器每经过参考点，会将参考位置修正为计数设备的记忆位置，在参考点以前，是不能保证位置的准确性的。为此，在工控中就有每次操作先找参考点，开机找零等情况。例如，打印机、扫描仪的定位就是采用的增量式编码器原理，每次开机都能听到一阵电机滚动的声音，此时它在找参考零点，然后才能进行打印、扫描工作。

一些成品的增量式光电编码器如图 1-21 所示，它们的工作原理是在一个码盘的边缘上开有相等角度的缝隙（分为透明和不透明部分），在开缝码盘两边分别安装光源及光电器件。当码盘随工作轴一起转动时，每转过一个缝隙就产生一次光线的明暗变化，再经整形放大电路，可以得到一定幅值和功率的电脉冲输出信号，脉冲数就等于转过的缝隙数。将该脉冲信号送到计数器中进行计数，从测得的数码数就能知道码盘转过的角度。

图 1-21　增量式光电编码器

为了判断增量式光电编码器的转动方向，可以采用两套光电转换装置（光源和光电器件），如图 1-22 所示，输出至少两组方波脉冲 A 相和 B 相，令它们在空间的相对位置有一定的关系，从而保证产生的信号在相位上相差 1/4 周期（90°）。

增量式编码器转轴旋转时，有相应的脉冲输出，其转动方向的判别和脉冲数量的增减借助后部的判向电路和计数器来实现。其计数起点任意设定，可实现多圈无限累加和测量。当需要提高分辨率时，可利用 90° 相位差的 A、B 两路信号对原脉冲数进行倍频，或者更换高分辨率编码器。在码盘的内圈，还可以设置一根狭缝 Z，每转一圈能产生一个脉冲，该脉冲信号又称为“一转信号”或零标志脉冲，作为测量的起始基准。Z 相的作用为被测轴的周向定位基准信号和被测轴的旋转圈数计数信号。

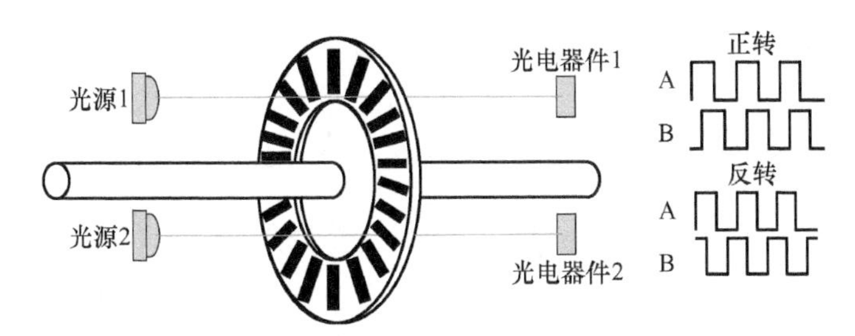

图 1-22　增量式光电编码器转动方向判断

1.4.3　速度感知传感器

1. 直流测速发电机

直流测速发电机是一种测速装置，它实际上就是一台微型的直流发电机。根据定子磁极励磁方式的不同，直流测速发电机可分为电磁式和永磁式两种。若以电枢的结构不同来分，又可分为无槽式、有槽式、空心杯式和圆盘式等。

直流测速发电机的结构有多种，但原理基本相同。图 1-23a 所示是永磁式直流测速发电机原理图，恒定磁通由定子产生，当转子在磁场中旋转时，电枢绕组中产生交变的电势，经换向器和电刷转换成正比的直流电势。

直流测速发电机的输出特性曲线如图 1-23b 所示，从图中可以看出，当负载电阻 $R_L \to \infty$ 时，其输出电压 U_0 与转速 n 成正比。随着负载电阻 R_L 变小，其输出电压下降，而且输出电压与转速之间并不能严格保持线性关系。由此可见，对于要求精度比较高的直流测速发电机，除采取其他措施外，负载电阻 R_L 应尽量大。

直流测速发电机的特点是输出斜率大和线性好，但由于有电刷和换向器，故维护比较复杂，摩擦转矩较大。

直流测速发电机在机电控制系统中主要用于测速和校正。在使用中，为了提高检测灵敏度，应尽可能将它直接连接到电机轴上。有的电机本身就已安装了测速发电机。

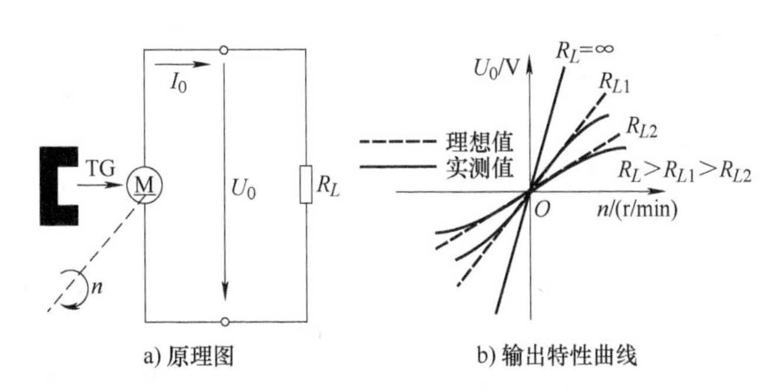

图 1-23　永磁式直流测速发电机原理图与输出特性曲线

2. 光电式速度传感器

光电式速度传感器工作原理如图 1-24 所示。物体以速度 v 通过光电池的遮挡板时，光电池输出阶跃电压信号，经微分电路形成两个脉冲输出，测出两脉冲之间的时间间隔 Δt，则可测得速度为

$$v = \Delta x / \Delta t$$

式中，Δx 为光电池遮挡板上两孔间距。

图 1-24a 表示的是光电器件的几何排布位置。光电池板上安装有两个光电传感器，其间隔是 Δx，P 是被测物体，当 P 以速度 v 运动时，通过测量两个传感器的时间差，就可以借助上式求出 v。图 1-24b 是带微分环节的速度测量电路。

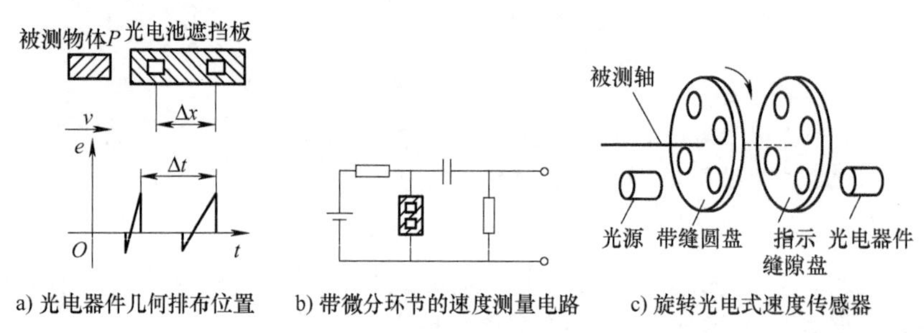

图 1-24　光电式速度传感器工作原理图

光电式速度传感器由装在被测轴（或与被测轴相连接的输入轴）上的带缝圆盘、光源、光电器件和指示缝隙盘组成，如图 1-24c 所示。光源发出的光通过带缝圆盘和指示缝隙盘照射到光电器件上，当带缝圆盘随被测轴转动时，由于圆盘上的缝间距与指示缝的间距相同，因此圆盘每转一周，光电器件输出与圆盘缝数相等的电脉冲，根据测量时间 t 内的脉冲数 N，可测得转速为

$$n = \frac{60N}{Zt}$$

式中，Z 为圆盘上的缝数；n 为转速，单位为 r/min；t 为测量时间，单位为 s。利用两组缝隙间距相同、位置不同可分辨出圆盘的旋转方向。

3. 惯性测量单元

惯性测量单元（Inertial Measurement Unit，IMU）是测量物体三轴姿态角（或角速率）以及加速度的装置。一般的，一个 IMU 包含三个单轴的加速度计和三个单轴的陀螺仪，加速度计检测物体在载体坐标系中独立三轴的加速度信号，而陀螺仪检测载体相对于导航坐标系的角速度信号，测量物体在三维空间中的角速度和加速度，并以此解算出物体的姿态。IMU 在导航中有着很重要的应用价值。

为了提高可靠性，还可以为每个轴配备更多的传感器。一般而言，IMU 要安装在被测物体的重心上。IMU 大多用在需要进行运动控制的设备上，如汽车和机器人，也被用在需要用姿态进行精密位移推算的场合，如潜艇、飞机、导弹和航天器的惯性导航设备等。

三轴地磁计结合三轴加速度计使用时，受外力加速度影响很大，在运动、振动等环境中，输出方向角误差较大，此外地磁传感器的绝对参照物是地磁场的磁力线，地磁的特点是使用范围大，但强度较低，非常容易受到其他磁体的干扰，如果融合了 Z 轴陀螺仪的瞬时角度，就可以使系统数据更加稳定。加速度计测量的是重力方向，在无外力加速度的情况下，能准确输出 ROLL/PITCH 两轴姿态角度，并且此角度不会有累积误差，在更长的时间尺度内都是准确的。但是加速度计测角度的缺点是，其实际上是用 MEMS（Micro-Electro-Mechanical System，微电子机械系统）技术检测惯性力造成的微小形变，而惯性力与重力本质是一样的，所以加速度计不会区分重力加速度与外力加速度，当系统在三维空间做变速运动时，它的输出就不正确了。

陀螺仪的输出角速度是瞬时量，角速度在姿态平衡上是不能直接使用的，需要与时间积分计算角度，得到的角度变化量与初始角度相加就得到目标角度。其中积分时间 dt 越小，输出角度越精确，但陀螺仪的原理决定了它的测量基准是自身，并没有系统外的绝对参照物，且 dt 不可能无限小，所以积分的累积误差会随着时间的流逝而迅速增加，最终导致输出角度与实际不符，因此陀螺仪只能工作在相对较短的时间尺度内。

本章小结

本章从运动控制系统的构成入手，这是理解整个系统如何协同工作的基础。接着对电机进行了分类概述，描述了不同类型电机的原理、特点以及如何满足各种应用需求。

进一步，本章详细讨论了减速与传动器件，包括行星齿轮减速、谐波减速、摆线针轮减速以及无级变速等多种减速方式，以及滚珠丝杠、链条传动和带传动、联轴器和齿轮传动等传动器件，这些器件对于提高系统效率和精度至关重要。

最后介绍了运动检测传感器，这是确保系统精确控制的关键。通过对绝对式测量传感器、增量式测量传感器以及速度感知传感器的介绍，读者可以深入了解如何通过这些传感器获取运动状态信息，从而实现精确的运动控制。

本章内容为读者提供了一个全面的视角，以理解电机在运动控制系统中的作用，以及如何通过各种传感器和传动器件来优化系统性能。

第 2 章　直流电机拖动的电气与力学模型

直流电机因其优异的起动与制动性能，在电力拖动领域需要调速和快速正反向的场合中得到广泛应用，可以实现宽广范围的平稳速度调节。尽管近些年来交流调速技术得到快速发展，但直流控制系统在理论与实际应用中都显示出较高的成熟度，并且依然被广泛应用，目前仍是智能机器人最主流的运动控制系统。此外，从控制策略的视角来看，交流控制系统实际上是建立在直流控制系统的基础之上。因此，了解并掌握直流控制系统的基本规律和控制方法尤为重要。本章内容将涵盖直流电机拖动系统的电气模型、力学模型及状态空间模型的介绍。

本章中的瞬时变量均用小写字母表示，稳态变量均用大写字母表示。

2.1　直流电机拖动的电气模型

下面从结构模型、稳态特性、调速机理、脉冲宽度调制（Pulse-Width Modulation，PWM）调速和闭环调速这几个方面介绍直流电机拖动系统的电气模型。

2.1.1　直流电机的结构模型

直流电机主要由定子、转子、换向器和电刷组成。定子提供磁场，通常由永磁体或电磁铁构成。转子电枢的绕组通过换向器和电刷与直流电源连接，实现电流方向的周期性改变，产生连续的旋转力矩。

直流电机的等效电路图如图 2-1 所示，电枢回路可以表示为一个电阻 R 和电感 L 的串联，瞬时的电枢电流 i_a 由电枢电压 u_d 和电枢反电动势 e_a 决定，其中电枢反电动势 e_a 与转子电枢的转速 n 和磁通 ϕ_f 成正比。

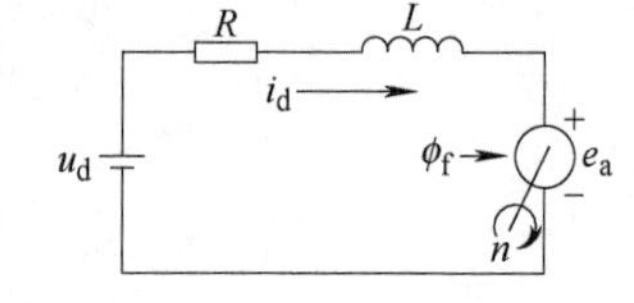

图 2-1　直流电机的等效电路图

接下来将根据直流电机的等效电路图，构建电枢回路方程、反电动势方程和电磁转矩方程。

1. 电枢回路方程

电枢回路中的电压包括电阻两端的电压 u_R、电感两端的电压 u_L、电枢反电动势 e_a 和电枢电压 u_d，根据基尔霍夫电压定律，沿着闭合回路的所有元器件两端的电势差（电压）的代数和等于零，因此可以得到电枢回路中各电压之间的关系为

$$u_{\mathrm{d}} = e_{\mathrm{a}} + u_{\mathrm{R}} + u_{\mathrm{L}} \tag{2-1}$$

具体地，由欧姆定律可知，电阻两端的电压与流经电阻的电流成正比，式（2-1）中的 u_{R} 可以表示为

$$u_{\mathrm{R}} = i_{\mathrm{d}} R$$

式中，i_{d} 为流经电阻的电枢电流，由此得到电阻电压。其次，电感两端的电压 u_{L} 与电感中的电流变化率 $\mathrm{d}i_{\mathrm{d}}/\mathrm{d}t$ 成正比，因此可用

$$u_{\mathrm{L}} = L\frac{\mathrm{d}i_{\mathrm{d}}}{\mathrm{d}t}$$

来表示电感电压。将 u_{R}、u_{L} 代入式（2-1），可得到电枢回路方程为

$$u_{\mathrm{d}} = e_{\mathrm{a}} + i_{\mathrm{d}} R + L\frac{\mathrm{d}i_{\mathrm{d}}}{\mathrm{d}t} \tag{2-2}$$

式中，在直流电机中，u_{d} 为电枢电压（V）；i_{d} 为电枢电流（A）；R 为电枢回路总电阻（Ω）；L 为电枢回路总电感（H）。

2. 反电动势方程

式（2-2）中的电枢反电动势 e_{a} 与转子转速 n 和励磁磁通 ϕ_{f} 成正比，即

$$e_{\mathrm{a}} = K_{\mathrm{e}} \phi_{\mathrm{f}} n$$

式中，K_{e} 为电动势常数（由电机结构决定）。由于同一电机中励磁磁通 ϕ_{f} 一般为常量，令 $C_{\mathrm{e}} := K_{\mathrm{e}} \phi_{\mathrm{f}}$ 为额定磁通下的电动势转速比，则反电动势方程可以写为

$$e_{\mathrm{a}} = K_{\mathrm{e}} \phi_{\mathrm{f}} n \xRightarrow{\text{若}\phi_{\mathrm{f}}\text{为常量}} C_{\mathrm{e}} n \tag{2-3}$$

将式（2-3）代入式（2-2），就可得到完整的电枢回路方程为

$$u_{\mathrm{d}} = C_{\mathrm{e}} n + i_{\mathrm{d}} R + L\frac{\mathrm{d}i_{\mathrm{d}}}{\mathrm{d}t} \tag{2-4}$$

式中，n 为转速（r/min）；C_{e} 为额定磁通下的电动势转速比（V · min/r）。

3. 电磁转矩方程

电磁转矩是指磁场与转子电流相互作用而在转子上形成的旋转力矩，与电流 i_{d} 和励磁磁通 ϕ_{f} 成正比，即

$$T_{\mathrm{e}} = K_{\mathrm{T}} \phi_{\mathrm{f}} i_{\mathrm{d}}$$

式中，K_{T} 为转矩常数，由转子结构决定。由于同一电机中励磁磁通 ϕ_{f} 一般为常量，令

$C_m := K_T\phi_f$ 为额定磁通下的转矩系数，则电磁转矩方程可以写为

$$T_e = K_T\phi_f i_d \xRightarrow{\text{若}\phi_f\text{为常量}} C_m i_d \tag{2-5}$$

式中，T_e 为电磁转矩（N · m）；C_m 为额定磁通下的转矩系数（N · m /A）。

以上由电枢回路方程式（2-2）、反电动势方程式（2-3）构成的完整电枢回路方程式（2-4）以及电磁转矩方程式（2-5）共同构成了直流电机的结构模型。电磁转矩方程式（2-5）将与后文 2.2 节中直流电机拖动的力学模型共同组成直流电机的状态空间表达式。

2.1.2 直流电机的稳态特性

电机维持转速不变时的运动状态称为稳态。直流电机的稳态特性和性能指标对电机选型非常重要，故本节将介绍直流电机的稳态特性。

当电机稳态运行时，电枢电流不再变化，那么电枢回路方程中的 $\dfrac{di_d}{dt}=0$。用 I_d 和 U_d 分别表示稳态时的平均电流和平均电压，则电枢回路方程式（2-4）将变为以下形式：

$$U_d = C_e n + I_d R$$

它描述了转子转速 n 与电枢回路中各变量的关系。如果将转速 n 作为因变量，则可将上述方程改写为

$$n = \frac{U_d - I_d R}{C_e}$$

若用 $n_0 = U_d / C_e$ 表示理想空载转速，则可以得到转速 n 与电流 I_d 的关系，即

$$n = \frac{U_d}{C_e} - \frac{R}{C_e} I_d = n_0 - \Delta n \tag{2-6}$$

由于 $I_d = T_e / C_m$，则可以由式（2-6）得到转速 n 与电磁转矩 T_e 的关系为

$$n = n_0 - \frac{R}{C_e C_m} T_e \tag{2-7}$$

式（2-6）和式（2-7）描述了电机的机械特性，在不同电枢电压下，转速与电磁转矩的机械特性如图 2-2 所示，由多条平行直线构成。电机在运行时，其电磁转矩 T_e 用以抵抗电机自身的黏滞摩擦力、机械结构中的库仑摩擦力与负载产生的负载转矩。图中，T_{eN} 为额定负载下额定电磁转矩；n_{max} 和 n_{min} 分别为设计运动控制系统时，要求电机挂载额定负载时可以达到的最高和最低转速，U_{dmax} 和 U_{dmin} 是它们对应的电枢电压；n_{0max} 和 n_{0min} 分别为电机的最大和最小理想空载转速；Δn_N 为对应的转速降落。图 2-2 中的直线斜率越大，电机的机械特性越“软”。这是因为若斜率很大，当电机为了抵抗自身的摩擦力与增加负

载所产生的转矩而增大电磁转矩 T_e 时，电机损失的转速也就越大；因此，电机的机械特性也就越“软”，负载对转速的影响越大。

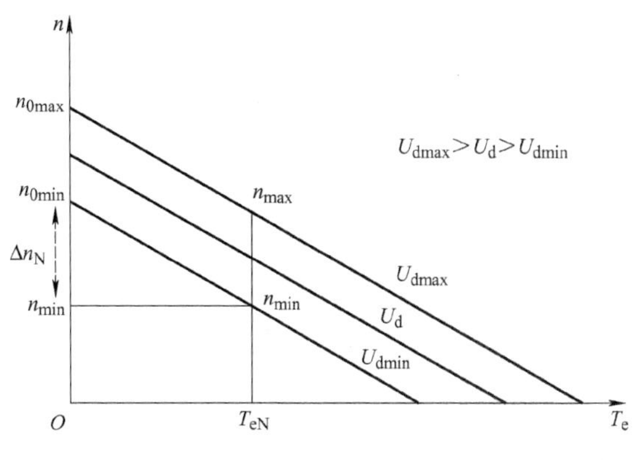

图 2-2　转速 n 与电磁转矩 T_e 的关系

任何需要进行转速控制的设备，都会对调速性能有特定要求，如最高转速与最低转速之间的范围大小、调速方式是有级调速还是无级调速、稳态运行时允许的转速波动程度、从正转到反转的时间间隔、突加或突减负载时允许的转速波动，以及停止运行时的定位精度等。总体而言，对于调速系统的转速控制的要求一般包括以下几个方面：

1）调速：在一定的最高转速和最低转速范围内，分档（有级）或平滑（无级）地调节转速。

2）稳速：以一定的精度在所需转速上稳定运行，在各种干扰下不允许有过大的转速波动，以确保产品质量。

3）加、减速：频繁起动、制动的设备在加速、减速时应尽量快；不宜经受剧烈速度变化的设备则要求起动、制动尽量平稳。

为了进行定量分析，针对前两项要求定义了两个调速指标，称为“调速范围”和“静差率”。这两个指标统称为调速系统的稳态性能指标。

1. 调速范围

对于一台确定的电机，调速范围是指生产机械要求电机提供的额定负载下最高转速 n_{max} 和最低转速 n_{min} 之比，用字母 D 表示，即

$$D = \frac{n_{max}}{n_{min}} \tag{2-8}$$

对于电机而言，调速范围越大越好。

2. 静差率

对于一台确定的电机，静差率是指当系统在某一转速下运行时，电机的负载由理想空载增加到额定负载，所对应的转速降落 Δn_N 与理想空载转速 n_0 之比，用字母 s 表示，即

$$s = \frac{\Delta n_N}{n_0} \times 100\% \tag{2-9}$$

静差率可以用来衡量调速系统在负载变化下转速的稳定度，它反映了电机机械特性的“硬度”。静差率越小，转速受负载影响越小，转速的稳定度就越高，机械特性就越“硬”。

3. 调速范围与静差率的关系

调速范围与静差率是电机选型中需要重点考虑的参数，在本小节的讨论中，相关参数都是在电机选型过程中可以改变的参数。

一般而言，电机的最高转速 n_{max} 为额定转速 n_N，则调速范围就变为

$$D = \frac{n_{max}}{n_{min}} = \frac{n_N}{n_{min}}$$

为了建立调速范围与静差率的关系，我们需要建立 n_{min} 和静差率之间的关系。因此取静差率中的 n_0 为最低转速 n_{min} 对应的理想空载转速 n_{0min}，且 $n_{min} = n_{0min} - \Delta n_N$，故

$$s = \frac{\Delta n_N}{n_{0min}} = \frac{\Delta n_N}{n_{min} + \Delta n_N}$$

因此可得最低转速与静差率满足如下关系式：

$$n_{min} = \frac{\Delta n_N}{s} - \Delta n_N = \frac{(1-s)\Delta n_N}{s}$$

将最低转速 n_{min} 的表达式代入调速范围，可以得到调速范围与静差率的关系为

$$D = \frac{n_N s}{\Delta n_N (1-s)} = \frac{n_N}{\Delta n_N \left(\frac{1}{s} - 1\right)}$$

对于确定的某台电机而言，其 n_N 和 Δn_N 都是常数。因此从上式可以看出，当静差率 s 越小时，可达到的调速范围 D 就越小。调速范围 D 和静差率 s 不是彼此孤立的，只有同时提及才有意义。由于希望电机转速随负载变化小，即静差率越小越好，而同时期望调速范围较大，因此，调速范围和静差率是一对矛盾的指标，在实际工程中进行电机选型时需要综合考虑。

2.1.3 直流电机的调速机理

要想改变电机的转速，回顾直流电机的稳态机械特性式（2-6）可以得知，有三种方法能够达到目的，即改变电枢回路总电阻 R、改变励磁磁通 ϕ_f、调节电枢电压 U_d。下面分别进行具体说明。

1. 调阻调速

在这种调速方式下，保持直流电机的电枢电压 U_d 和励磁磁通为额定值，即 $U_d = U_{dN}$，$\phi_f = \phi_N$，因此 $C_e = K_e\phi_N := C_{eN}$ 也保持额定值不变，通过改变电枢回路总电阻 R 来实现直流

电机的调速。具体做法是在电枢回路中串接外加电阻，这样电枢回路总电阻就由两部分构成，即电机固有的电枢电阻 R_a 和外接电阻 R_{add}，总电阻增大。由于电磁转矩 T_e 与负载及摩擦产生的转矩平衡，因此在负载不变的情况下，T_e 也不变，由式（2-5）可知，此时电枢电流 I_d 也保持不变。因此，直流电机的机械特性方程就变为

$$n=\frac{U_{dN}}{C_{eN}}-\frac{R_a+R_{add}}{C_{eN}}I_d=n_0-\Delta n$$

由上式可知，当直流电机增加外接电阻时，理想空载转速 n_0 不变，但相同电流引起的转速降落 Δn 随外接电阻 R_{add} 的增大而增大，机械特性曲线斜率变大，直流电机的机械特性如图 2-3 所示，其中 I_L 是带某负载时的电枢电流。

值得注意的是，在工程中，电机回路的功率通常较大，因此调阻调速通常的做法是在电机回路中串入不同阻值的大功率电阻来调整电机回路中的阻值，以达到调速的目的。由于大多数情况下电阻的阻值不能连续变化，因此大多数情况下调阻调速是有级调速，转速稳定性差，调速效率低。在实际应用中有更好的调速方案时，通常不会使用调阻调速。

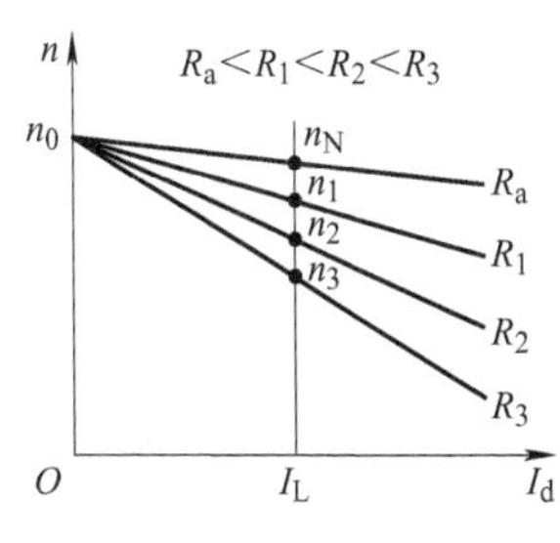

图 2-3　直流电机调阻调速时的机械特性

2. 调磁调速

在调磁调速方式下，保持直流电机的电枢电压 U_d 为额定值，即 $U_d=U_{dN}$，并且电枢回路中不外加电阻，即 $R=R_a$，通过改变励磁磁通 ϕ_f 来实现调速。由于电磁转矩 T_e 与负载及摩擦产生的转矩平衡，因此在负载不变的情况下，T_e 也不变。由于当励磁磁通超过额定值时会使电路过热，造成损耗，因此一般减小励磁磁通。磁通不再为常数，因此直流电机的机械特性方程变为

$$n=\frac{U_{dN}}{K_e\phi_f}-\frac{R_a}{K_eK_T\phi_f^2}T_e=n_0-\Delta n$$

由上式可知，当励磁磁通减小时，n_0 和 Δn 均增大，机械特性曲线上移，且斜率变大，直流电机的机械特性如图 2-4 所示，其中 I_L 是带某负载时的电枢电流。弱磁调速只能在额定转速以上的范围内调节转速。

弱磁调速的关键在于，电机所带的负载转矩必须随着速度的升高而反比下降。在弱磁调速范围内，磁通越弱，转速越高，所容许的输出转矩越小，而容许输出转矩与转速的乘积不变，即容许功率不变，为“恒功率调速方式”。该调速方式适合负载较轻的应用场景。

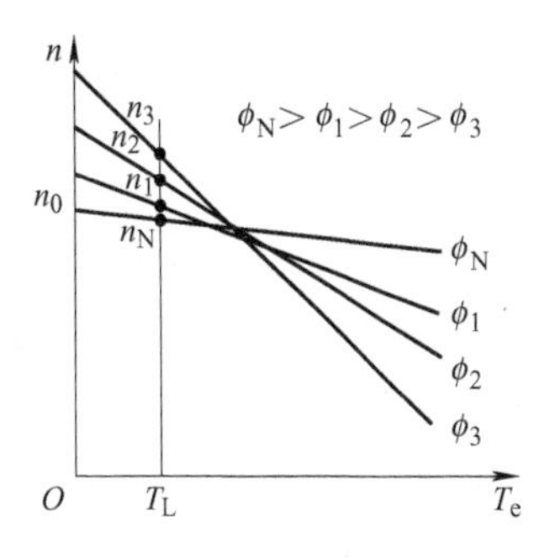

图 2-4　直流电机调磁调速时的机械特性

相比于有级的调阻调速，弱磁调速虽然能实现平滑调速，但调速范围不大，只能在基速（即额定转速）以上作小范围的

弱磁升速，在基速以下会引起输出转矩减小。因此，在实际应用中有更好的调速方案时，通常也不会使用弱磁调速的方法进行电机调速。

3. 调压调速

在调压调速方式下，保持直流电机的励磁磁通为额定值，即 $\phi_f = \phi_N$，并且电枢回路中不外加电阻，即 $R = R_a$，通过改变电枢电压来实现直流电机的调速。

由式（2-6）可知，直流电机的理想空载转速 n_0 与电枢电压 U_d 成正比，而转速降落 Δn 则与 U_d 的大小无关。当电压下降时，理想空载转速按比例下降，Δn 不变，机械特性曲线平行下移，相应的机械特性如图 2-5 所示。其中 I_L 是带某负载时的电枢电流。

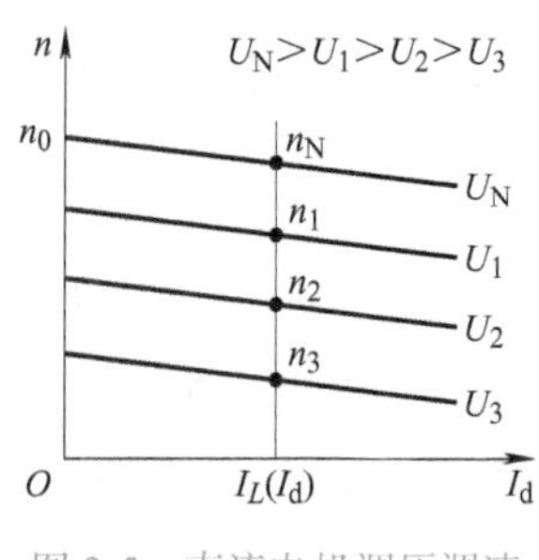

图 2-5　直流电机调压调速时的机械特性

在调压调速范围内，励磁磁通不变，容许的输出转矩也不变，称为“恒转矩调速方式”。这种调速方式高速时输出功率大，低速时输出功率小，多用于负载较重的场合。

相比于只能在基速以上作小范围的弱磁调速，调压调速得到的机械特性与电机的固有机械特性平行，转速的稳定性好，能在较大范围内无级平滑调速。因此，直流调速系统往往以调压调速为主，只有当转速需要达到基速以上时才会结合弱磁调速。

在直流电机的反馈控制调速系统中，通常用 PID 来计算调压控制量，但在本书中，将基于线性二次型最优控制来设计调压控制量，具体方法将在第 4 章中介绍。

2.1.4　直流 PWM 调速系统

由 2.1.3 节可知，在实际应用中，调压调速是直流电机调速系统的主流调速方式，因此调速任务可以转换为对电机电枢电压的调节。通常调速系统的输入电压是恒定的，需要将其调节为加在电机两端的电枢电压。目前大多使用脉冲宽度调制（Pulse-Width Modulation，PWM）来调节输出电压的大小，该方法将输出电压调制成频率一定、宽度可变的脉冲电压系列，从而改变平均输出电压的大小。使用该方法得到的可变输出电压，将其作为直流电机的电枢电压，就能达到调压调速的目的。采用 PWM 控制方法进行调压，进而对转速进行调节的系统，称为脉宽调制变换器 - 直流电机调速系统，简称“直流脉宽调制调速系统”，或“直流 PWM 调速系统”。

本节将介绍 PWM 变换器的原理和直流 PWM 开环调速系统的机械特性。

1. 双极式控制的可逆 PWM 变换器

根据 PWM 变换器主电路的形式可以将其分为可逆和不可逆两大类。由于我们只关心可逆调速系统的特性，故本节只介绍可逆 PWM 变换器。可逆 PWM 变换器的主电路有多种形式，最常用的是桥式（也称为 H 形）电路，如图 2-6a 所示。电路由四个功率开关器件（晶体管）VT 和四个续流二极管 VD 组成。输入调制电压 U_s，通过 u_g 控制四个开关器件的通断，即可输出正负极变化的直流电源 u_{AB}，其平均值用 U_d 表示。图 2-6b 和图 2-6c 描绘了电枢两端电压波形 u_{AB}、平均电枢电压 U_d、平均反电动势 E_a、电枢电流 i_d 的波形。电机 M 两端电压的极性随开关器件栅极驱动电压极性的变化而改变，其控制方式有双极式、单极式、受限单极式等多种，这里只分析最常用的双极式控制的可逆 PWM 变换器。

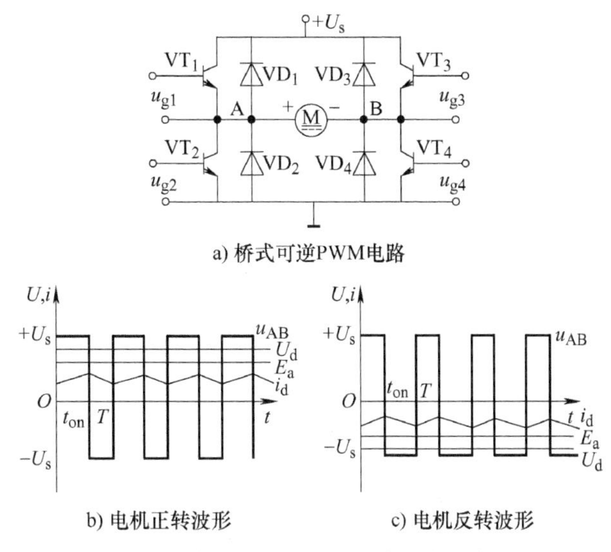

a) 桥式可逆PWM电路

b) 电机正转波形　　c) 电机反转波形

图 2-6　桥式可逆 PWM 电路及输出波形

（1）电机正转

在一个开关周期 T 内，当 $0 \leqslant t < t_{on}$ 时，开关触发信号 $u_{g1}=u_{g4}$ 为正，则 VT_1 和 VT_4 导通，而 $u_{g2}=u_{g3}$ 为负，VT_2 和 VT_3 关断。电枢电流 i_d 从 A 流向 B，电枢电压 $u_{AB}=+U_s$。当 $t_{on} \leqslant t < T$ 时，$u_{g1}=u_{g4}$ 为负，VT_1 和 VT_4 关断，$u_{g2}=u_{g3}$ 为正。但是此时 VT_2 和 VT_3 并不能立即导通，这是因为：此时电机的电枢电感正处于释放储能的阶段，i_d 从 A 流向 B，并经二极管 VD_2 和 VD_3 续流；由于二极管的导通会产生约 0.7V 的压降，因此会在 VT_2 和 VT_3 的集电极与发射极两端施加反压，从而使 VT_2 和 VT_3 失去导通的可能，此时 $u_{AB}=-U_s$。在时间到达 T 时续流二极管中仍有电流，从而保证了 VT_2 和 VT_3 的截止。因此，u_{AB} 在一个周期内具有正负的电压值，这就是“双极式”的由来。综上，若想要电机正转，则需要满足以下两个条件：

1）PWM 脉冲波形的正脉冲电压宽度大于负脉冲的宽度，即 $t_{on}>T/2$，这样 u_{AB} 的平均值 U_d 才会大于零。

2）负载电流不是轻载。“负载电流轻载”是指当负载小时，电枢电流较小。在 VT_1 和 VT_4 关断后，经 VD_2 和 VD_3 续流时，还没到达周期 T，电流已经衰减到零。此时二极管两端电压也降为零，VD_2 和 VD_3 无法钳住 VT_1 和 VT_4。VT_1 和 VT_4 提前导通，反电动势 E_a 产生反流，使电流反向，产生局部时间的制动。

（2）电机反转

当正脉冲较窄时，即 $t_{on}<T/2$，在 $t_{on} \leqslant t < T$ 期间，$u_{g2}=u_{g3}$ 为正，VT_2 和 VT_3 导通，而 $u_{g1}=u_{g4}$ 为负，VT_1 和 VT_4 关断。电枢电流 i_d 从 B 流向 A，$u_{AB}=-U_s$。在 $0 \leqslant t < t_{on}$ 期间，$u_{g2}=u_{g3}$ 为负，VT_2 和 VT_3 关断，VD_1 和 VD_4 续流，并钳位使 VT_1 和 VT_4 截止，i_d 从 A

流向 B，电枢电压 $u_{AB}=+U_s$。若想要电机反转，也需要满足与正转类似的两个条件。

若正、负脉冲宽度相等，即 $t_{on}=T/2$，则平均输出电压为零，电机停转。

双极式控制可逆 PWM 变换器的平均输出电压为

$$
\begin{aligned}
U_d &= \frac{t_{on}}{T}U_s - \frac{T-t_{on}}{T}U_s = \left(\frac{2t_{on}}{T}-1\right)U_s \\
&= (2\rho-1)U_s
\end{aligned}
$$

式中，ρ 为 PWM 波形的占空比，是指在一个周期内，正电压时间的占比，$\rho=t_{on}/T$。

改变 $\rho(0\leqslant\rho<1)$ 可以调节电机的转速，若令 $\gamma=U_d/U_s$ 为 PWM 电压系数，则在双极式控制可逆 PWM 变换器中，有

$$
\gamma=2\rho-1
$$

调速时，$0\leqslant\rho<1$，$-1\leqslant\gamma<1$。当 $\rho>0.5$ 时，$\gamma>0$，电机正转；当 $\rho<0.5$ 时，$\gamma<0$，电机反转；当 $\rho=0.5$ 时，$\gamma=0$，电机停止，此时电机虽然不动，但电枢两端的瞬时电压和瞬时电流却都不是零，而是交变的，只是它们的平均值为零，不产生平均转矩。它的缺点是增大了电机的损耗；优点是使电机在停止时仍有高频微振电流，从而在一定程度上减少了正、反向时的静摩擦死区，起着所谓“动力润滑”的作用。

综上所述，双极式控制可逆 PWM 变换器有以下优点：

1）电流一定连续。

2）可使电机在四象限运行，即以转速 n 为纵轴，电磁转矩 T_e 为横轴。从第一象限到第四象限分别为电机正转电动、正转制动、反转电动、反转制动的运行状态。

3）低速平稳性好，系统的调速范围可达 [1，20000]。

4）低速时，每个开关器件的驱动脉冲仍较宽，有利于保证器件的可靠导通。

双极式控制方式的不足之处是：在工作过程中，四个开关器件可能都处于导通状态，损耗大，而且在切换时可能发生上、下桥臂直通的事故，为了防止直通，在上、下桥臂的驱动脉冲之间，应设置逻辑延时。

2. 直流 PWM 开环调速系统的机械特性

双极式可逆直流 PWM 调速系统是开环调速系统，其原理图如图 2-7 所示。本书使用单片机控制 PWM 波形的占空比，从而改变电机转速。

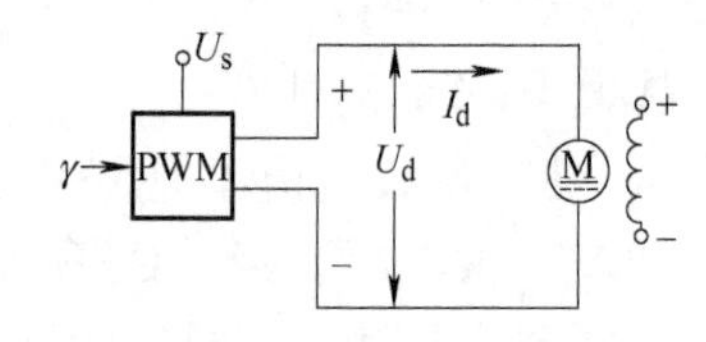

图 2-7 开环调速系统的原理图

由于采用脉冲宽度调制，严格地说，即使在稳态情况下，PWM 调速系统的转矩和转速也都是脉动的。因此接下来所提到的“稳态”，是指平均电磁转矩与负载转矩相平衡的状态，“机械特性”则是指平均转速与平均转矩（或电流）的关系。PWM 调速系统的开关频率一般在 10kHz 左右，其最大电流脉动量维持在额定电流的 5% 以下，转速脉动量小于额定转速的万分之一，因此可以忽略不计。

对于双极式控制的可逆电路，一个开关周期内不同时段的输出电压可作为电枢电压与

电机连接，结合电枢回路方程式（2-3），可以得到电压平衡方程为

$$\begin{cases} U_s = e_a + i_d R + L\dfrac{di_d}{dt} & (0 \leqslant t < t_{on}) \\ -U_s = e_a + i_d R + L\dfrac{di_d}{dt} & (t_{on} \leqslant t < T) \end{cases}$$

用 I_d 和 T_e 分别表示平均电流和平均转矩；由于稳态时电枢电感压降 di_d / dt 的平均值为零，平均转速 $n = e_a / C_e$，电枢电压平均值 $U_d = \gamma U_s$，因此电压方程的平均值形式可以写为

$$\gamma U_s = e_a + I_d R = C_e n + I_d R$$

由此可得描述平均转速 n 与平均电流 I_d、PWM 电压系数 γ 关系的直流电机的机械特性方程为

$$n = \frac{\gamma U_s}{C_e} - \frac{R}{C_e} I_d = n_0 - \frac{R}{C_e} I_d \tag{2-10}$$

由于 $I_d = T_e / C_m$，故可将式（2-10）改写为电磁转矩形式的机械特性方程，即

$$n = \frac{\gamma U_s}{C_e} - \frac{R}{C_e C_m} T_e = n_0 - \frac{R}{C_e C_m} T_e \tag{2-11}$$

则其机械特性曲线如图 2-8 所示，图中 $n_{0s} := U_s / C_e$。

从图 2-8 的机械特性曲线可以看到，不同电压下都有较大的由负载引起的转速降落。由机械特性方程式（2-10）可知，其额定转速降落为 $\Delta n_N = RI_{dN} / C_e$（下标 N 表示额定值），它制约了开环调速系统中的调速范围 D 和静差率 s，往往使得这两个性能不能满足要求。

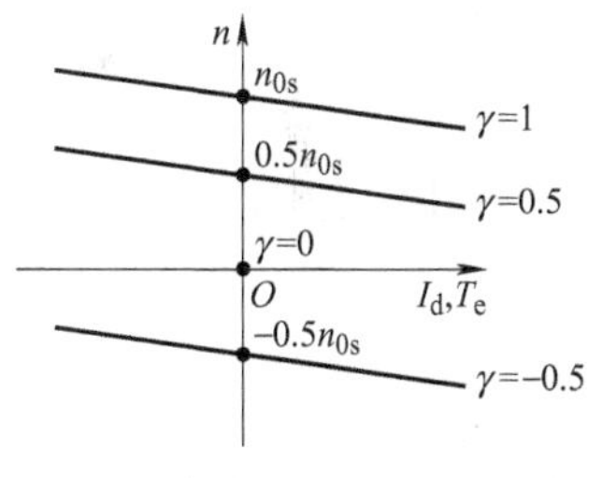

图 2-8　直流 PWM 调速系统的机械特性

可见，开环调速系统的额定转速降落过大，通常无法满足精细的性能要求；因此需要通过反馈控制构成闭环调速系统，对转速偏差自动纠正，减小转速降落，以达到减小静差率、扩大调速范围的目的。

2.1.5　闭环直流调速系统

在 2.1.4 节提到，开环直流调速系统的转速降落 $\Delta n_N = RI_{dN} / C_e$，是由电机结构决定的，无法改变，往往无法满足静差率和调速范围的要求。因此必须采用闭环调速才能有效解决静差率和调速范围之间的矛盾。

图 2-9 所示是带有转速负反馈的闭环调速系统，被调量是转速 n，给定量是给定转速 n^*。在反馈控制的闭环直流调速系统中，使用编码器或测速发电机测得电机转速，与给

定转速 n^* 相比较后，得到转速偏差 Δn ，经过控制器（通常是 PID 控制器）产生具有一定占空比的 PWM 波，改变电枢电压 U_d ，从而控制电机转速 n 。

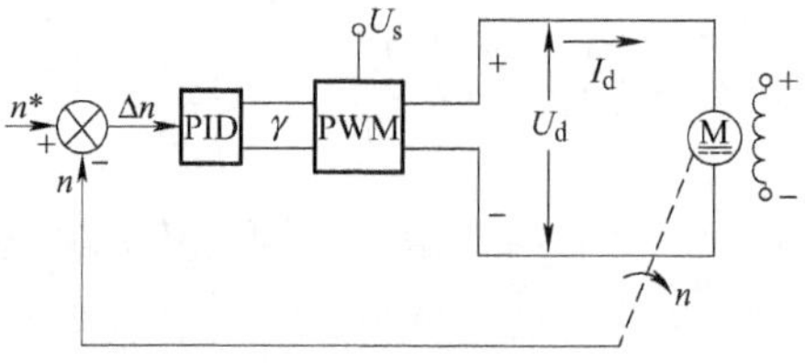

图 2-9　带转速负反馈的闭环调速系统的原理图

当使用比例控制时，利用各环节的稳态关系可以画出闭环系统的稳态结构图如图 2-10 所示。其中 K_p 是比例调节器的比例系数， U_{d0} 是理想空载输出电压（V）。系统有两个输入量，即给定转速 n^* 和扰动量 $-I_dR$ 。

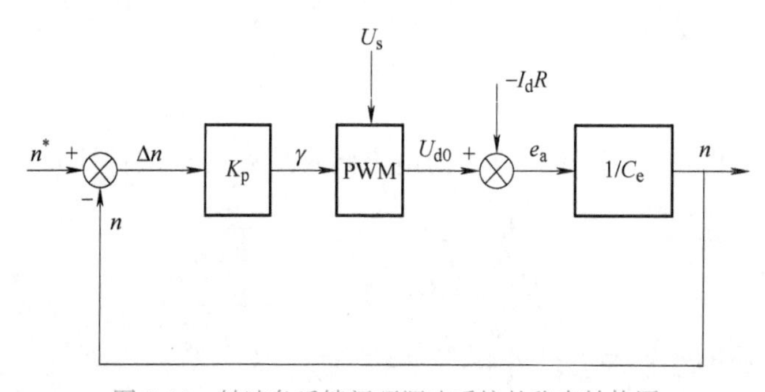

图 2-10　转速负反馈闭环调速系统的稳态结构图

2.1.4 节中已经分析了开环调速系统中各环节的稳态关系如下：

$$U_{d0} = \gamma U_s$$

$$n = \frac{U_{d0} - I_d R}{C_e}$$

图 2-9 中闭环调速系统在开环的基础上又增加了以下环节：

$$\Delta n = n^* - n$$

$$\gamma = K_p \Delta n$$

从上述四个关系式中消去中间变量，整理后，即得转速负反馈闭环调速系统的静特性方程为

$$n = \frac{K_p n^* - I_d R}{C_e(1 + K_p / C_e)} = \frac{K_p n^*}{C_e(1 + K)} - \frac{R I_d}{C_e(1 + K)}$$

式中， $K = K_p / C_e$ 为闭环系统的开环放大系数。

下面通过比较开环系统机械特性和闭环系统静特性之间的关系，来了解转速降落的减

少与哪些参数相关。闭环系统的静特性方程为

$$n=\frac{K_{p}n^{*}}{C_{e}(1+K)}-\frac{RI_{d}}{C_{e}(1+K)}=n_{0cl}-\Delta n_{cl} \tag{2-12}$$

将转速反馈回路断开就能得到相应开环调速系统，其开环机械特性方程为

$$n=\frac{U_{d0}-I_{d}R}{C_{e}}=\frac{K_{p}n^{*}}{C_{e}}-\frac{RI_{d}}{C_{e}}=n_{0op}-\Delta n_{op}$$

式中，n_{0cl} 和 n_{0op} 分别表示闭环（closed–loop）和开环系统（open–loop）的理想空载转速；Δn_{cl} 和 Δn_{op} 分别表示闭环和开环系统的稳态速降。对比两个特性方程，可以得到如下结论：

1）闭环系统的静特性比开环系统的机械特性硬得多。在同样的负载扰动下，两者的转速降落分别为

$$\Delta n_{cl}=\frac{RI_{d}}{C_{e}(1+K)}$$

$$\Delta n_{op}=\frac{RI_{d}}{C_{e}}$$

二者之间的关系为

$$\Delta n_{cl}=\frac{\Delta n_{op}}{1+K}$$

由于 $1+K>1$，故 Δn_{cl} 比 Δn_{op} 小，K 越大，Δn_{cl} 越小，因此闭环系统的静特性比开环系统的机械特性硬得多。

2）如果比较同一个系统的开环和闭环系统，则闭环系统的静差率要小得多。闭环系统和开环系统的静差率分别为

$$s_{cl}=\frac{\Delta n_{cl}}{n_{0cl}}$$

$$s_{op}=\frac{\Delta n_{op}}{n_{0op}}$$

在相同的理想空载转速条件下，即 $n_{0op}=n_{0cl}$，有

$$s_{cl}=\frac{s_{op}}{1+K}$$

因此，闭环系统的转速静差率仅为开环系统的 $1/(1+K)$ 倍，减小了静差率，提高了系统的调速精度。

3）当要求的静差率一定时，闭环系统可以大大提高调速范围。当系统的最高转速为

n_N，且静差率一样时，闭环系统和开环系统的静差率分别为

$$D_{cl} = \frac{n_N}{\Delta n_{cl}(1-s)}$$

$$D_{op} = \frac{n_N}{\Delta n_{op}(1-s)}$$

二者之间的关系为

$$D_{cl} = (1+K)D_{op}$$

闭环系统的调速范围为开环系统的$(1+K)$倍，扩大了系统的调速范围。

要实现上述三项优点，都取决于一点，即设置K足够大的放大器。但是对于转速反馈闭环调速系统，它只有比例放大器，其被调量仍有静差。从式（2-12）不难看出，K越大，系统的稳态调速性能越好。当$K=\infty$时，$\Delta n_{cl}=0$，即实现转速的无静差控制，但在实际中过大的K值会导致系统不稳定，所以不可能达到无静差控制。因此，一个只有比例调节器的反馈控制系统是有静差调速系统。实际上，这种系统正是依靠被调量转速的偏差进行控制的。

除了给定信号外，作用在控制系统各环节上的一切会引起输出量变化的因素都叫作扰动作用。反馈控制系统具有良好的抗扰性能，它能有效地抑制一切被负反馈环所包围的前向通道上的扰动作用，且能够对给定信号的变化完全跟踪。反馈控制系统对给定信号的准确跟踪决定了给定信号精度的重要性，如果给定转速发生波动，反馈控制系统无法鉴别是给定信号的正常调节，还是外界的信号波动。因此，高精度的调速系统必须有更高精度的给定转速。反馈通道上的测速反馈系数α也会因扰动而产生波动，但由于它并不位于前向通道，故不能被抑制。因此，现代调速系统通常用数字测速来取代测速发电机，从而提高系统的精度。

从闭环调速系统的静特性可以看出，当电机稳态运行时，$n \approx n^*$，Δn很小，使得电枢电流在电机允许的数值内运行。但在电机起动的瞬间，$n=0$，使得$\Delta n = n^*$，电枢电压U_d非常大，从而产生很大的冲击电流，相当于全压起动。另外，当电机堵转时，$n=0$，同样使电枢电流迅速增大，超过允许范围。

为了解决转速负反馈闭环调速系统起动和堵转时电流过大的问题，通常引入电流截止负反馈，将电枢电流控制在可承受范围内。该电流负反馈的作用：当电机起动和堵转时，电流负反馈起作用，维持电流基本不变；当电机正常运行时，反馈不起作用，不影响系统的调速。

图 2-11a 是带电流截止负反馈的闭环直流调速系统的稳态结构图，图 2-11b 反映了电流截止负反馈环节的输入输出特性，它的输入值是$I_d R_s / C_e - n_{com}$，其中R_s是设置在主电路中的采样电阻，n_{com}是比较转速，决定了电流截止负反馈投入的电流值。当$I_d R_s / C_e - n_{com} > 0$时，输入和输出相等，当$I_d R_s / C_e - n_{com} \leqslant 0$时，输出为零。该调速系统能按照实际电流的大小，引入或取消电流负反馈。

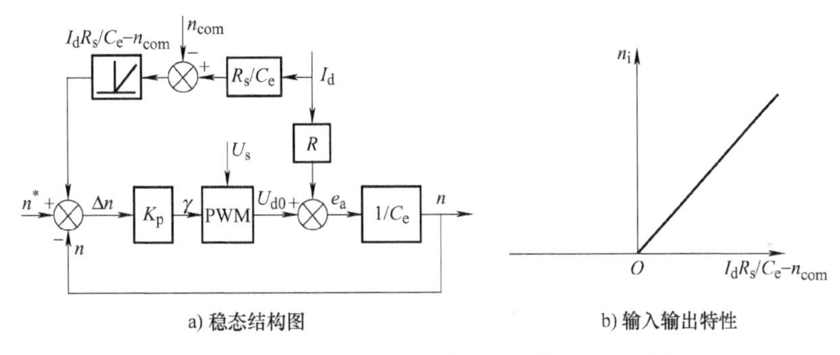

a) 稳态结构图　　b) 输入输出特性

图 2-11　带电流截止负反馈的闭环直流调速系统

带电流截止负反馈和转速负反馈的闭环直流调速系统的静特性如图 2-12 所示。图中，定义截止电流 $I_{dcr} = n_{com}C_e / R_s$，当 $I_d \leqslant I_{dcr}$ 时，电流负反馈被截止，静特性和只有转速负反馈调速系统的静特性相同，即

$$n = \frac{K_p n^*}{C_e(1+K)} - \frac{RI_d}{C_e(1+K)}$$

当 $I_d > I_{dcr}$ 时，引入了电流负反馈，静特性变为

$$\begin{aligned} n &= \frac{K_p n^*}{C_e(1+K)} - \frac{K_p(R_s I_d / C_e - n_{com})}{C_e(1+K)} - \frac{RI_d}{C_e(1+K)} \\ &= \frac{K_p(n^* + n_{com})}{C_e(1+K)} - \frac{(R + K_p R_s / C_e) I_d}{C_e(1+K)} \end{aligned} \tag{2-13}$$

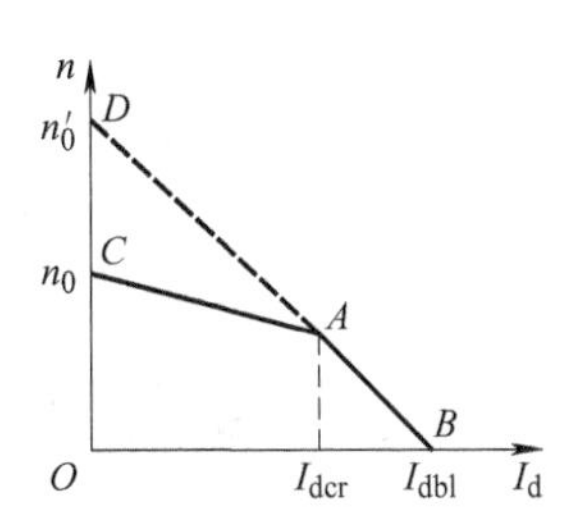

图 2-12　带电流截止负反馈和转速负反馈的闭环直流调速系统的静特性

图 2-12 中，CA 段对应于电流负反馈被截止的情况，即只有转速负反馈的系统静特性，具有较大的硬度。AB 段是电流负反馈起作用的工作段，电流负反馈使得系统出现较大陡度，相当于在主电路串入一个大电阻 K_pR_s / C_e，因而稳态速降极大，特性极速下垂。这一段的比较转速 n_{com} 和给定转速 n^* 同时起作用，使得理想空载转速提高为

$$n_0' = \frac{K_p(n^* + n_{com})}{C_e(1+K)}$$

DA 段反映了系统下垂段静特性的来源。B 点的电流值 I_{dbl} 称为堵转电流，起到保护电机的作用。令式（2-13）中 $n=0$，此时 I_{d} 为 I_{dbl}，即

$$I_{\mathrm{dbl}}=\frac{K_{\mathrm{p}}(n^{*}+n_{\mathrm{com}})}{R+K_{\mathrm{p}}R_{\mathrm{s}}/C_{\mathrm{e}}}$$

一般 $K_{\mathrm{p}}R_{\mathrm{s}}/C_{\mathrm{e}}\gg R$，因此有

$$I_{\mathrm{dbl}}\approx\frac{n^{*}+n_{\mathrm{com}}}{R_{\mathrm{s}}/C_{\mathrm{e}}}$$

堵转电流 I_{dbl} 应小于电机允许的最大电流，一般取 $I_{\mathrm{dbl}}=(1.5\sim2)I_{\mathrm{N}}$。

从调速系统的稳态性能上看，希望稳态运行范围足够大，截止电流 I_{dcr} 应大于电机的额定电流，一般取 $I_{\mathrm{dcr}}=(1.1\sim1.2)I_{\mathrm{N}}$。

2.2 直流电机拖动的力学模型

运动控制的目的是控制电机的转角和转速，对于直线运动的电机来说是控制位移和速度。2.1.5 节的闭环调速系统并没有考虑转动惯量和电机负载，当电机接入负载时，控制会变得复杂起来。接下来将从力学的角度介绍电机的运动控制。

2.2.1 简单直流电机的动力学模型

一般刚体的平移和旋转运动如图 2-13 所示。

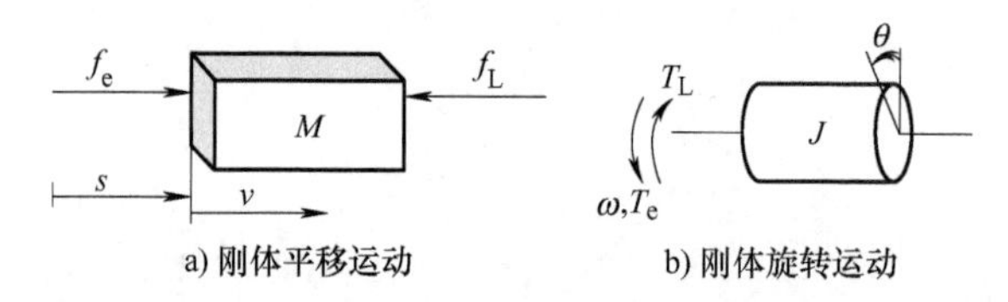

图 2-13　刚体的平移和旋转运动

如图 2-13a 所示，假设质量为 M 的刚体，沿 s 轴方向在直线水平轨道上运动，设 $f_{\mathrm{e}}(t)$ 为电机在速度 v 方向上的驱动力，$f_{\mathrm{L}}(t)$ 为与运动相反的负载阻力。由牛顿定律可知

$$f_{\mathrm{e}}-f_{\mathrm{L}}=\frac{\mathrm{d}}{\mathrm{d}t}(Mv)=M\frac{\mathrm{d}v}{\mathrm{d}t}+v\frac{\mathrm{d}M}{\mathrm{d}t} \tag{2-14}$$

式中，Mv 是机械动量。如果质量 M 是常数，即 $M=M_0=$ 常量，则式（2-14）可以简化为

$$f_{\mathrm{e}}-f_{\mathrm{L}}=M_0\frac{\mathrm{d}v}{\mathrm{d}t}$$

用 $v=\mathrm{d}s/\mathrm{d}t$ 表示速度，用 $a=\mathrm{d}v/\mathrm{d}t=\mathrm{d}^2s/\mathrm{d}t^2$ 表示加速度，就可得

$$f_e - f_L = M_0 \frac{d^2 s}{dt^2} = M_0 a$$

与平移运动类似，刚体由电机驱动做旋转运动时，如图 2-13b 所示，其运动方程可以写为

$$T_e - T_L = \frac{d}{dt}(J\omega) = J\frac{d\omega}{dt} + \omega\frac{dJ}{dt}$$

式中，T_e 为电磁转矩；T_L 为负载转矩；ω 为角速度（以下均称为速度）；J 为围绕旋转轴运动的转动惯量，$J\omega$ 为角动量。$\omega(dJ/dt)$ 用于描述物理尺寸可变的惯性驱动器，如离心机、卷转驱动器，或具有变化几何形状的工业机器人等，这类负载的几何形状会随着速度或时间的变化而改变。然而，在大多数情况下，可以假设惯性是常数，即 $J = J_0 =$ 常量，因此有

$$T_e - T_L = J_0 \frac{d\omega}{dt}$$

若用 θ 表示转动角度，则 $\omega = d\theta/dt$ 描述转动速度，$\alpha = d\omega/dt = d^2\theta/dt^2$ 为转动角加速度，可得

$$T_e - T_L = J_0 \alpha$$

式中，T_e 是内部或电机转矩。与电机轴上的可用转矩不同，内部转矩是电机用来克服惯性加速的转矩，而电机轴上的可用转矩是克服电机内部摩擦所需的转矩。

通常，平移和旋转运动是结合在一起的，如车辆行进、吊车提升或钢铁轧机等运动。图 2-14 是一个使用绳索和滑轮进行移动，同时进行物体平移和滑动旋转的刚体。

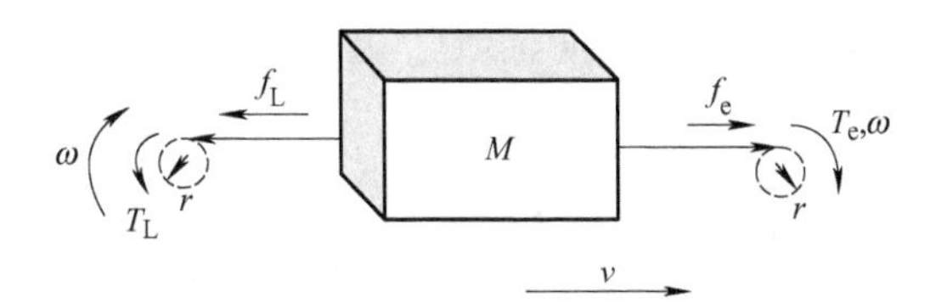

图 2-14　连接在一起的直线与旋转运动

滑轮的半径为 r，由速度和角速度的关系有 $v = r\omega$；再由力与力矩的关系有 $T_e = rf_e$，$T_L = rf_L$；于是有

$$T_e - T_L = r\frac{d}{dt}(Mv) = Mr^2\frac{d\omega}{dt}$$

式中，$J_e := Mr^2$ 为刚体线性运动时，其质量分布和运动相对于滑轮轴的等效惯性矩，刚体质量 M 可以被认为是沿着滑轮的周长分布的。

对于直流电机而言，直流电机产生的电磁转矩驱动负载旋转。电机的电角速度可由下式决定：

$$T_e = T_L + J\frac{d\omega}{dt} + B_v\omega + K\theta \tag{2-15}$$

式中，T_L是包括电机空载转矩在内的负载转矩（N·m）；J为机械转动惯量（kg·m²）；θ是转子的机械转角（rad）；ω为转子的电角速度（rad/s），与转速n（r/min）的关系为$\omega = \frac{2\pi}{60}n$；$B_v$是黏滞摩擦力系数；$K$是扭转弹性转矩系数（扭转弹性转矩系数是指在刚体发生扭转时，弹性元件如弹簧或扭转轴，所产生的恢复转矩与扭转角度之间的关系）。

若忽略阻尼转矩和扭转弹性转矩，则系统的基本运动方程式可简化为

$$J\frac{d\omega}{dt} = T_e - T_L \tag{2-16}$$

由式（2-15）或式（2-16）可知，要控制转速和转角，唯一的途径就是调节电机的电磁转矩T_e，以使转速变化率按人们期望的规律变化。因此，转矩控制是运动控制的根本问题。

在高性能运动控制系统中，通常实行转速闭环控制，通过调节转速偏差来控制系统的动态转矩。为了最大限度地发挥电机铁心的作用，实现在给定电流下产生最大的电磁转矩，从而加速系统的响应速度，不仅要精确控制转矩，还必须同时控制磁通（或磁链）。这是因为当磁通较低时，尽管电枢电流可能很大，实际产生的转矩却可能非常小。此外，由于物理条件的限制，电枢电流始终是有限的。因此，磁通和转矩的控制同等重要，不应忽视任何一方。在基速以下通常采用恒磁通控制，而在基速以上则采用弱磁控制。

2.2.2 转动惯量

本节将介绍转动惯量的推导。如图2-15所示，质量为M的任意形状的刚体围绕重力方向的轴做自由旋转。

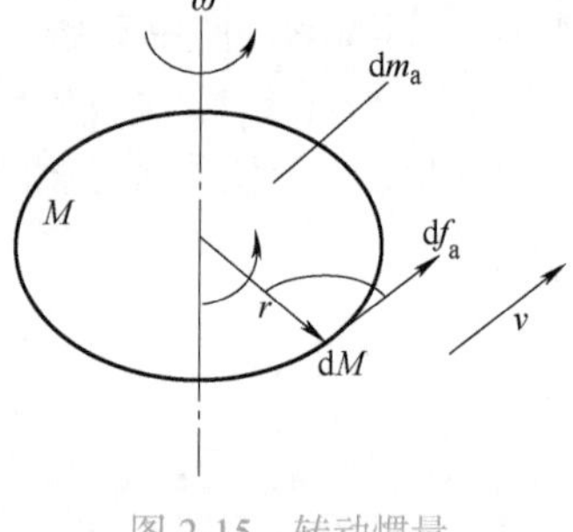

图2-15 转动惯量

刚体中的任意质量元dM在切向方向上以力元df产生加速，它对应于一个转矩元dT为

$$dT = r df = r dM\frac{dv}{dt} = r^2 dM\frac{d\omega}{dt}$$

则总的转矩可以通过积分得到，即

$$T = \int dT = \int_0^M r^2\frac{d\omega}{dt}dM$$

由于物体被假设为刚性，它所有的质量元素都以相同的角速度移动，因此上式可以改为

$$T = \frac{d\omega}{dt}\int_0^M r^2 dM$$

令$J = \int_0^M r^2 dM$为转动惯量，则有

$$T=\frac{\mathrm{d}\omega}{\mathrm{d}t}\int_0^M r^2\mathrm{d}M=J\frac{\mathrm{d}\omega}{\mathrm{d}t}$$

在许多情况下，旋转刚体都具有旋转对称性。如图 2-16 所示，以质量密度为 ρ 的空心均匀圆柱体为例，其内外圆半径分别为 r_1, r_2。

用 dV 表示为体积元，r 为一个实心圆柱体的半径，dr 为厚度，则质量元可以表示为

$$\mathrm{d}M=\rho\mathrm{d}V=\rho 2\pi rl\mathrm{d}r$$

这里可以沿半径积分求得圆柱体的转动惯量为

$$J=\int_0^M r^2\mathrm{d}M=\rho 2\pi l\int_{r_1}^{r_2}r^3\mathrm{d}r=\frac{\pi}{2}\rho l(r_2^4-r_1^4)$$

因此，转动惯量便随着外部半径的 4 次幂的增大而增大。又因该圆柱刚体的重力为

$$G=\rho gl\pi(r_2^2-r_1^2)$$

则可用重力表示转动惯量，结果为

$$J=\frac{G}{g}\frac{r_2^2+r_1^2}{2}=\frac{G}{g}r_i^2$$

式中，g 是重力加速度；$r_i=\sqrt{\frac{1}{2}(r_1^2+r_2^2)}$ 为旋转半径。r_i 定义为与图 2-16 所示同心圆柱体具有相同的转动惯量的实心圆柱体的半径。

如图 2-17a 所示为一个长度为 l、质量为 M 的均匀细杆，围绕点 P 旋转，该点与杆的一端距离为 a。

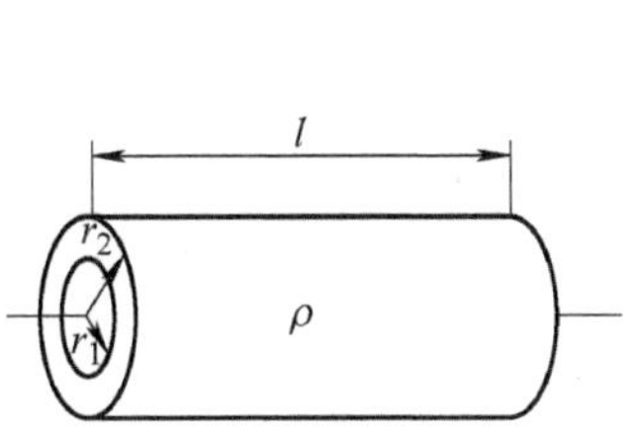

图 2-16　同心圆柱体的惯性矩

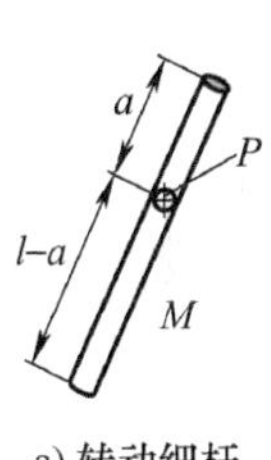

a) 转动细杆

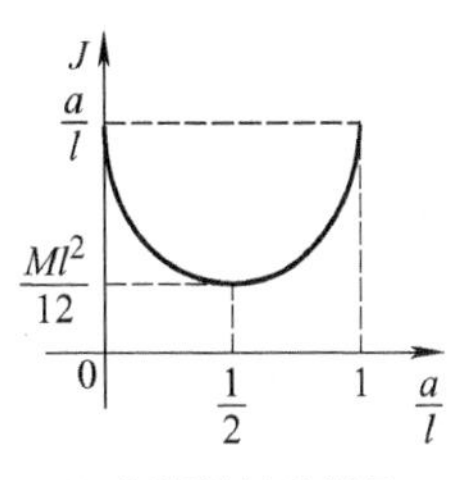

b) 细杆的转动惯量

图 2-17　细杆转动及其转动惯量

该细杆的质量元 $\mathrm{d}M=(M/l)\mathrm{d}r$，则积分得到转动惯量为

$$J=\int_0^M r^2\mathrm{d}M=\frac{M}{l}\left(\int_0^a r^2\mathrm{d}r+\int_0^{l-a}r^2\mathrm{d}r\right)$$
$$=\frac{Ml^2}{12}\left[1+3\left(1-2\frac{a}{l}\right)^2\right]$$

细杆的转动惯量与绕点位置（a 占杆长度 l 的比例）的关系如图 2-17b 所示，当绕中

心旋转时，将获得最小转动惯量。

2.3 直流电机拖动的状态空间模型

由于本书后续的控制部分需要使用状态空间模型，因此本节将上述电机微分方程模型改写为状态空间模型。

首先，选取系统的状态变量为$x_1=\theta$，$x_2=\omega$，$x_3=i_{\mathrm{d}}$，系统输入为$u=U_{\mathrm{d}}$，系统扰动为$d=T_{\mathrm{L}}$，系统输出为$y=\theta$。

本书中若无特殊说明，$\dot{x}$表示状态x对时间t的求导，另外，为了方便区分连续和离散时间，$x(t)$表示连续时间的状态，x_t则表示离散时间的状态。

结合电枢回路方程式（2-2）、反电动势方程式（2-3）、电磁转矩方程式（2-5）、运动方程式（2-15），以及$\omega=\dfrac{2\pi}{60}n$可以得到

$$\begin{cases}\dot{x}_1=x_2\\ \dot{x}_2=\dfrac{1}{J}(C_{\mathrm{m}}x_3-T_{\mathrm{L}}-B_{\mathrm{v}}x_2-Kx_1)\\ \dot{x}_3=\dfrac{1}{L}\left(U_{\mathrm{d}}-C_{\mathrm{e}}x_2\dfrac{60}{2\pi}-Rx_3\right)\end{cases}$$

则调速系统的状态空间表达式为

$$\begin{cases}\dot{\boldsymbol{x}}=\tilde{\boldsymbol{A}}\boldsymbol{x}+\tilde{\boldsymbol{B}}_1\boldsymbol{u}+\tilde{\boldsymbol{B}}_2\boldsymbol{d}\\ y=\tilde{\boldsymbol{C}}\boldsymbol{x}\end{cases}$$

其中

$$\boldsymbol{x}=\begin{pmatrix}x_1\\x_2\\x_3\end{pmatrix},\tilde{\boldsymbol{A}}=\begin{pmatrix}0&1&0\\-\dfrac{K}{J}&-\dfrac{B_{\mathrm{v}}}{J}&\dfrac{C_{\mathrm{m}}}{J}\\0&-\dfrac{C_{\mathrm{e}}}{L}\dfrac{60}{2\pi}&-\dfrac{R}{L}\end{pmatrix}$$

$$\boldsymbol{u}=U_{\mathrm{d}},\tilde{\boldsymbol{B}}_1=\begin{pmatrix}0\\0\\1/L\end{pmatrix}$$

$$\boldsymbol{d}=T_{\mathrm{L}},\tilde{\boldsymbol{B}}_2=\begin{pmatrix}0\\-1/J\\0\end{pmatrix}$$

$$\tilde{\boldsymbol{C}}=(1\quad 0\quad 0)$$

矩阵$\tilde{\boldsymbol{A}}$、$\tilde{\boldsymbol{B}}_1$、$\tilde{\boldsymbol{B}}_2$中的参数与电机结构有关，一般由电机厂商提供。想要更有效地控制电机，我们需要更准确的模型，因此本书通过系统辨识的方法对模型参数进行修正，具

体内容将在下一章详细介绍。

本章小结

本章从直流电机的结构模型入手，构建了直流电机的电枢回路方程、反电动势方程和电磁转矩方程。2.1.2 节和 2.1.3 节分析了直流电机的稳态特性，即转速与电枢电流或电磁转矩的关系，并利用该稳态特性分析直流电机的调速机理。从调速机理中了解到，实际应用中的调速系统常用调压调速的方法。2.1.4 节介绍了经典的调压方法——PWM 调压方法，以及使用该调压方法的调压调速系统，即 PWM 调速系统。由于 PWM 调速系统是开环系统，无法满足调速系统的性能要求，故需要使用 2.1.5 节中的闭环直流调速系统对转速进行更精确的调控。

2.1 节的调速系统并没有考虑负载及其转动惯量，而它们的接入会对控制系统造成干扰，这种影响是不可忽略的。因此在 2.2 节考虑了负载及其作用力，2.2.1 节从力学的角度构建了直流电机的动力学方程，2.2.2 节则对动力学方程中转动惯量的计算做了简单介绍。

结合 2.1 节和 2.2 节的几个重要方程，本章给出了直流电机拖动系统的状态空间模型，其中各参数的辨识将在第三章详细介绍。

第 3 章　直流电机拖动的电气与力学模型辨识

在上一章中，我们学习了直流电机拖动的电气与力学模型。然而，该模型中的参数，如额定磁通下的电动势转速比 C_e 和转矩系数 C_m、电枢回路总电阻 R、电枢回路总电感 L、转动惯量 J 等是未知的。虽然在实际使用中电机厂商会提供部分参数的参考值，但由于每个电机制造时存在误差，参考值和电机的实际参数值也存在误差。为了有效控制电机，需对这些参数进行辨识。本章将讲述辨识这些参数的方法，主要涉及基础的系统辨识理论与概率统计的知识。

3.1　不确定性来源

3.1.1　过程噪声

过程噪声是指在系统或设备运行的过程中产生的噪声，通常由环境的扰动引起，最主要的噪声源包括摩擦噪声、机械振动噪声、电磁干扰噪声等。

摩擦噪声是指由于直流电机内部摩擦力而产生的噪声，如轴承摩擦、轴与轴套之间的摩擦以及电机电刷之间的摩擦都会导致噪声的产生。这些摩擦力随着电机运行状态的改变而变化，从而产生具有随机性的噪声。

机械振动噪声是指由电机内部各部件的振动而引起的噪声。电机在运行时会产生不同频率和振幅的振动，这些振动会传导到电机的外部环境，形成噪声。特别是在高速运转或者负载变化较大的情况下，机械振动噪声可能会显著增加。

电磁干扰噪声是指由电机内部电流磁场的变化而产生的噪声。这种噪声源于电机绕组中电流的非线性特性以及电流波动等因素，可能会对电机的机械特性造成影响。

上述过程噪声会导致实际电机的特性与理想物理模型之间存在差异，从而影响电机的控制性能。因此在实际控制设计中，有必要在电机模型中考虑过程噪声并进行相应处理。

3.1.2　观测噪声

观测噪声是指在测量或监测过程中引入的噪声，包括外部干扰信号对测量带来的误差和测量设备本身由于工艺原因造成的误差，如测量设备误差、环境干扰误差、信号处理误差等。

测量设备误差即测量设备由于制作工艺具有的误差，如传感器的精度限制、线性度、零点漂移等。这些误差通常会在测量过程中引入，组成观测噪声的一部分。

环境干扰误差即环境中的各种干扰影响。例如，观测设备周围的设备或电源会产生电磁干扰信号，导致测量信号受到电磁干扰噪声。机械振动或者振动环境也可能影响传感器的稳定性和准确性。环境温度的变化也可能会对传感器的测量值带来影响。这些环境干扰信号在观测中难以完全滤除，为观测噪声的一部分。

信号处理误差即为信号采集处理过程中产生的误差。例如，在信号的采集过程中，数字化误差、滤波器效应、采样频率选择等因素均会带来随机误差，而后续处理过程中进行的数值计算近似时同样会引入误差。

在直流电机实际运行时进行状态检测，观测误差是不可避免的；这会导致实际观测值的不准确，从而影响电机的控制性能。因此在实际控制设计中，有必要在电机模型中考虑观测噪声并进行相应处理。

3.1.3　滤波算法理论基础

在实际电机系统的控制中，过程噪声和观测噪声难以避免。为了获得更好的系统控制效果，需要通过设计合适的滤波器对这两种噪声进行滤除。在现代控制理论中，最常用的模型是系统的状态空间模型，在此模型基础上结合一些概率论的知识，便可以设计对应的滤波器。在本书中，使用大写字母（如 $\boldsymbol{X}$）表示随机向量，且为了区别于连续模型，所有离散模型 t 时刻的状态量、输入量、输出量分别用 $\boldsymbol{x}_t$、$\boldsymbol{u}_t$、$\boldsymbol{y}_t$ 表示。

1. 状态空间模型与离散时间隐 Markov 模型

以连续时不变系统为例，其状态空间由以下常微分方程表示：

$$\begin{cases}\dot{\boldsymbol{x}} = \boldsymbol{A}\boldsymbol{x} + \boldsymbol{B}\boldsymbol{u} \\ \boldsymbol{y} = \boldsymbol{C}\boldsymbol{x} \\ \boldsymbol{x}(0) = \boldsymbol{x}_0\end{cases} \tag{3-1}$$

式中，$\boldsymbol{x} \in \mathbb{R}^n$ 为系统的状态；$\boldsymbol{u} \in \mathbb{R}^m$ 为系统的外部输入；$\boldsymbol{y} \in \mathbb{R}^p$ 为系统的输出；$\boldsymbol{x}_0$ 为系统的初始状态。我们不能直接对系统内部 t 时刻的状态 $\boldsymbol{x}(t)$ 进行测量，而只能对其所呈现出来的 t 时刻的输出 $\boldsymbol{y}(t)$ 进行观测。

例如，给定电容 C、电感 L 以及电阻 R，考虑图 3-1 所示的 LCR 电路系统。其中 $u(t)$ 表示电源电压，$i(t)$ 表示回路电流，$y(t)$ 表示输出电压，$u_C(t)$ 表示电容两端电压，$u_L(t)$ 表示电感两端电压。

由基尔霍夫电压定律可得

$$-u(t) + u_C(t) + u_L(t) + y(t) = 0$$

将电容、电感的模型 $C\frac{\mathrm{d}}{\mathrm{d}t}u_{\mathrm{C}}(t) = i(t)$，$L\frac{\mathrm{d}}{\mathrm{d}t}i(t) = -u_L(t)$ 代入上式，并令 $\boldsymbol{x}(t) := (x_1(t)^{\mathrm{T}}, x_2(t)^{\mathrm{T}})^{\mathrm{T}}$，$x_1(t) = u_{\mathrm{C}}(t)$，$x_2(t) = i(t)$，即可得到该电路系统的状态空间模型

$$\dot{\boldsymbol{x}} = \frac{\mathrm{d}}{\mathrm{d}t}\boldsymbol{x} = \begin{pmatrix} 0 & \frac{1}{C} \\ -\frac{1}{L} & -\frac{R}{L} \end{pmatrix}\boldsymbol{x} + \begin{pmatrix} 0 \\ \frac{1}{L} \end{pmatrix}u$$

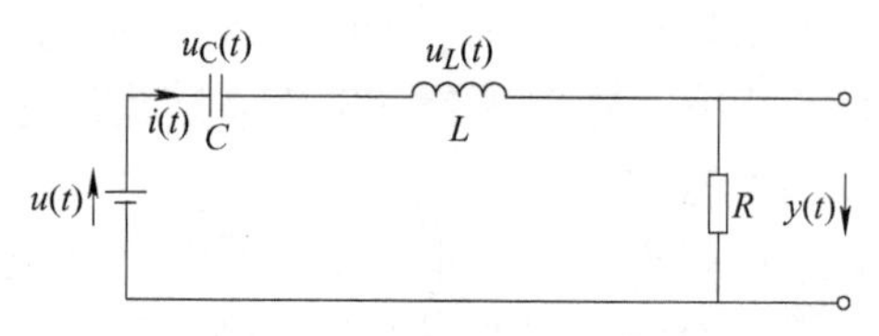

图 3-1　*LCR* 振荡电路

实际中系统的状态空间模型往往要比线性时不变系统式（3-1）更复杂，其状态空间模型由以下常微分方程表示：

$$\begin{cases} \dot{\boldsymbol{x}} = \hat{\boldsymbol{f}}(\boldsymbol{x}, \boldsymbol{u}) \\ \boldsymbol{y} = \hat{\boldsymbol{h}}(\boldsymbol{x}) \end{cases}$$

由于机器人通常通过计算机控制，其控制周期受到计算机指令周期的限制，所以在实际应用中，经常将系统的状态空间模型在时域上离散化，获得如下的离散时间状态空间模型

$$\begin{cases} \boldsymbol{x}_{t+1} = \boldsymbol{f}(\boldsymbol{x}_t, \boldsymbol{u}_t) \\ \boldsymbol{y}_t = \boldsymbol{h}(\boldsymbol{x}_t) \quad (t = 1, 2, 3, \cdots) \end{cases}$$

直观上，离散时间状态空间模型可以被理解为：给定 t 时刻的系统状态 $\boldsymbol{x}_t$ 和外部输入 $\boldsymbol{u}_t$，系统处于 $t+1$ 时刻的系统状态 $\boldsymbol{x}_{t+1}$ 就能够由上式计算，即系统处于 t 时刻的状态衍化到了 $t+1$ 时刻的状态；而在每个时刻 t，我们都能够观测到系统的输出 $\boldsymbol{y}_t$。如果该系统在每个时刻的衍化与对该系统输出的观测均受到环境中随机噪声的影响，则可以得到如下状态空间模型

$$\begin{cases} \boldsymbol{X}_{t+1} = \boldsymbol{f}(\boldsymbol{X}_t, \boldsymbol{U}_t) + \boldsymbol{W}_t \\ \boldsymbol{Y}_t = h(\boldsymbol{X}_t) + \boldsymbol{V}_t \quad (t = 1, 2, 3, \cdots) \end{cases} \tag{3-2}$$

式中，$\boldsymbol{W}_t \in \mathbb{R}^n$ 为过程噪声；$\boldsymbol{V}_t \in \mathbb{R}^p$ 为观测噪声。二者均为随机向量。

对于系统输入，其是否为随机向量和实际系统结构有关。为了更一般地表示，在此处用随机向量 $\boldsymbol{U}_t$ 进行表示。系统的观测和衍化过程可由图 3-2 表示。值得注意的是，在实际系统的观测衍化过程中，每个时刻的状态、噪声、输入、输出等均被视为随机向量的一

个实现，故在图 3-2 中均采用小写来表示。

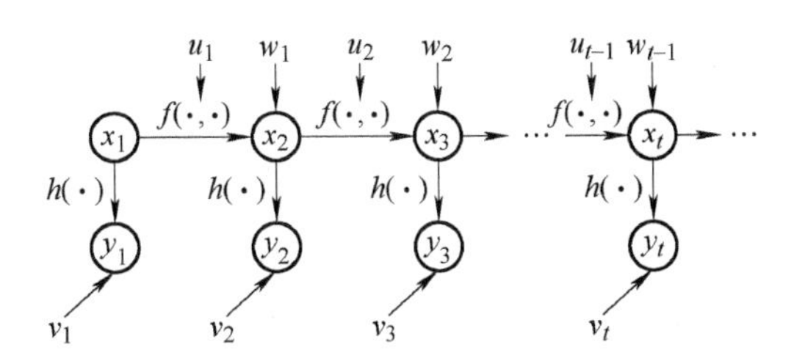

图 3-2　离散时间隐 Markov 模型的观测和衍化过程

从图 3-2 中可以看出：

1）对每个时刻 t 的状态 $\boldsymbol{x}_t$ 来说，若上一时刻的状态 $\boldsymbol{x}_{t-1}$ 和系统输入 $\boldsymbol{u}_{t-1}$ 已知，则 $\boldsymbol{x}_t$ 的取值与之前的历史状态 $\boldsymbol{x}_1,\cdots,\boldsymbol{x}_{t-2}$ 无关；

2）对每个时刻 t 的观测 $\boldsymbol{y}_t$ 来说，若当前时刻的状态 $\boldsymbol{x}_t$ 已知，则 $\boldsymbol{y}_t$ 的取值与之前的历史状态 $\boldsymbol{x}_1,\cdots,\boldsymbol{x}_{t-2}$ 无关。

事实上，这符合“离散时间隐 Markov 模型”的定义。也就是说，式（3-2）事实上定义了一种离散时间隐 Markov 模型。下面给出离散时间隐 Markov 模型严谨的数学定义。

定义 1： 令 $\{\boldsymbol{X}_t\}$ 和 $\{\boldsymbol{Y}_t\}$ 为两组离散时间的随机过程，其中 $t\geqslant 1$，并假设下述讨论的条件概率均为良定义的。若：

1）对于任意的 $t\geqslant 1$，$\boldsymbol{x}_1,\cdots,\boldsymbol{x}_t$ 和 Borel 集 $\mathcal{A}$，$\{\boldsymbol{X}_t\}$ 在任意时刻的实现不能被直接观测，且有

$$\begin{aligned}\mathbb{P}(\boldsymbol{X}_{t+1}\in\mathcal{A}\mid\boldsymbol{X}_1=\boldsymbol{x}_1,\boldsymbol{X}_2=\boldsymbol{x}_2,\cdots,\boldsymbol{X}_t=\boldsymbol{x}_t)\\=\mathbb{P}(\boldsymbol{X}_{t+1}\in\mathcal{A}\mid\boldsymbol{X}_t=\boldsymbol{x}_t)\end{aligned}$$

2）对于任意的 $t\geqslant 1$，$\boldsymbol{x}_1,\cdots,\boldsymbol{x}_t$ 和 Borel 集 $\mathcal{A}$，均有

$$\mathbb{P}(\boldsymbol{Y}_t=\boldsymbol{y}_t\in\mathcal{A}\mid\boldsymbol{X}_1=\boldsymbol{x}_1,\cdots,\boldsymbol{X}_t=\boldsymbol{x}_t)=\mathbb{P}(\boldsymbol{Y}_t=\boldsymbol{y}_t\in\mathcal{A}\mid\boldsymbol{X}_t=\boldsymbol{x}_t)$$

则 $\{\boldsymbol{X}_t\}$ 和 $\{\boldsymbol{Y}_t\}$ 是一个离散时间隐 Markov 模型。

2. 概率论基础与多元高斯分布

下面先回顾一些基本的概率论知识。随机向量 $\boldsymbol{\xi}=(\xi_1,\cdots,\xi_n)^{\mathrm{T}}$ 是一个从“结果空间” Ω 到 $\mathbb{R}^n$ 的映射，用 $\boldsymbol{x}=(x_1,\cdots,x_n)^{\mathrm{T}}\in\mathbb{R}^n$ 表示随机向量 $\boldsymbol{X}$ 的“结果”或“实现”。概率分布函数 $F_\xi(\boldsymbol{x})$ 和概率密度函数 $p_\xi(\boldsymbol{x})$ 可被大致理解为

$$\begin{cases}F_\xi(\boldsymbol{x})=\mathbb{P}(\xi_1\leqslant x_1,\xi_2\leqslant x_2,\cdots,\xi_n\leqslant x_n)\\p_\xi(\boldsymbol{x})=\dfrac{\mathrm{d}F_\xi(\boldsymbol{x})}{\mathrm{d}x_1\mathrm{d}x_2\cdots\mathrm{d}x_n}\end{cases}$$

概率分布函数$F_\xi(\boldsymbol{x})$与概率密度函数$p_\xi(\boldsymbol{x})$具有以下性质：

$$\begin{cases} F_\xi(\boldsymbol{x})=\int_{-\infty}^{x}p_\xi(\boldsymbol{x})\mathrm{d}\boldsymbol{x} \\ \int_{-\infty}^{\infty}p_\xi(\boldsymbol{x})\mathrm{d}\boldsymbol{x}=1 \end{cases}$$

若$\boldsymbol{X}\in\mathbb{R}^n$、$\boldsymbol{Y}\in\mathbb{R}^m$的联合概率密度函数为$p_{X,Y}(\boldsymbol{x},\boldsymbol{y})$，则$p_X(\boldsymbol{x})=\int_{-\infty}^{\infty}p_{X,Y}(\boldsymbol{x},\boldsymbol{y})\mathrm{d}\boldsymbol{y}$，$p_Y(\boldsymbol{y})=\int_{-\infty}^{\infty}p_{X,Y}(\boldsymbol{x},\boldsymbol{y})\mathrm{d}\boldsymbol{x}$。

此外，随机向量$\boldsymbol{X}$的数学期望可被大致理解为

$$\mathbb{E}[\boldsymbol{X}]=\int_{-\infty}^{\infty}\boldsymbol{x}p_X(\boldsymbol{x})\mathrm{d}\boldsymbol{x}$$

而$\boldsymbol{X}$的函数$\boldsymbol{f}(\boldsymbol{X})$的数学期望可被大致理解为

$$\mathbb{E}[\boldsymbol{f}(\boldsymbol{X})]=\int_{-\infty}^{\infty}\boldsymbol{f}(\boldsymbol{x})p_X(\boldsymbol{x})\mathrm{d}\boldsymbol{x}$$

具体地，对于任意的随机向量$\boldsymbol{X}$、$\boldsymbol{Y}\in\mathbb{R}^n$和常数$\alpha\in\mathbb{R}$，都有以下性质：

$$\begin{cases} \mathbb{E}[\boldsymbol{X}+\boldsymbol{Y}]=\mathbb{E}[\boldsymbol{X}]+\mathbb{E}[\boldsymbol{Y}] \\ \mathbb{E}[\alpha\boldsymbol{X}]=\alpha\mathbb{E}[\boldsymbol{X}] \end{cases}$$

$\boldsymbol{X}$的协方差矩阵的定义为

$$\begin{aligned} \mathrm{cov}(\boldsymbol{X})&=\mathbb{E}[(\boldsymbol{X}-\mathbb{E}[\boldsymbol{X}])(\boldsymbol{X}-\mathbb{E}[\boldsymbol{X}])^{\mathrm{T}}] \\ &=\mathbb{E}[\boldsymbol{X}\boldsymbol{X}^{\mathrm{T}}-\mathbb{E}[\boldsymbol{X}]\boldsymbol{X}^{\mathrm{T}}-\boldsymbol{X}\mathbb{E}[\boldsymbol{X}]^{\mathrm{T}}+\mathbb{E}[\boldsymbol{X}]\mathbb{E}[\boldsymbol{X}]^{\mathrm{T}}] \\ &=\mathbb{E}[\boldsymbol{X}\boldsymbol{X}^{\mathrm{T}}]-\mathbb{E}[\boldsymbol{X}]\mathbb{E}[\boldsymbol{X}]^{\mathrm{T}}-\mathbb{E}[\boldsymbol{X}]\mathbb{E}[\boldsymbol{X}]^{\mathrm{T}}+\mathbb{E}[\boldsymbol{X}]\mathbb{E}[\boldsymbol{X}]^{\mathrm{T}} \\ &=\mathbb{E}[\boldsymbol{X}\boldsymbol{X}^{\mathrm{T}}]-\mathbb{E}[\boldsymbol{X}]\mathbb{E}[\boldsymbol{X}]^{\mathrm{T}} \end{aligned}$$

对于所研究的随机向量$\boldsymbol{X}$，总是希望其期望与方差均为有意义的值，即希望积分$\int_{-\infty}^{\infty}\boldsymbol{x}p_X(\boldsymbol{x})\mathrm{d}\boldsymbol{x}$为有限值。显然，该积分是否有界与$p_X(\boldsymbol{x})$的具体形式有关。在此我们给出一种一维特殊的积分，这种特殊的积分被称为高斯积分，与后续书中噪声处理所用到的Kalman滤波器的多元高斯分布假设息息相关。

命题1：对于$x\in\mathbb{R}$，高斯积分为

$$\int_{-\infty}^{\infty}\mathrm{e}^{-x^2}\mathrm{d}x=\sqrt{\pi}$$

证明：首先需证明该积分值的存在。令

$$I(a)=\int_{-a}^{a}\mathrm{e}^{-x^2}\mathrm{d}x$$

则需要证明$\lim\limits_{a\to\infty}I(a)<\infty$。注意，对于$-x\mathrm{e}^{-x^2}>\mathrm{e}^{-x^2},\forall x\in(-\infty,-1]$以及$x\mathrm{e}^{-x^2}>\mathrm{e}^{-x^2},\forall x\in[1,\infty)$，下式一定成立：

$\hat{x}=g(y)\in\mathbb{R}^n$。我们的任务实际上是构造某个函数 $g(y)\in\mathbb{R}^n$，使得估计值 $\hat{x}$ 满足某个最优指标（即让某个指标 $\mathcal{L}(\hat{x})=\mathcal{L}(g(y))$ 达到最小值）。如果要求（协）方差最小，则可把（协）方差写为

$$
\begin{aligned}
\mathcal{L}(g(y)) &= \mathbb{E}[(X-g(y))(X-g(y))^{\mathrm{T}} \mid Y=y] \\
&= \mathbb{E}[XX^{\mathrm{T}}-g(y)X^{\mathrm{T}}-Xg^{\mathrm{T}}(y)+g(y)g^{\mathrm{T}}(y) \mid Y=y] \\
&= \mathbb{E}[XX^{\mathrm{T}} \mid Y=y]-g(y)\mathbb{E}[X \mid Y=y]^{\mathrm{T}}-\mathbb{E}[X \mid Y=y]g^{\mathrm{T}}(y)+g(y)g^{\mathrm{T}}(y) \\
&= \mathbb{E}[XX^{\mathrm{T}} \mid Y=y]-\underbrace{\mathbb{E}[X \mid Y=y]\mathbb{E}[X \mid Y=y]^{\mathrm{T}}}_{=\mathbb{E}[\mathbb{E}[X|Y=y]X^{\mathrm{T}}|Y=y]}-\underbrace{\mathbb{E}[X \mid Y=y]\mathbb{E}[X \mid Y=y]^{\mathrm{T}}}_{=\mathbb{E}[X\mathbb{E}[X|Y=y]^{\mathrm{T}}|Y=y]}+ \\
&\quad\ \mathbb{E}[X \mid Y=y]\mathbb{E}[X \mid Y=y]^{\mathrm{T}}+\mathbb{E}[X \mid Y=y]\mathbb{E}[X \mid Y=y]^{\mathrm{T}}- \\
&\quad\ g(y)\mathbb{E}[X \mid Y=y]^{\mathrm{T}}-\mathbb{E}[X \mid Y=y]g^{\mathrm{T}}(y)+g(y)g^{\mathrm{T}}(y) \\
&= \underbrace{\mathbb{E}[(X-\mathbb{E}[X \mid Y=y])(X-\mathbb{E}[X \mid Y=y])^{\mathrm{T}} \mid Y=y]}_{=\mathcal{L}(\mathbb{E}[X|Y=y])}+ \\
&\quad\ \underbrace{(\mathbb{E}[X \mid Y=y]-g(y))(\mathbb{E}[X \mid Y=y]-g(y))^{\mathrm{T}}}_{\text{半正定矩阵}} \\
&\geqslant \mathcal{L}(\mathbb{E}[X \mid Y=y])
\end{aligned}
$$

从上式中可以看出，如果取 $g(y)=\mathbb{E}[X \mid Y=y]$，上式倒数第二行中的半正定矩阵将消失，（协）方差 $\mathcal{L}(g(y))$ 就可以取到“最小值”，所以后验概率分布的数学期望 $\mathbb{E}[X \mid Y=y]$ 即为最小（协）方差估计。

类似地，如果在 t 时刻，通过所有的历史观测信息 $y_{1:t}$ 对隐 Markov 模型

$$
\begin{cases}
X_{t+1}=f(X_t)+W_t \\
Y_t=h(X_t)+V_t
\end{cases}
$$

的隐状态 X_t 的实现值进行估计，其最小（协）方差估计应为 $\mathbb{E}[X_t \mid Y_{1:t}=y_{1:t}]$（其中 V_t 和 W_t 为白噪声，即不同时刻下的噪声互相独立）。如果该隐 Markov 模型表示的是移动机器人运动学模型及其传感器模型，则对其状态（位姿）的估计（定位）就是其位姿在给定所有历史传感器数据下的数学期望值。

为了计算最小（协）方差估计 $\mathbb{E}[X_t \mid Y_{1:t}=y_{1:t}]$，需要找出后验概率密度函数 $p(x_t \mid y_{1:t})$。此外，我们希望能在线估计，即当收到一个新的观测 y_{t+1} 时，能依据上一时刻 t 已算得的后验概率密度函数 $p(x_t \mid y_{1:t})$ 直接计算新的 $p(x_{t+1} \mid y_{1:t+1})$，而无须依据所有的累计观测数据 $y_{1:t+1}$ 从头开始计算，这样可以避免随着观测数据的累积，计算量越来越大的问题。下面介绍后验概率密度函数 $p(x_t \mid y_{1:t})$ 是如何通过隐 Markov 模型传播为 $p(x_{t+1} \mid y_{1:t+1})$ 的。

依据贝叶斯公式，可将 $p(x_{t+1},y_{t+1} \mid y_{1:t})$ 写为以下两种形式：

$$
\begin{aligned}
p(x_{t+1},y_{t+1} \mid y_{1:t}) &= p(x_{t+1} \mid y_{t+1},y_{1:t})p(y_{t+1} \mid y_{1:t}) \\
&= p(y_{t+1} \mid x_{t+1},y_{1:t})p(x_{t+1} \mid y_{1:t})
\end{aligned}
$$

由于 $\boldsymbol{V}_t$ 是白噪声，所以 $t+1$ 时刻下的观测值 $\boldsymbol{y}_{t+1}$ 与历史观测值 $\boldsymbol{y}_{1:t}$ 相互独立，有

$$p(\boldsymbol{y}_{t+1} \mid \boldsymbol{x}_{t+1}, \boldsymbol{y}_{1:t}) = p(\boldsymbol{y}_{t+1} \mid \boldsymbol{x}_{t+1})$$

利用上述两式与 $\boldsymbol{W}_t$ 是白噪声的假设，将后验概率密度函数 $p(\boldsymbol{x}_{t+1} \mid \boldsymbol{y}_{1:t+1})$ 写为

$$\begin{aligned}
p(\boldsymbol{x}_{t+1} \mid \boldsymbol{y}_{1:t+1}) &= \frac{p(\boldsymbol{x}_{t+1}, \boldsymbol{y}_{t+1} \mid \boldsymbol{y}_{1:t})}{p(\boldsymbol{y}_{t+1} \mid \boldsymbol{y}_{1:t})} = \frac{p(\boldsymbol{y}_{t+1} \mid \boldsymbol{x}_{t+1}) p(\boldsymbol{x}_{t+1} \mid \boldsymbol{y}_{1:t})}{p(\boldsymbol{y}_{t+1} \mid \boldsymbol{y}_{1:t})} \\
&= \frac{p(\boldsymbol{y}_{t+1} \mid \boldsymbol{x}_{t+1})}{p(\boldsymbol{y}_{t+1} \mid \boldsymbol{y}_{1:t})} \int p(\boldsymbol{x}_{t+1}, \boldsymbol{x}_t \mid \boldsymbol{y}_{1:t}) \mathrm{d}\boldsymbol{x}_t \\
&= \frac{p(\boldsymbol{y}_{t+1} \mid \boldsymbol{x}_{t+1})}{p(\boldsymbol{y}_{t+1} \mid \boldsymbol{y}_{1:t})} \int p(\boldsymbol{x}_{t+1} \mid \boldsymbol{x}_t, \boldsymbol{y}_{1:t}) p(\boldsymbol{x}_t \mid \boldsymbol{y}_{1:t}) \mathrm{d}\boldsymbol{x}_t \\
&= \frac{p(\boldsymbol{y}_{t+1} \mid \boldsymbol{x}_{t+1})}{p(\boldsymbol{y}_{t+1} \mid \boldsymbol{y}_{1:t})} \int p(\boldsymbol{x}_{t+1} \mid \boldsymbol{x}_t) p(\boldsymbol{x}_t \mid \boldsymbol{y}_{1:t}) \mathrm{d}\boldsymbol{x}_t
\end{aligned} \tag{3-3}$$

值得注意的是，$p(\boldsymbol{y}_{t+1} \mid \boldsymbol{y}_{1:t})$ 只是一个归一化常数，可以通过以下公式计算：

$$\begin{aligned}
p(\boldsymbol{y}_{t+1} \mid \boldsymbol{y}_{1:t}) &= \iint p(\boldsymbol{y}_{t+1} \mid \boldsymbol{x}_{t+1}, \boldsymbol{x}_t, \boldsymbol{y}_{1:t}) p(\boldsymbol{x}_{t+1} \mid \boldsymbol{x}_t, \boldsymbol{y}_{1:t}) p(\boldsymbol{x}_t \mid \boldsymbol{y}_{1:t}) \mathrm{d}\boldsymbol{x}_t \mathrm{d}\boldsymbol{x}_{t+1} \\
&= \iint p(\boldsymbol{y}_{t+1} \mid \boldsymbol{x}_{t+1}) p(\boldsymbol{x}_{t+1} \mid \boldsymbol{x}_t) p(\boldsymbol{x}_t \mid \boldsymbol{y}_{1:t}) \mathrm{d}\boldsymbol{x}_t \mathrm{d}\boldsymbol{x}_{t+1}
\end{aligned}$$

式（3-3）表征了后验概率分布是如何从 $p(\boldsymbol{x}_t \mid \boldsymbol{y}_{1:t})$ 传递到 $p(\boldsymbol{x}_{t+1} \mid \boldsymbol{y}_{1:t+1})$ 的。对于线性隐 Markov 模型和高斯分布来说，式（3-3）可以被极大程度地简化，也就得到了线性 Kalman 滤波器。

4. 线性 Kalman 滤波器

本节对于 Kalman 滤波器的数学原理仅在噪声服从高斯分布的情况下进行推导。事实上，Kalman 本人对于该滤波器的推导并不是基于高斯分布的后验概率，而是基于 Hilbert 空间的投影原理。在本小节，我们先对线性模型下的 Kalman 滤波器进行推导，而针对非线性模型的扩展 Kalman 滤波将在后续章节介绍。

假设现在有下列隐 Markov 模型：

$$\begin{cases} \boldsymbol{X}_{t+1} = \boldsymbol{A}_t \boldsymbol{X}_t + \boldsymbol{B} \boldsymbol{u}_t + \boldsymbol{W}_t \\ \boldsymbol{Y}_t = \boldsymbol{C}_t \boldsymbol{X}_t + \boldsymbol{V}_t \end{cases}$$

式中，$\boldsymbol{X}_t \in \mathbb{R}^n$ 为系统的状态；$\boldsymbol{Y}_t \in \mathbb{R}^p$ 为对系统的观测（或系统的输出）；$\boldsymbol{u}_t \in \mathbb{R}^m$ 为确定性的输入；$\boldsymbol{W}_t \sim \mathcal{N}(0, \boldsymbol{\Sigma}_W)$ 为过程噪声；$\boldsymbol{V}_t \sim \mathcal{N}(0, \boldsymbol{\Sigma}_V)$ 为观测噪声。$\boldsymbol{W}_t$ 和 $\boldsymbol{V}_t$ 均为零均值高斯白噪声，初始状态的先验分布为 $\boldsymbol{X}_1 \sim \mathcal{N}(\boldsymbol{m}_1, \boldsymbol{P}_1)$。

依据上述假设，可知

$$\begin{cases} p(\boldsymbol{x}_{t+1} \mid \boldsymbol{x}_t, \boldsymbol{u}_t) = \mathcal{N}(\boldsymbol{A}_t \boldsymbol{x}_t + \boldsymbol{B} \boldsymbol{u}_t, \boldsymbol{\Sigma}_W) \\ p(\boldsymbol{y}_t \mid \boldsymbol{x}_t) = \mathcal{N}(\boldsymbol{C}_t \boldsymbol{x}_t, \boldsymbol{\Sigma}_V) \end{cases}$$

首先证明以下两个引理，它们将在 Kalman 滤波器的推导中扮演重要的角色。

引理 1：若 $X \in \mathbb{R}^{d_X} \sim \mathcal{N}(m, P)$，（$Y \in \mathbb{R}^{d_Y} \mid X = x) \sim \mathcal{N}(Hx + u, R)$，则 X 和 Y 的联合分布服从：

$$\begin{pmatrix} X \\ Y \end{pmatrix} \sim \mathcal{N}\left(\begin{pmatrix} m \\ Hm + u \end{pmatrix}, \begin{pmatrix} P & PH^{\mathrm{T}} \\ HP & HPH^{\mathrm{T}} + R \end{pmatrix}\right)$$

证明：X 和 Y 的联合概率分布表示为

$$\begin{aligned}
p(x, y) &= p(x)p(y \mid x) \\
&= \underbrace{\frac{1}{(2\pi)^{(d_X+d_Y)/2}\sqrt{\det P \det R}}}_{\gamma} \mathrm{e}^{-\frac{1}{2}(x-m)^{\mathrm{T}} P^{-1}(x-m) - \frac{1}{2}(y-Hm-u)^{\mathrm{T}} R^{-1}(y-Hm-u)} \\
&= \gamma \exp\left[-\frac{1}{2}((x-m)^{\mathrm{T}} \quad (y-Hx-u)^{\mathrm{T}})\begin{pmatrix} P^{-1} & \\ & R^{-1} \end{pmatrix}\begin{pmatrix} x-m \\ y-Hx-u \end{pmatrix}\right] \\
&= \gamma \exp\left[-\frac{1}{2}((x-m)^{\mathrm{T}} \quad (-H(x-m)+y-Hm-u)^{\mathrm{T}})\begin{pmatrix} P^{-1} & \\ & R^{-1} \end{pmatrix}\begin{pmatrix} x-m \\ -H(x-m)+y-Hm-u \end{pmatrix}\right] \\
&= \gamma \exp\left[-\frac{1}{2}((x-m)^{\mathrm{T}} \quad (y-Hm-u)^{\mathrm{T}})\underbrace{\begin{pmatrix} I & -H^{\mathrm{T}} \\ & I \end{pmatrix}\begin{pmatrix} P^{-1} & \\ & R^{-1} \end{pmatrix}\begin{pmatrix} I & \\ -H & I \end{pmatrix}}_{\Sigma^{-1}}\begin{pmatrix} x-m \\ y-Hm-u \end{pmatrix}\right]
\end{aligned}$$

其中

$$\Sigma = \begin{pmatrix} I & \\ -H & I \end{pmatrix}^{-1}\begin{pmatrix} P^{-1} & \\ & R^{-1} \end{pmatrix}^{-1}\begin{pmatrix} I & -H^{\mathrm{T}} \\ & I \end{pmatrix}^{-1} = \begin{pmatrix} I & \\ H & I \end{pmatrix}\begin{pmatrix} P & \\ & R \end{pmatrix}\begin{pmatrix} I & H^{\mathrm{T}} \\ & I \end{pmatrix} = \begin{pmatrix} P & PH^{\mathrm{T}} \\ HP & HPH^{\mathrm{T}} + R \end{pmatrix}$$

$$\det \Sigma = \underbrace{\det\begin{pmatrix} I & \\ H & I \end{pmatrix}}_{=1}\det\begin{pmatrix} P & \\ & R \end{pmatrix}\underbrace{\det\begin{pmatrix} I & H^{\mathrm{T}} \\ & I \end{pmatrix}}_{=1} = \det P \det R$$

所以 $\gamma = \dfrac{1}{(2\pi)^{(d_X+d_Y)/2}\sqrt{\det \Sigma}}$，引理得证。

引理 2：如果随机向量 $X \in \mathbb{R}^n$ 和 $Y \in \mathbb{R}^m$ 服从以下联合高斯分布

$$\begin{pmatrix} X \\ Y \end{pmatrix} \sim \mathcal{N}\left(\begin{pmatrix} a \\ b \end{pmatrix}, \begin{pmatrix} A & C \\ C^{\mathrm{T}} & B \end{pmatrix}\right)$$

则

$$\begin{cases} X \sim \mathcal{N}(a, A), \quad Y \sim \mathcal{N}(b, B) \\ (X \mid Y = y) \sim \mathcal{N}(a + CB^{-1}(y-b), A - CB^{-1}C^{\mathrm{T}}) \\ (Y \mid X = x) \sim \mathcal{N}(b + C^{\mathrm{T}}A^{-1}(x-a), B - C^{\mathrm{T}}A^{-1}C) \end{cases}$$

有了上述两个引理，现在可以在零均值高斯白噪声的假设下推导 Kalman 滤波器的迭代式。不妨假设 $(X_t \mid u_{1:t-1}, Y_{1:t} = y_{1:t}) \sim \mathcal{N}(\hat{x}_{t|t}, P_{t|t})$，其中 $\hat{x}_{t|t}$ 为随机向量 $\mathbb{E}(X_t \mid u_{1:t-1}, Y_{1:t})$ 在

$Y_{1:t}=y_{1:t}$ 时的一个实现。由引理 1 可知：

$$\begin{aligned}p(x_{t+1},x_t\mid u_{1:t},y_{1:t})&=p(x_{t+1}\mid x_t,u_t)p(x_t\mid u_{1:t-1},y_{1:t})\\&=\mathcal{N}(A_tx_t+Bu_t,\Sigma_W)\mathcal{N}(\hat{x}_{t|t},P_{t|t})\\&=\mathcal{N}\left(\begin{pmatrix}\hat{x}_{t|t}\\A_t\hat{x}_{t|t}+Bu_t\end{pmatrix},\begin{pmatrix}P_{t|t}&P_{t|t}A_t^{\mathrm{T}}\\A_tP_{t|t}&A_tP_{t|t}A_t^{\mathrm{T}}+\Sigma_W\end{pmatrix}\right)\end{aligned}$$

由引理 2 可知：

$$p(x_{t+1}\mid u_{1:t},y_{1:t})=\mathcal{N}\left(\underbrace{A_t\hat{x}_{t|t}+Bu_t}_{\hat{x}_{t+1|t}},\underbrace{A_tP_{t|t}A_t^{\mathrm{T}}+\Sigma_W}_{P_{t+1|t}}\right)$$

至此，就有了 Kalman 滤波器的前半部分——预测步骤。

$$\begin{cases}\hat{x}_{t+1|t}=A_t\hat{x}_{t|t}+Bu_t\\P_{t+1|t}=A_tP_{t|t}A_t^{\mathrm{T}}+\Sigma_W\end{cases}$$

另一方面，依据引理 1，有

$$\begin{aligned}p(x_{t+1},y_{t+1}\mid u_{1:t},y_{1:t})&=p(y_{t+1}\mid x_{t+1})p(x_{t+1}\mid u_{1:t},y_{1:t})\\&=\mathcal{N}(C_{t+1}x_{t+1},\Sigma_V)\mathcal{N}(\hat{x}_{t+1|t},P_{t+1|t})\\&=\mathcal{N}\left(\begin{pmatrix}\hat{x}_{t+1|t}\\C_{t+1}\hat{x}_{t+1|t}\end{pmatrix},\begin{pmatrix}P_{t+1|t}&P_{t+1|t}C_{t+1}^{\mathrm{T}}\\C_{t+1}P_{t+1|t}&C_{t+1}P_{t+1|t}C_{t+1}^{\mathrm{T}}+\Sigma_V\end{pmatrix}\right)\end{aligned}$$

进一步地，依据引理 2，可求得后验概率分布为

$$p(x_{t+1}\mid u_{1:t},y_{1:t+1})=\mathcal{N}(\hat{x}_{t+1|t+1},P_{t+1|t+1})$$

其中

$$\hat{x}_{t+1|t+1}=\hat{x}_{t+1|t}+P_{t+1|t}C_{t+1}^{\mathrm{T}}(C_{t+1}P_{t+1|t}C_{t+1}^{\mathrm{T}}+\Sigma_V)^{-1}(y_{t+1}-C_{t+1}\hat{x}_{t+1|t})$$

$$P_{t+1|t+1}=P_{t+1|t}-P_{t+1|t}C_{t+1}^{\mathrm{T}}(C_{t+1}P_{t+1|t}C_{t+1}^{\mathrm{T}}+\Sigma_v)^{-1}C_{t+1}P_{t+1|t}$$

t 时刻的 Kalman 增益 K_t 定义为

$$K_t=P_{t+1|t}C^{\mathrm{T}}(CP_{t+1|t}C^{T}+\Sigma_V)^{-1}$$

至此得到了 Kalman 滤波器的后半部分——更新步骤。

Kalman 滤波器通过预测步骤和更新步骤交替迭代，成功地通过 $p(x_t\mid u_{1:t-1},y_{1:t})$ 来计算 $p(x_{t+1}\mid u_{1:t},y_{1:t+1})$。值得注意的是，该算法需要一个初始分布 $p(x_1)$，用于求 $p(x_1\mid y_1)$，所以需要指定 X_1 的先验分布 $X_1\sim\mathcal{N}(m_1,P_1)$。

3.2　转动惯量的实验测定

了解了如何处理不确定性后，下面开始学习如何测定前文中所述的直流电机模型中的常数。含有铁、铜和复杂形状绝缘材料的复合非均匀物体，如电机的转子，实际上只能通过近似方法来确定它的转动惯量。当负载具有复杂机械结构时，这个问题就更加困难了，因为用户通常不知道其结构细节。有时转动惯量并不是恒定的，而是周期性地围绕一个平均值变化，如带有曲轴和连杆的活塞压缩机。因此，只能通过实验，测定其转动惯量。下面介绍一种可操作的试验，称为空载或惯性试验，其优点是不需要了解有关装置的详细信息，所获得的精度对于大多数应用来说是足够的。

首先尽可能取下所有负载，进行空载实验。基于式（2-16），忽略黏滞摩擦力和扭转弹性转矩，已知运动方程为

$$T_{\mathrm{e}} = T_{\mathrm{L}} + J\frac{\mathrm{d}\omega}{\mathrm{d}t} \tag{3-4}$$

等式左右两边乘以 ω 得到功率等式为

$$\omega T_{\mathrm{e}} = \omega T_{\mathrm{L}} + J\omega\frac{\mathrm{d}\omega}{\mathrm{d}t} \tag{3-5}$$

用 $P_{\mathrm{e}} = \omega T_{\mathrm{e}}$ 表示驱动功率，$P_{\mathrm{L}} = \omega T_{\mathrm{L}}$ 为负载功率，$J\omega\frac{\mathrm{d}\omega}{\mathrm{d}t}$ 表示储存在旋转质量中的动能的变化，那么式（3-4）就变为

$$P_{\mathrm{e}} = P_{\mathrm{L}} + J\omega\frac{\mathrm{d}\omega}{\mathrm{d}t}$$

对于不同的角速度 ω，测量驱动器在稳态条件下的输入功率 P_{e} 由于速度恒定，转动速度的导数为 0，即等式右边最后一项数值为 0，因此 $P_{\mathrm{e}} = P_{\mathrm{L}}$，意味着所有的驱动功率最终都被负载吸收，即没有额外的功率损失。然而这通常是理论上的理想情况，在实际工程中会有一些损失，如摩擦损失、铜损、电机的铁损等。故需要将该功率通过减去仅存在于功率输入期间的损耗成分（如电机中的电枢铜损耗 I^2R，其中 R 需使用 3.3 节的方法测定）来进行校正，从而得到校正后的负载功率 $P_{\mathrm{L}}' = P_{\mathrm{e}} - I^2R = U_{\mathrm{d}}I_{\mathrm{d}} - I^2R$。根据 P_{L}' 计算不同速度下的稳态有效负载转矩 $T_{\mathrm{L}}' = P_{\mathrm{L}}' / \omega$，通过图形插值，可以得到如图 3-3 所示的曲线 $T_{\mathrm{L}}'(\omega)$。

在进行实际空载实验时，首先将驱动器加速到一定的初始速度 ω_0（通常用电机可达到的最大转速）后，然后关闭驱动器电源，$T_{\mathrm{e}} = 0$，此时电机通过稳态有效负载转矩进行减速，在此过程中实时对速度进行测量。通过求解校正后的公式（3-4），可得

$$J \approx \frac{-T_L'(\omega)}{\frac{d\omega}{dt}(\omega)}$$

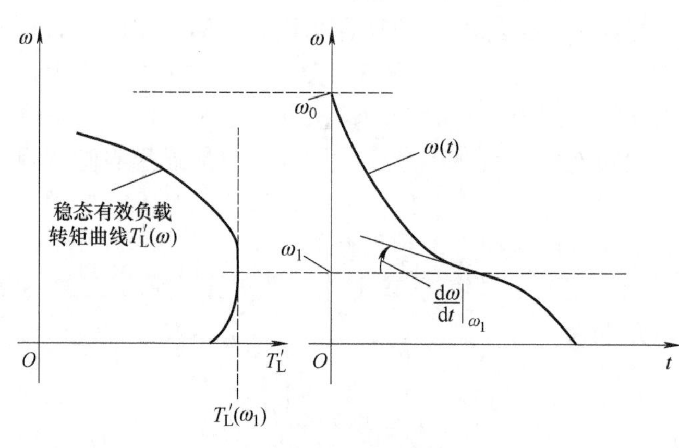

图 3-3　空载实验

因此，J 可由图 3-3 所示滑行曲线的斜率以及稳态有效负载转矩确定。通常在 $\omega(t)$ 斜率最大处作 ω_1，或取 $T_L'(\omega)$ 最大值处对应的速度作为 ω_1。

应计算在不同速度下的 J，以便形成平均值。在设计驱动控制系统时，J 的误差在 ±10% 内通常是可以接受的，不会产生严重影响。

有两种特殊情况可以得到特别简单的解释：

1）若在有限的速度区间内，修正后的稳态有效负载转矩 T_L' 近似为常数，即

$$T_L' \approx \text{const} \quad (\omega_1 < \omega < \omega_2)$$

则 $\omega(t)$ 呈现为一条直线，转动惯量 J 由这条线的斜率确定。

2）如果稳态有效负载转矩 T_L' 关于 $\omega(t)$ 的某一部分可以近似为一条直线，即

$$T_L' \approx a + b\omega \quad (\omega_1 < \omega < \omega_2)$$

记录 a 和 b 的具体值（通过斜率和截距得到）。将 T_L' 代入修正后的式（3-4），可得到线性微分方程（此时 $T_e = 0$）为

$$J\frac{d\omega}{dt} + b\omega = -a$$

令 ω_2 对应的时间为 t_2，上述线性微分方程的通解为

$$\omega(t) = -\frac{a}{b} + \left(\omega_2 + \frac{a}{b}\right)e^{-\frac{b(t-t_2)}{J}} \quad (t \geqslant t_2)$$

将该曲线绘制在半对数坐标系上可以得到一条斜率为 $-b/J$ 的直线，由于 b 已知，可以得到 J 的近似值。

3.3　C_e 与 R 的实验测定

为了降低实际电机系统的辨识复杂度，除了提前测定实际电机系统的转动惯量之外，还需要在电机稳态运行条件下提前测定部分其他的电机系统参数。考虑实际电机系统所满足的微分方程：

$$\begin{cases} \dot{x}_1 = x_2 \\ \dot{x}_2 = \dfrac{1}{J}(C_m x_3 - T_L - B_v x_2 - K x_1) \\ \dot{x}_3 = \dfrac{1}{L}(U_d - C_e x_2 - R x_3) \end{cases}$$

式中，x_1、x_2、x_3分别表示电机转角、电机转速以及电枢电流。

显然，待辨识参数集中在第二个与第三个方程中。观察可以发现，第二个方程与三个状态均有关，耦合程度较高；而第三个方程只与二三两个状态有关，且为线性叠加关系。当考虑电机稳态运行的情况时，可以认为电流恒定不变，即第三个方程的左侧恒等于 0。因此，第三个方程即电枢回路方程变为

$$U_d - C_e x_2 - R x_3 = 0$$

整理得到

$$U_d = (C_e \quad R)\begin{pmatrix} x_2 \\ x_3 \end{pmatrix}$$

形成典型的最小二乘问题的形式。通过采集不同 U_d 下电机稳态运行时的转速（对应 x_2 ）和电枢电流（对应 x_3 ），采用最小二乘方法，便可以得到对 C_e 和 R 的实验测定。

3.4　预报误差极小化

3.4.1　直流电机的新息形式（Innovation form）

为了获得更准确的模型，我们需要在实际工作环境中对直流电机模型进行系统参数辨识。而在进行参数辨识之前，必须建立清晰合理的直流电机参数模型。由于实际控制环境中均采用数字控制器，故本节主要讨论直流电机的离散时间模型。

1. 直流电机的离散时间模型

在 2.3 节中，已经建立了直流电机的线性状态空间模型。为了简便起见，在接下来讨论的情况中，均认为负载为 0 即 $\boldsymbol{d} = 0$ 。因此，得到如下经过简化的线性状态空间模型为

$$\begin{cases} \dot{\tilde{\boldsymbol{x}}} = \tilde{\boldsymbol{A}}\tilde{\boldsymbol{x}} + \tilde{\boldsymbol{B}}\boldsymbol{u} \\ y = \tilde{\boldsymbol{C}}\tilde{\boldsymbol{x}} \end{cases} \tag{3-6}$$

式中

$$\tilde{\boldsymbol{x}}=\begin{pmatrix}x_1\\x_2\\x_3\end{pmatrix},\tilde{\boldsymbol{A}}=\begin{pmatrix}0&1&0\\-\dfrac{K}{J}&-\dfrac{B_{\mathrm{v}}}{J}&\dfrac{C_{\mathrm{m}}}{J}\\0&-\dfrac{C_{\mathrm{e}}}{L}\dfrac{60}{2\pi}&-\dfrac{R}{L}\end{pmatrix}$$

$$\boldsymbol{u}=U_{\mathrm{d}},\tilde{\boldsymbol{B}}=\begin{pmatrix}0\\0\\1/L\end{pmatrix}$$

$$\tilde{\boldsymbol{C}}=(1\quad 0\quad 0)$$

注意，此时的系统状态空间模型为连续形式，而在实际的控制系统中，由于计算机等数字控制设备的广泛应用，我们更需要离散时间形式的状态空间模型。

令采样时间间隔为 T，且在 T 时间内认为输入不发生改变，则离散化后的系统状态空间模型为

$$\begin{cases}\boldsymbol{x}_{t+1}=\boldsymbol{A}\boldsymbol{x}_t+\boldsymbol{B}\boldsymbol{u}_t\\\boldsymbol{y}_t=\boldsymbol{C}\boldsymbol{x}_t\end{cases}$$

式中

$$\boldsymbol{A}=\mathrm{e}^{\tilde{A}\mathrm{T}}$$

$$\boldsymbol{B}=\int_{\tau=0}^{T}\mathrm{e}^{\tilde{A}\mathrm{T}\tau}\tilde{\boldsymbol{B}}\mathrm{d}\tau$$

$$\boldsymbol{C}=\tilde{\boldsymbol{C}}=(1\quad 0\quad 0)$$

通过引入时移算子 q，可将直流电机这一线性系统离散形式的状态空间模型和离散形式的传递函数模型联系起来。时移算子 q 的具体定义为

$$q\boldsymbol{u}_t=\boldsymbol{u}_{t+1}$$

因此有

$$(q\boldsymbol{I}-\boldsymbol{A})\boldsymbol{x}_{kT}=\boldsymbol{B}\boldsymbol{u}_{kT}$$

所以该系统输入 (u_t) – 输出 (y_t) 转换矩阵为

$$\boldsymbol{G}=\boldsymbol{C}(q\boldsymbol{I}-\boldsymbol{A})^{-1}\boldsymbol{B}$$

这样就得到了直流电机离散形式的状态空间以及传递函数模型。如无特殊说明，本章后面部分讨论的模型均为离散形式的系统模型。

2. 新息形式

在上述建立的系统离散形式状态空间表达式的基础上，我们可以将过程噪声和观测噪声建模成均值为零、服从高斯分布的随机变量，其中过程噪声定义为 $\boldsymbol{W}$，观测噪声定义为 V，则带噪声的线性系统模型为

$$\begin{cases} \boldsymbol{X}_{t+1}(\boldsymbol{\theta}) = \boldsymbol{A}(\boldsymbol{\theta})\boldsymbol{X}_t(\boldsymbol{\theta}) + \boldsymbol{B}(\boldsymbol{\theta})\boldsymbol{u}_t + \boldsymbol{W}_t \\ \boldsymbol{Y}_t(\boldsymbol{\theta}) = \boldsymbol{C}(\boldsymbol{\theta})\boldsymbol{X}_t(\boldsymbol{\theta}) + V_t \end{cases}$$

式中，$\boldsymbol{\theta} \in \mathbb{R}^r$ 为模型参数。两种噪声的协方差表示为

$$\begin{cases} \mathbb{E}[\boldsymbol{W}_t\boldsymbol{W}_t^{\mathrm{T}}] = \boldsymbol{R}_1(\boldsymbol{\theta}) \\ \mathbb{E}[\boldsymbol{V}_t\boldsymbol{V}_t^{\mathrm{T}}] = \boldsymbol{R}_2(\boldsymbol{\theta}) \\ \mathbb{E}[\boldsymbol{W}_t\boldsymbol{V}_t^{\mathrm{T}}] = \boldsymbol{R}_{12}(\boldsymbol{\theta}) \end{cases}$$

下面讨论模型预测输出 Y_t 的协方差最小估计问题。依据 3.1 节给出的线性卡尔曼滤波器，可以给出状态 $\boldsymbol{X}_t$ 与观测 Y_t 在零均值高斯白噪声下的协方差最小估计。具体而言，在 $\{\boldsymbol{W}_t\}$ 和 $\{V_t\}$ 均为零均值高斯过程的前提下，$\boldsymbol{X}_t$ 与 Y_t 基于历史观测和输入 y_s、$\boldsymbol{u}_s(s \leqslant t-1)$ 的协方差最小估计为

$$\begin{cases} \hat{\boldsymbol{x}}_{t+1}(\boldsymbol{\theta}) = \boldsymbol{A}(\boldsymbol{\theta})\hat{\boldsymbol{x}}_t(\boldsymbol{\theta}) + \boldsymbol{B}(\boldsymbol{\theta})u_t + \boldsymbol{K}(\boldsymbol{\theta})[y_t - \boldsymbol{C}(\boldsymbol{\theta})\hat{\boldsymbol{x}}_t(\boldsymbol{\theta})] \\ \hat{y}_t(\boldsymbol{\theta}) = \boldsymbol{C}(\boldsymbol{\theta})\hat{\boldsymbol{x}}_t(\boldsymbol{\theta}) \end{cases}$$

这里的 $\boldsymbol{K}(\boldsymbol{\theta})$ 由 3.1.3 节推导的卡尔曼增益给出。但需要指出的是，此时考虑的情况是卡尔曼滤波器已经运行较长时间，系统达到稳态的情况。因此有

$$\boldsymbol{K}(\boldsymbol{\theta}) = [\boldsymbol{A}(\boldsymbol{\theta})\bar{\boldsymbol{P}}(\boldsymbol{\theta})\boldsymbol{C}^{\mathrm{T}}(\boldsymbol{\theta}) + \boldsymbol{R}_{12}(\boldsymbol{\theta})][\boldsymbol{C}(\boldsymbol{\theta})\bar{\boldsymbol{P}}(\boldsymbol{\theta})\boldsymbol{C}^{\mathrm{T}}(\boldsymbol{\theta}) + R_2(\boldsymbol{\theta})]^{-1}$$

式中，$\bar{\boldsymbol{P}}(\boldsymbol{\theta})$ 是如下代数 Riccati 方程的正定解：

$$\begin{aligned} \bar{\boldsymbol{P}}(\boldsymbol{\theta}) = {} & \boldsymbol{A}(\boldsymbol{\theta})\bar{\boldsymbol{P}}(\boldsymbol{\theta})\boldsymbol{A}^{\mathrm{T}}(\boldsymbol{\theta}) + \boldsymbol{R}_1(\boldsymbol{\theta}) - [\boldsymbol{A}(\boldsymbol{\theta})\bar{\boldsymbol{P}}(\boldsymbol{\theta})\boldsymbol{C}^{\mathrm{T}}(\boldsymbol{\theta}) + \boldsymbol{R}_{12}(\boldsymbol{\theta})] \\ & [\boldsymbol{C}(\boldsymbol{\theta})\bar{\boldsymbol{P}}(\boldsymbol{\theta})\boldsymbol{C}^{\mathrm{T}}(\boldsymbol{\theta}) + R_2(\boldsymbol{\theta})]^{-1}[\boldsymbol{A}(\boldsymbol{\theta})\bar{\boldsymbol{P}}(\boldsymbol{\theta})\boldsymbol{C}^{\mathrm{T}}(\boldsymbol{\theta}) + \boldsymbol{R}_{12}(\boldsymbol{\theta})]^{\mathrm{T}} \end{aligned}$$

因此，对 $\hat{y}_t(\boldsymbol{\theta})$ 的方差最小估计可以表示为

$$\begin{aligned} \hat{y}_t(\boldsymbol{\theta}) = {} & \boldsymbol{C}(\boldsymbol{\theta})[\mathrm{q}\boldsymbol{I} - \boldsymbol{A}(\boldsymbol{\theta}) + \boldsymbol{K}(\boldsymbol{\theta})\boldsymbol{C}(\boldsymbol{\theta})]^{-1}\boldsymbol{B}(\boldsymbol{\theta})u_t \\ & + \boldsymbol{C}(\boldsymbol{\theta})[\mathrm{q}\boldsymbol{I} - \boldsymbol{A}(\boldsymbol{\theta}) + \boldsymbol{K}(\boldsymbol{\theta})\boldsymbol{C}(\boldsymbol{\theta})]^{-1}\boldsymbol{K}(\boldsymbol{\theta})y_t \end{aligned}$$

需要指出，$\bar{\boldsymbol{P}}(\boldsymbol{\theta})$ 是状态估计误差的协方差矩阵，即

$$\bar{\boldsymbol{P}}(\boldsymbol{\theta}) = \mathbb{E}[\boldsymbol{X}_t - \hat{\boldsymbol{x}}_t(\boldsymbol{\theta})][\boldsymbol{X}_t - \hat{\boldsymbol{x}}_t(\boldsymbol{\theta})]^{\mathrm{T}}$$

基于上述推导，可给出如下形式的输出预报误差：

$$y_t - \boldsymbol{C}(\boldsymbol{\theta})\hat{\boldsymbol{x}}_t(\boldsymbol{\theta}) = \boldsymbol{C}(\boldsymbol{\theta})[\boldsymbol{x}_t - \hat{\boldsymbol{x}}_t(\boldsymbol{\theta})] + v_t$$

将该预报误差记为 e_t。注意，e_t 为预报误差 E_t的一个实现 。因此，基于卡尔曼滤波的估计方程可被改写为

$$\begin{cases} \hat{\boldsymbol{x}}_{t+1}(\boldsymbol{\theta}) = \boldsymbol{A}(\boldsymbol{\theta})\hat{\boldsymbol{x}}_t(\boldsymbol{\theta}) + \boldsymbol{B}(\boldsymbol{\theta})u_t + \boldsymbol{K}(\boldsymbol{\theta})e_t \\ y_t = \boldsymbol{C}(\boldsymbol{\theta})\hat{\boldsymbol{x}}_t(\boldsymbol{\theta}) + e_t \end{cases}$$

其中，预报误差 E_t 的协方差表达式为

$$\mathbb{E}[\boldsymbol{E}_t\boldsymbol{E}_t^{\mathrm{T}}]=\boldsymbol{C}(\boldsymbol{\theta})\bar{\boldsymbol{P}}(\boldsymbol{\theta})\boldsymbol{C}^{\mathrm{T}}(\boldsymbol{\theta})+R_2(\boldsymbol{\theta})$$

这就是所谓状态空间模型的新息形式，再结合时移算子 q，可以将其转换为标准线性模型的转移矩阵形式，即

$$\begin{cases}\boldsymbol{y}_t=G(q,\boldsymbol{\theta})u_t+H(q,\boldsymbol{\theta})e_t\\ G(q,\boldsymbol{\theta})=\boldsymbol{C}(\boldsymbol{\theta})[q\boldsymbol{I}-\boldsymbol{A}(\boldsymbol{\theta})]^{-1}\boldsymbol{B}(\boldsymbol{\theta})\\ H(q,\boldsymbol{\theta})=\boldsymbol{C}(\boldsymbol{\theta})[q\boldsymbol{I}-\boldsymbol{A}(\boldsymbol{\theta})]^{-1}\boldsymbol{K}(\boldsymbol{\theta})+I\end{cases}$$

这样就获得了直流电机的有关模型参数 $\boldsymbol{\theta}$ 的标准线性转移矩阵模型。

3.4.2 参数估计

在建立了直流电机的新息形式之后，本节将讲述如何对带有参数的模型进行准确的参数估计。

1. 参数估计方法的定义

首先给出带参数模型的定义。对于一个模型 M，其含有可变的参数 $\boldsymbol{\theta}\in D_{\mu}\subset\mathbb{R}^r$。当参数为 $\boldsymbol{\theta}$ 时，该模型记作 $M(\boldsymbol{\theta})$。当 $\boldsymbol{\theta}$ 在一定范围内取值时，对应的 $M(\boldsymbol{\theta})$ 构成如下的集合：

$$M^*=\{M(\boldsymbol{\theta})\,|\,\boldsymbol{\theta}\in D_{\mu}\}$$

对于每个参数确定的模型，都可以根据输入预测输出。一个典型的线性模型为

$$\boldsymbol{Y}_t=\boldsymbol{G}(q)\boldsymbol{u}_t+\boldsymbol{H}(q)\boldsymbol{E}_t$$

式中，$\boldsymbol{Y}_t\in\mathbb{R}^p$ 为系统输出；$\boldsymbol{u}_t\in\mathbb{R}^m$ 为系统输入；$\boldsymbol{E}_t\in\mathbb{R}^l$ 为系统扰动；$\boldsymbol{G}(q)\in\mathbb{R}^{p\times m}$ 为输入到输出的转换矩阵；$\boldsymbol{H}(q)\in\mathbb{R}^{p\times l}$ 为扰动到输出的转换矩阵。具体地，有

$$\boldsymbol{G}(q)=\sum_{k=1}^{\infty}\boldsymbol{g}(k)q^{-k},\boldsymbol{H}(q)=1+\sum_{k=1}^{\infty}\boldsymbol{h}(k)q^{-k}$$

而参数化后的线性模型可表示为

$$M(\boldsymbol{\theta}):\hat{\boldsymbol{y}}_t(\boldsymbol{\theta})=\boldsymbol{W}_y(q,\boldsymbol{\theta})\boldsymbol{y}_t+\boldsymbol{W}_{\boldsymbol{u}}(q,\boldsymbol{\theta})\boldsymbol{u}_t$$

其中 $\boldsymbol{\theta}\in\mathbb{R}^r$ 为待辨识的参数，为了得到 $\boldsymbol{W}_y(q,\boldsymbol{\theta})$ 与 $\boldsymbol{W}_{\boldsymbol{u}}(q,\boldsymbol{\theta})$ 的具体表达形式，需要对上述经典模型进行一定的变换。将 $\boldsymbol{E}_t=\hat{\boldsymbol{y}}_t(\boldsymbol{\theta})-\boldsymbol{y}_t$ 代入上述推导的典型线性模型，进行方程化简即得

$$\begin{cases}\boldsymbol{W}_y(q,\boldsymbol{\theta})=1-\boldsymbol{H}^{-1}(q,\boldsymbol{\theta})\\ \boldsymbol{W}_{\boldsymbol{u}}(q,\boldsymbol{\theta})=\boldsymbol{H}^{-1}(q,\boldsymbol{\theta})\boldsymbol{G}(q,\boldsymbol{\theta})\end{cases}$$

如果将采集的数据表示为

$$Z^N = y_1, u_1, y_2, \cdots, y_N, u_N$$

注意，这里的$y_1, y_2, \cdots, y_N$是随机向量$Y_1, Y_2, \cdots, Y_N$的实现。我们的目标是寻找最合适的参数向量$\hat{\theta}_N$，使得模型预测结果最符合所采集的数据。将其抽象成为一个数学问题，即需要寻找一个映射

$$Z^N \to \hat{\theta}_N \in D_\mu$$

使得$M(\hat{\theta}_N)$是最符合实际采集数据的模型。因此需要一个量化指标来评价模型的好坏，将在下面参数估计结果的评价中介绍。

2. 参数估计结果的评价

一个模型的好坏，自然要通过其预测输出和系统实际输出的误差来判定，通常称为预报误差。假设某一参数条件下的模型$M(\theta_*)$给出的预报误差为

$$e_t(\theta_*; Z^N) = y_t - \hat{y}_t(\theta_*)$$

基于采集的数据集Z^N，我们可以对每一个时刻$t(t=1,2,\cdots,N)$计算出预报误差$e_t(\theta_*; Z^N)$。注意，$e_t(\theta_*; Z^N)$是以θ_*为自变量的函数，其参数为Z^N。

如果一个模型在所有的观测数据上都取得较小的预报误差，则可以认为这个模型具有较好的预测性能。因此理论上，所有预报误差的函数都可以作为评价模型预报性能的备选评价指标。但显然，不同预报误差函数的评价性能存在差异。对于实际情况下预报误差函数的选取，我们有一些简单的指导原则。在讨论它们之前，再重新陈述一遍待解决的问题：

问题：依据采集的数据集Z^N，我们可以对每一个时刻t计算出预报误差$e_t(\theta; Z^N)$，通过找到最优的$\hat{\theta}_N$，使得$e_t(\hat{\theta}_N; Z^N)(t=1,2,\cdots,N)$尽可能小。

因此，我们需要定义一种标准来衡量$e_t(\hat{\theta}_N; Z^N)$的大小。一种有效的参数估计方法即为构造一个可以度量$e_t(\hat{\theta}_N; Z^N)$大小的范数或者准则函数，接下来将讨论这种方法的实现。

3. 极小化模型预报误差

预报误差序列本质上是N维向量，只要定义了范数（无论是不是l_2范数），就可以对该向量的大小进行度量。理论上范数的定义是多种多样的，通常采用如下的形式：

$$V_N(\theta; Z^N) = \frac{1}{N}\sum_{t=1}^{N} l(e_t(\theta; Z^N))$$

式中，$l(\bullet)$是一个关于$e_t(\theta; Z^N)$的正定函数，Z^N表示采集的数据集。

对于给定的历史数据，函数 $V_N(\boldsymbol{\theta};\boldsymbol{Z}^N)$ 应符合范数的定义，才可以作为模型的一种有效度量。此时的参数 $\boldsymbol{\theta}$ 的最优估计为

$$\hat{\boldsymbol{\theta}}_N = \arg\min_{\boldsymbol{\theta}\in D_\mu} V_N(\boldsymbol{\theta};\boldsymbol{Z}^N)$$

这里的“arg min”表示“使函数取得极小值的自变量”，在这里即为 $\hat{\boldsymbol{\theta}}_N$。如果该函数极小值不唯一，那么 $\hat{\boldsymbol{\theta}}_N$ 是一个集合。但对于极小值不唯一的情况，在实际求解过程中我们只能求出一个 $\hat{\boldsymbol{\theta}}_N$。

符合上述描述的一类方法称为预报误差极小化（Prediction Error Minimization，PEM）辨识方法。显然，选择不同的 $l(\bullet)$ 和不同的模型结构，会有不同的预报误差极小化辨识方法。接下来将介绍一种预报误差极小化辨识方法，它具有与最小二乘法相同的形式。为了讲述方便，在后文中，我们仅结合单输入单输出情形进行讲述；且在该方法中，默认选取 $l(e_t(\boldsymbol{\theta};\boldsymbol{Z}^N)) = \frac{1}{2}e_t^2(\boldsymbol{\theta};\boldsymbol{Z}^N)$，即 l_2 范数。

3.4.3 预报误差极小化的最小二乘实现

在 3.4.1 节中已经得到了直流电机的有关模型参数 $\boldsymbol{\theta}$ 的标准线性转移矩阵模型，本节将介绍基于电机标准线性转移矩阵模型的预报误差极小化辨识的最小二乘实现。

1. 构建预报误差

在前述的几节中，我们已经建立了电机的线性系统模型。事实上，虽然构建的电机系统模型为状态空间模型，但通过上述的新息形式，可以得到电机模型的转移矩阵形式。因此，此时考虑电机系统的参数辨识，情况一般和线性系统完全一致。

考虑上述构建的电机标准线性转移矩阵模型：

$$y_t = G(q,\boldsymbol{\theta})u_t + H(q,\boldsymbol{\theta})e_t$$

等式两边同时左乘 $H^{-1}(q,\boldsymbol{\theta})$，移项得

$$e_t = H^{-1}(q,\boldsymbol{\theta})y_t - H^{-1}(q,\boldsymbol{\theta})G(q,\boldsymbol{\theta})u_t \tag{3-7}$$

2. 最小二乘准则

依据上述构建的预报误差表达式（3-7），选取 $l(e_t(\boldsymbol{\theta};\boldsymbol{Z}^N)) = \frac{1}{2}e_t^2(\boldsymbol{\theta};\boldsymbol{Z}^N)$，可得到如下的准则函数：

$$V_N(\boldsymbol{\theta};\boldsymbol{Z}^N) = \frac{1}{N}\sum_{t=1}^{N}\frac{1}{2}[H^{-1}(q,\boldsymbol{\theta})y_t - H^{-1}(q,\boldsymbol{\theta})G(q,\boldsymbol{\theta})u_t]^2$$

这样就得到了直流电机模型预报误差极小化的最小二乘准则。必须指出，由于预报误差为关于参数 $\boldsymbol{\theta}$ 的复杂非线性函数，故无法解析地求出最优参数值。在实际工程实践中，

往往采用数值优化方法求解该非线性最小二乘问题，从而得到数值最优解。

3.4.4　统计一致性

1. 统计一致性的定义

统计一致性（Statistical Consistency）是统计学中的一个重要概念，用于描述估计量在样本数量趋于无穷大时的表现。具体来说，一致性描述了估计量在样本量不断增加的情况下，逐渐逼近真实参数值的性质。下面给出统计一致性的准确定义。

定义：在统计推断中，假设有一个随机变量 $\boldsymbol{X}$，其分布由未知参数 $\boldsymbol{\theta}$ 所决定。我们的目标是通过样本数据 $\boldsymbol{x}_1, \boldsymbol{x}_2, \cdots, \boldsymbol{x}_n$ 来估计这个未知参数 $\boldsymbol{\theta}$。如果一个估计量 $\hat{\boldsymbol{\theta}}_n$ 随着样本量 n 的增加而逐渐逼近真实参数值 $\boldsymbol{\theta}$，则称这个估计量是对 $\boldsymbol{\theta}$ 的一致估计。

在数学上，如果对于任意的 $\varepsilon > 0$，都有

$$\lim_{n\to\infty} \mathbb{P}(|\hat{\boldsymbol{\theta}}_n - \boldsymbol{\theta}| \geqslant \varepsilon) = 0$$

则称估计量 $\hat{\boldsymbol{\theta}}_n$ 是一致的。

应该指出，统计一致性对于电机辨识问题非常重要。只有满足统计一致性，才能保证在实际的电机参数辨识时，可以通过不断增加样本数来不断逼近真实的参数值。然而，依据 3.4.3 节，直流电机的预报误差极小化辨识中出现了非线性模型，其统计一致性分析十分复杂。统计一致性的概念十分重要，因此下面以线性预报误差极小化模型为例，说明其统计一致性及需要满足的条件。

2. 线性预报误差极小化辨识的统计一致性分析

线性预报误差极小化辨识要求系统观测和参数构成线性关系，即

$$y_t = \boldsymbol{\varphi}_t^{\mathrm{T}} \boldsymbol{\theta}_0 + \boldsymbol{e}_t$$

式中，$\boldsymbol{\theta}_0$ 代表参数真值；$\boldsymbol{e}_t$ 为 t 时刻的随机误差实现值；y_t 为 t 时刻的观测值；$\boldsymbol{\varphi}_t = [-y_{t-1}, -y_{t-2}, \cdots, -y_{t-n_\mathrm{a}}, u_{t-1}, \cdots, u_{t-n_\mathrm{b}}]^{\mathrm{T}}$；$n_\mathrm{a}$、$n_\mathrm{b}$ 分别为采集输出的长度以及采集输入的长度，具体值由参数维度确定。

将上式代入最小二乘估计得到

$$\begin{aligned}\hat{\boldsymbol{\theta}}_N &= [\boldsymbol{R}(N)]^{-1} \frac{1}{N} \sum_{t=1}^{N} \boldsymbol{\varphi}_t (\boldsymbol{\varphi}_t^{\mathrm{T}} \boldsymbol{\theta}_0 + \boldsymbol{e}_t) \\ &= \boldsymbol{\theta}_0 + [\boldsymbol{R}(N)]^{-1} \frac{1}{N} \sum_{t=1}^{N} \boldsymbol{\varphi}_t \boldsymbol{e}_t\end{aligned}$$

式中，$\boldsymbol{R}(N) = \frac{1}{N} \sum_{t=1}^{N} \boldsymbol{\varphi}_t \boldsymbol{\varphi}_t^{\mathrm{T}}$。

如果希望获得 $\hat{\boldsymbol{\theta}}_N$ 的统计一致性，即需要证明当 $N \to \infty$ 时，$\hat{\boldsymbol{\theta}}_N$ 收敛到 $\boldsymbol{\theta}_0$。接下来给出证明。

证明：依据假设，$\{\boldsymbol{e}_t\}$ 序列是零均值高斯白噪声。同时注意到，在 $N \to \infty$ 的情况下需要无穷项和收敛，即

$$\hat{\boldsymbol{R}}_u^N(\tau) = \frac{1}{N}\sum_{t=1}^{N} u_{t-\tau} u_t \to \boldsymbol{R}_u(\tau)$$

在该条件下，矩阵 $\boldsymbol{R}(N)$ 以概率 1 收敛，即

$$\boldsymbol{R}(N) \to \boldsymbol{R}^*(N \to \infty)$$

该条件称为系统的持续激励条件。

同样地，如果 $\frac{1}{N}\sum_{t=1}^{N} \boldsymbol{\varphi}_t \boldsymbol{e}_t$ 在 $N \to \infty$ 时存在极限，我们定义：

$$\boldsymbol{h}^* = \lim_{N\to\infty} \frac{1}{N}\sum_{t=1}^{N} \boldsymbol{\varphi}_t \boldsymbol{e}_t$$

如果上述极限存在，且 $\boldsymbol{R}^*$ 非奇异，则可以得到

$$\hat{\boldsymbol{\theta}}_N \to \boldsymbol{\theta}_0 + (\boldsymbol{R}^*)^{-1}\boldsymbol{h}^*$$

综上所述，如果需要最小二乘估计具有一致性，即为了 $\hat{\boldsymbol{\theta}}_N$ 收敛到真值 $\boldsymbol{\theta}_0$，必须满足如下条件：

1）$\boldsymbol{R}^*$ 是非奇异的。该条件也称为系统的持续激励条件。

2）$\lim_{N\to\infty} \frac{1}{N}\sum_{t=1}^{N} \boldsymbol{\varphi}_t \boldsymbol{e}_t$ 存在，且 $\boldsymbol{h}^* = \lim_{N\to\infty} \frac{1}{N}\sum_{t=1}^{N} \boldsymbol{\varphi}_t \boldsymbol{e}_t = \boldsymbol{0}$。需要指出的是，这在我们的假设下自然成立：这是因为 $\boldsymbol{e}_t$ 为零均值高斯白噪声，t 时刻的事件与 $t-1$ 时刻及之前的事件均无关，所以有 $\lim_{N\to\infty} \frac{1}{N}\sum_{t=1}^{N} \boldsymbol{\varphi}_t \boldsymbol{e}_t = \boldsymbol{h}^* = \boldsymbol{0}$。

在满足上述两个条件的情况下，可以得到 $\hat{\boldsymbol{\theta}}_N$ 以概率 1 收敛到真值 $\boldsymbol{\theta}_0$ 的结论。因此便可以通过采集足够多的数据样本来获得对于 $\boldsymbol{\theta}_0$ 足够精确的估计。

3.4.5 预报误差极小化辨识的 Matlab 实现

1. 递推最小二乘估计法

一般情况下，在直流电机预报误差极小化辨识中使用的准则函数为

$$V_N(\boldsymbol{\theta}; \boldsymbol{Z}^N) = \frac{1}{N}\sum_{t=1}^{N} \frac{1}{2}[H^{-1}(q,\boldsymbol{\theta}) y_t - H^{-1}(q,\boldsymbol{\theta}) G(q,\boldsymbol{\theta}) u_t]^2$$

由于所构造的预报误差是参数 $\boldsymbol{\theta}$ 的复杂非线性函数，往往无法解析地求得使得准则函数取极小的参数值。为了获得最优参数值，通常采用一种迭代递推的数值方法进行求解，称为递推最小二乘估计法。

考虑到所采用的准则函数具有梯度：

$$V_N'(\boldsymbol{\theta};\boldsymbol{Z}^N)=-\frac{1}{N}\sum_{t=1}^{N}[H^{-1}(q,\boldsymbol{\theta})y_t-H^{-1}(q,\boldsymbol{\theta})G(q,\boldsymbol{\theta})u_t]\nabla_{\boldsymbol{\theta}}[H^{-1}(q,\boldsymbol{\theta})y_t-H^{-1}(q,\boldsymbol{\theta})G(q,\boldsymbol{\theta})u_t]$$

因此，常规的参数迭代公式如下：

$$\hat{\boldsymbol{\theta}}_N^{(i+1)}=\hat{\boldsymbol{\theta}}_N^{(i)}-\mu_N^{(i)}[\boldsymbol{R}_N^{(i)}]^{-1}\boldsymbol{V}_N'(\hat{\boldsymbol{\theta}}_N^{(i)};\boldsymbol{Z}^N)$$

式中，$\hat{\boldsymbol{\theta}}_N^{(i)}$ 表示第 i 次迭代时参数的值；$\boldsymbol{R}_N^{(i)}$ 是一个可以修改搜索方向的矩阵，若采用梯度下降法，取 $\boldsymbol{R}_N^{(i)}$ 为单位矩阵即可；$\mu_N^{(i)}$ 表示步长，使得

$$V_N(\hat{\boldsymbol{\theta}}_N^{(i+1)};\boldsymbol{\varphi}_t)\leqslant V_N(\hat{\boldsymbol{\theta}}_N^{(i)};\boldsymbol{\varphi}_t)$$

如果考虑采用其他方法，可以对 $\boldsymbol{R}_N^{(i)}$ 的取值进行进一步讨论。例如，如果求取 Hessian 矩阵的计算开销可以接受，可以考虑采用牛顿法而不是梯度下降法进行迭代，这样具有更高的迭代收敛效率，具体细节在此不做进一步讲解。下面给出该递推最小二乘辨识方法的 Matlab 实现。

2. Matlab Idgrey 方法

Matlab 的系统辨识工具箱中的 Idgrey 方法是一种集成的系统辨识方法，用于系统辨识中的灰箱建模，结合了物理建模和数据驱动建模的优点。该方法允许用户通过定义状态空间模型函数并提供初始参数，创建灰箱模型。模型通过参数估计，使其能够更准确地描述实际系统，并提供模型验证工具，包括残差分析和响应分析。创建灰箱模型的过程包括定义系统状态空间模型、创建模型实例、基于实验数据进行参数估计以及验证模型。Idgrey 方法在机械系统、电气系统、航空航天和化工过程等领域具有广泛应用，提供对系统行为的物理解释，具有高精度建模能力。其优点包括物理解释性强、灵活性高和精度高，但需要注意初始参数的选择和数据质量对建模结果的影响。通过 Idgrey 方法，用户可以利用物理知识和实验数据构建精确的系统模型，为系统分析和控制设计提供有力支持。

3. Matlab 辨识算法实现

首先，我们需要为 Matlab 灰箱辨识方法提供待辨识的系统结构，并确定待辨识变量。这就要求定义一个待辨识的状态空间模型，并指明待辨识的模型参数。

下面通过如下的 Matlab 代码构建一个待辨识的状态空间灰箱模型。

```
function [A, B, C, D, K1] = motor_model (par, type, T)
J = 1.0258e-06;                              % 依据 3.2 节拟合得到

Ce = 0.002593;                               % 依据 3.3 节拟合得到
R = 3.453779;                                % 依据 3.3 节拟合得到
A = [0 1 0;
-par (1) /J -par (2) /J par (3) /J;
0 -Ce*60*par (4) / (2*pi) -R*par (4) ];      % 连续形式的含参 A 矩阵
B = [0; 0; par (4) ];                        % 连续形式的含参 B 矩阵
```

```
AB = expm ( [A B; zeros (1, 4) ]*T );                  % 依据采样间隔离散化模型
A = AB (1: 3, 1: 3);                                   % 离散形式的含参 A 矩阵
B = AB (1: 3, 4);                                      % 离散形式的含参 B 矩阵
C = [0, 1, 0; 0, 0, 1];                                % C 矩阵
D = [0; 0];                                            % D 矩阵
R1 = zeros (3);                                        % 过程噪声，认为是 0
R2 = 1e-4*eye (2);                                     % 观测噪声
[ ~, K1] = kalman ( ss ( A, eye (3), C, zeros (2, 3), T ), R1, R2);
end
```

上述代码对应 Matlab 中一个单独的函数文件，定义了待辨识的状态空间灰箱模型。模型中首先定义了待辨识的四个参数，分别是对应于 K 的 par (1)、对应于 B_v 的 par (2)、对应于 C_m 的 par (3) 和对应于 1/L 的 par (4)。其次定义了含有待辨识参数的 A、B 矩阵，并对其进行了离散化处理。最后定义了对应的待辨识 Kalman 滤波器，用以将状态空间模型转换为与一般线性模型相同的输入输出形式。应该指出的是，这一转换并没有在代码中显式地表现出来，而是被集成在 idgrey 方法中。

在定义了待辨识的状态空间灰箱模型，以及待辨识的模型参数之后，接下来给出辨识程序的主体部分。

```
theta_1 = [0.001; 0.01; 257.4; 0.01696];                        % 参数初始化
dt = 0.01;                                                      % 采样数据时间
Minit = idgrey ('motor_model', theta_1, 'd', dt);               % 生成 Matlab 灰箱模型
Minit.Structure.Parameters.Minimum = -[Inf; Inf; Inf; Inf; ];   % 设置参数下界
Minit.Structure.Parameters.Maximum = [Inf; Inf; Inf; Inf; ];    % 设置参数上界
data_id = iddata ( y, u, dt );          % 将输入输出数据封装为辨识模型接受的格式
opt = greyestOptions;                   % 设置辨识参数
opt.InitialState = 'estimate';          % 设置辨识初始状态为待估计

opt.Display = 'full';                                           % 设置显示辨识过程
opt.SearchOptions.MaxIterations = 20;                           % 设置辨识最大迭代次数
model_est = greyest ( data_id, Minit, opt );                    % 辨识灰箱模型
```

上述代码构成了系统辨识程序的主体。为了检验辨识程序的正确性，还自行生成了仿真数据。生成仿真数据的代码如下。

```
clc;
clear;                                                  % 清除工作区
K = 0.06;
J = 1.0258e-06;
Bv = 4.27;
Cm = 0.32/5.9;
Ce = 0.002593;
L = 1.12*10^ ( -3 );
R = 3.453779;                                           % 参数设置
dt = 0.01;                                              % 匹配模型采样时间
```

```
A = [0 1 0;
    -K/J -Bv/J Cm/J;
    0 -Ce*60/（L*2*pi） -R/L; ];                 % A 矩阵真值
B = [0; 0; 1/L];                                 % B 矩阵真值
C = [1, 0, 0; 0, 0, 1];                          % C 矩阵真值
D = zeros（2, 1）;                               % D 矩阵真值
n = 50000;                                       % 生成数据个数
u = 50*randn（n, 1）;                            % 生成随机输入序列
v = sqrt（1e-5）*randn（1, n）;                  % 生成随机噪声序列
x_1 = zeros（3, 1）;                             % 初始状态设置
AB = expm（[A B; zeros（1, 4）]*dt）;            % 离散化 AB
A = AB（1: 3, 1: 3）;
B = AB（1: 3, 4）;
y = zeros（2, n）;                               % 定义输出序列
x = zeros（3, n）;                               % 定义状态序列
for i = 1: n-1
    x（:, i+1）= A * x（:, i）+ B * u（i）;
    y（:, i）= C * x（:, i）+ v（:, i）;         % 仿真状态转移，获取数据
end
y（:, n）= C*x（:, n）+v（:, n）;
x = x';
y = y';                                          % 转换格式，供辨识使用
```

依据上述仿真数据生成代码，便可以得到带有噪声的仿真数据。再运行系统辨识代码，辨识结果如图 3-4 所示。

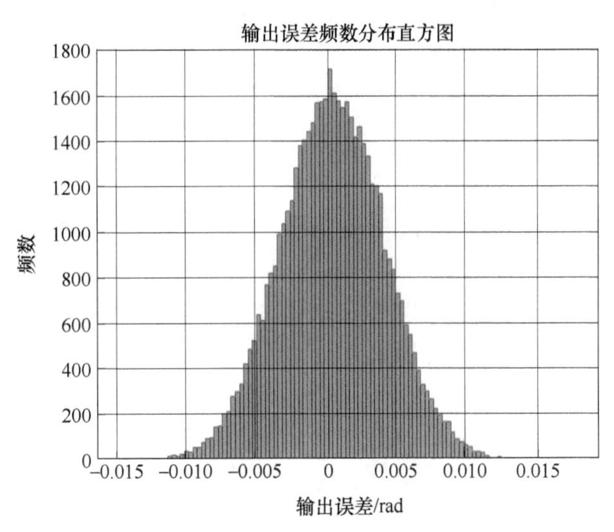

图 3-4　预报误差极小化辨识结果

可以看出，仿真中作为真值的模型和辨识模型在相同输入下的输出误差很小。该频数分布直方图说明预报误差极小化方法成功辨识出了与仿真中作为真值的模型吻合度很高的状态空间模型。

3.5 子空间辨识法

在前面的章节中已经介绍了预报误差极小化辨识方法，并通过仿真实验验证了该方法的辨识性能。但该方法中的非线性模型会导致在求解最优问题时局部极小，从而影响辨识精度。本节将介绍另一种可以直接根据输入输出数据估计系统的状态空间模型的方法——子空间辨识法。

子空间辨识法（Subspace Identification Methods，SIM）是一种广泛应用于系统辨识的技术，旨在从输入输出数据中直接估计系统的状态空间模型。其主要优势在于不需要预先假设系统模型的参数形式，具有较高的计算效率和数值稳定性。子空间辨识法特别适用于多输入多输出（MIMO）系统，通过处理开环和闭环数据均能提供可靠的系统辨识结果。

子空间辨识法的核心思想是通过构造和分解输入输出数据的汉克尔矩阵，利用投影技术将未来输出投影到过去输入和输出的子空间上，从而提取系统的状态信息。常用的投影技术包括 QR 分解和奇异值分解（SVD）。这些分解方法不仅确保了算法的数值稳定性，还能有效处理实际系统中的噪声和不确定性。

常见的子空间辨识法有规范变量分析（Canonical Variable Analysis，CVA）、N4SID（Numerical algorithms for Subspace State Space System Identification）、子空间分离（Subspace Splitting）和 MOESP（Multivariable Output-Error State Space）等。这些算法通过不同的数学工具和实现步骤，从不同角度提高了辨识过程的精度和效率。

尽管在某些情况下，子空间辨识法的估计精度可能不如预报误差极小化（PEM），但其在处理闭环数据时表现出独特的优势。子空间辨识法无须复杂的非线性优化过程，能够快速且直接地提供系统的状态估计、滤波、预测和控制等信息。因此，它在工业过程控制、自动化系统设计和信号处理等领域得到了广泛应用。本章后续将以 N4SID 为例，详细介绍子空间辨识法。为了讲述的方便，本节仅结合单输入单输出系统进行讲述。

3.5.1 N4SID 算法

N4SID 算法是一种典型的子空间辨识算法，主要用于从采样数据中识别线性时不变系统的状态空间模型。它主要由如下几个步骤组成：

1）将采集到的系统输入和输出数据按照时间顺序组成数据矩阵，即 Hankel 矩阵。Hankel 矩阵实际上隐含了系统的动态特性。

2）对 Hankel 矩阵进行奇异值分解，得到系统的扩展的可观性矩阵。

3）根据奇异值分解的结果提取系统的状态空间模型参数。

4）利用提取的模型参数建立系统的状态空间模型，用于系统的分析和控制设计。

下面详细介绍 N4SID 算法的实现细节。

3.5.2 系统描述矩阵的构建

为了方便下文的讨论分析，在此定义几个描述系统性质的矩阵。

1）扩展的可观性矩阵 $\bar{\boldsymbol{\Gamma}}_j$

$$\bar{\boldsymbol{\Gamma}}_j = \begin{pmatrix} \boldsymbol{C} \\ \boldsymbol{CA} \\ \boldsymbol{CA}^2 \\ \vdots \\ \boldsymbol{CA}^{j-1} \end{pmatrix} \tag{3-8}$$

2）下块三角形 Toeplitz 矩阵 $\bar{\boldsymbol{H}}_j$

$$\bar{\boldsymbol{H}}_j = \begin{pmatrix} \boldsymbol{D} & \boldsymbol{0} & \boldsymbol{0} & \cdots & \boldsymbol{0} \\ \boldsymbol{CB} & \boldsymbol{D} & \boldsymbol{0} & \cdots & \boldsymbol{0} \\ \boldsymbol{CAB} & \boldsymbol{CB} & \boldsymbol{D} & \cdots & \boldsymbol{0} \\ \vdots & \vdots & \vdots & & \vdots \\ \boldsymbol{CA}^{i-1}\boldsymbol{B} & \boldsymbol{CA}^{i-2}\boldsymbol{B} & \boldsymbol{CA}^{i-3}\boldsymbol{B} & \cdots & \boldsymbol{D} \end{pmatrix} \tag{3-9}$$

上述定义的两个矩阵分别描述了系统不同方面的性质，具体含义与应用在此不再赘述，有兴趣的读者可以自行查阅学习。

3.5.3　数据矩阵的构建

定义单输入单输出系统的 Hankel 矩阵为

$$\bar{\boldsymbol{U}}_{0|i-1} = \begin{pmatrix} u_0 & u_1 & u_2 & \cdots & u_{j-1} \\ u_1 & u_2 & u_3 & \cdots & u_j \\ \vdots & \vdots & \vdots & & \vdots \\ u_{i-1} & u_i & u_{i+1} & \cdots & u_{i+j-2} \end{pmatrix} \tag{3-10}$$

$$\bar{\boldsymbol{Y}}_{0|i-1} = \begin{pmatrix} y_0 & y_1 & y_2 & \cdots & y_{j-1} \\ y_1 & y_2 & y_3 & \cdots & y_j \\ \vdots & \vdots & \vdots & & \vdots \\ y_{i-1} & y_i & y_{i+1} & \cdots & y_{i+j-2} \end{pmatrix} \tag{3-11}$$

在本节中，我们始终认为 $j \to \infty$。可以看出，$\bar{\boldsymbol{U}}$ 和 $\bar{\boldsymbol{Y}}$ 的下标对应着第一列第一个元素和第一列最后一个元素的下标，剩下的元素从左到右下标依次增加 1 进行排列。在这种定义下，可以使用 $\bar{\boldsymbol{U}}_{0|i-1}$ 表示历史输入，$\bar{\boldsymbol{U}}_{i|2i-1}$ 表示未来输入。更一般地，我们采用 $\bar{\boldsymbol{U}}_p$ 表示过去的输入数据，用 $\bar{\boldsymbol{U}}_f$ 表示未来输入数据，其中 p 与 f 分别表示数据长度。输出的表示同理。而系统的状态矩阵定义为

$$\bar{\boldsymbol{X}}_i = \begin{pmatrix} \boldsymbol{x}_i & \boldsymbol{x}_{i+1} & \boldsymbol{x}_{i+2} & \cdots & \boldsymbol{x}_{i+j-1} \end{pmatrix}$$

式中，$\boldsymbol{X}_i \in \mathbb{R}^n$ 表示第 i 时刻系统的状态向量，因此系统的状态矩阵 $\bar{\boldsymbol{X}}_i \in \mathbb{R}^{n \times j}$。

3.5.4 正交投影

为了后文 N4SID 算法的实现，我们在此给出正交投影的定义。对于任意离散形式状态空间模型的输出观测表达式

$$y_k = \boldsymbol{\Theta} \boldsymbol{x}_k + v_k$$

式中，v_k 为 k 时刻观测扰动的具体实现值，$y_k \in \mathbb{R}$ 为 k 时刻的具体观测值；$\boldsymbol{\Theta} \in \mathbb{R}^{1\times n}$ 为观测矩阵；$\boldsymbol{x}_k \in \mathbb{R}^n$ 为 k 时刻系统的状态值。将 1 到 N 时刻的观测记录下来，写成如下矩阵形式：

$$(y_1 \quad y_2 \quad \cdots \quad y_N) = \boldsymbol{\Theta}(\boldsymbol{x}_1 \quad \boldsymbol{x}_2 \quad \cdots \quad \boldsymbol{x}_N) + \bar{\boldsymbol{V}}$$

记 $\bar{\boldsymbol{Y}} = (y_1 \quad y_2 \quad \cdots \quad y_N)$，$\bar{\boldsymbol{X}} = (\boldsymbol{x}_1 \quad \boldsymbol{x}_2 \quad \cdots \quad \boldsymbol{x}_N)$，显然，求解 $\boldsymbol{\Theta}$ 构成一个典型的最小二乘问题。最小二乘的解为

$$\hat{\boldsymbol{\Theta}} = \bar{\boldsymbol{Y}}\bar{\boldsymbol{X}}^{\mathrm{T}}(\bar{\boldsymbol{X}}\bar{\boldsymbol{X}}^{\mathrm{T}})^{-1}$$

而模型的预测输出为

$$\hat{\boldsymbol{Y}} = \hat{\boldsymbol{\Theta}}\bar{\boldsymbol{X}} = \bar{\boldsymbol{Y}}\bar{\boldsymbol{X}}^{\mathrm{T}}(\bar{\boldsymbol{X}}\bar{\boldsymbol{X}}^{\mathrm{T}})^{-1}\bar{\boldsymbol{X}}$$

在此基础上，定义 $\boldsymbol{\Pi}_{\bar{X}} = \bar{\boldsymbol{X}}^{\mathrm{T}}(\bar{\boldsymbol{X}}\bar{\boldsymbol{X}}^{\mathrm{T}})^{-1}\bar{\boldsymbol{X}}$ 为对于 $\bar{\boldsymbol{X}}$ 的行空间的投影矩阵。$\bar{\boldsymbol{Y}}$ 对于 $\bar{\boldsymbol{X}}$ 的投影即为 $\hat{\boldsymbol{Y}} = \bar{\boldsymbol{Y}}\bar{\boldsymbol{X}}^{\mathrm{T}}(\bar{\boldsymbol{X}}\bar{\boldsymbol{X}}^{\mathrm{T}})^{-1}\bar{\boldsymbol{X}} = \bar{\boldsymbol{Y}}\boldsymbol{\Pi}_{\bar{X}}$。此时最小二乘残差即为

$$\tilde{\boldsymbol{Y}} = \bar{\boldsymbol{Y}} - \hat{\boldsymbol{Y}} = \bar{\boldsymbol{Y}}(\boldsymbol{I} - \boldsymbol{\Pi}_{\bar{X}})$$

需要指出的是，$\boldsymbol{\Pi}_{\bar{X}}^{\perp} = \boldsymbol{I} - \boldsymbol{\Pi}_{\bar{X}}$ 是 $\bar{\boldsymbol{X}}$ 正交补空间的投影矩阵。易于验证，$\hat{\boldsymbol{Y}}$ 与 $\tilde{\boldsymbol{Y}}$ 相互正交。

3.5.5 N4SID 确定系统子空间辨识

不含噪声的离散状态空间模型为

$$\begin{cases} \boldsymbol{x}_{k+1} = \boldsymbol{A}\boldsymbol{x}_k + \boldsymbol{B}u_k \\ y_k = \boldsymbol{C}\boldsymbol{x}_k + \boldsymbol{D}u_k \end{cases}$$

显然，状态空间表达式表示了相邻两时刻间状态的转移规律。现在考虑更远时刻间的关系，易得

$$y_{k+j} = \boldsymbol{C}\boldsymbol{A}^j\boldsymbol{x}_k + (\boldsymbol{C}\boldsymbol{A}^{j-1}\boldsymbol{B} \quad \cdots \quad \boldsymbol{C}\boldsymbol{B} \quad \boldsymbol{D})\begin{pmatrix} u_k \\ u_{k+1} \\ \vdots \\ u_{k+j} \end{pmatrix}$$

把未来 j 个时刻的输出组成一列向量为

$$\begin{pmatrix} y_k \\ y_{k+1} \\ \vdots \\ y_{k+j} \end{pmatrix} = \begin{pmatrix} \boldsymbol{C} \\ \boldsymbol{CA} \\ \vdots \\ \boldsymbol{CA}^j \end{pmatrix} \boldsymbol{x}_k + \begin{pmatrix} \boldsymbol{D} & \boldsymbol{0} & \boldsymbol{0} & \cdots & \boldsymbol{0} \\ \boldsymbol{CB} & \boldsymbol{D} & \boldsymbol{0} & \cdots & \boldsymbol{0} \\ \boldsymbol{CAB} & \boldsymbol{CB} & \boldsymbol{D} & \cdots & \boldsymbol{0} \\ \vdots & \vdots & \vdots & & \vdots \\ \boldsymbol{CA}^{j-1}\boldsymbol{B} & \boldsymbol{CA}^{j-2}\boldsymbol{B} & \boldsymbol{CA}^{j-3}\boldsymbol{B} & \cdots & \boldsymbol{D} \end{pmatrix} \begin{pmatrix} u_k \\ u_{k+1} \\ \vdots \\ u_{k+j} \end{pmatrix}$$

依据定义式（3-8）与式（3-9），可得

$$\begin{pmatrix} y_k \\ y_{k+1} \\ \vdots \\ y_{k+j} \end{pmatrix} = \bar{\boldsymbol{\Gamma}}_{j+1}\boldsymbol{x}_k + \bar{\boldsymbol{H}}_{j+1} \begin{pmatrix} u_k \\ u_{k+1} \\ \vdots \\ u_{k+j} \end{pmatrix}$$

再代入式（3-10）和式（3-11），最终可以得到

$$\bar{\boldsymbol{Y}}_f = \bar{\boldsymbol{\Gamma}}_f \bar{\boldsymbol{X}} + \bar{\boldsymbol{H}}_f \bar{\boldsymbol{U}}_f \tag{3-12}$$

考虑到此时系统的状态空间模型没有考虑噪声，意味着 $\bar{\boldsymbol{X}}$ 是完全已知的，这样就变成了一个最小二乘问题。还注意到，当 f 不小于 n 时，$\bar{\boldsymbol{\Gamma}}_f$ 是满秩的 $[\mathrm{rank}(\bar{\boldsymbol{\Gamma}}_f)=n]$，且从 $\bar{\boldsymbol{\Gamma}}_f$ 即可直接构造出系统的 $\boldsymbol{A}$、$\boldsymbol{C}$ 矩阵。因此，在式（3-12）两边同时对 $\bar{\boldsymbol{U}}_f$ 的正交补空间进行投影，即同时右乘 $\boldsymbol{\Pi}_{\bar{U}_f}^{\perp}$，得

$$\bar{\boldsymbol{Y}}_f \boldsymbol{\Pi}_{\bar{U}_f}^{\perp} = \bar{\boldsymbol{\Gamma}}_f \bar{\boldsymbol{X}} \boldsymbol{\Pi}_{\bar{U}_f}^{\perp} + \bar{\boldsymbol{H}}_f \bar{\boldsymbol{U}}_f \boldsymbol{\Pi}_{\bar{U}_f}^{\perp}$$

由于 $\bar{\boldsymbol{U}}_f$ 与 $\boldsymbol{\Pi}_{\bar{U}_f}^{\perp}$ 正交，等式右边第二项为 0，上式变为

$$\bar{\boldsymbol{Y}}_f \boldsymbol{\Pi}_{\bar{U}_f}^{\perp} = \bar{\boldsymbol{\Gamma}}_f \bar{\boldsymbol{X}} \boldsymbol{\Pi}_{\bar{U}_f}^{\perp}$$

$\bar{\boldsymbol{Y}}_f$、$\boldsymbol{\Pi}_{\bar{U}_f}^{\perp}$ 均可通过实际数据计算，故左边完全已知，对其进行 SVD 分解，为

$$\bar{\boldsymbol{Y}}_f \boldsymbol{\Pi}_{\bar{U}_f}^{\perp} = \boldsymbol{USV}^{\mathrm{T}} = \boldsymbol{US}^{1/2}\boldsymbol{S}^{1/2}\boldsymbol{V}^{\mathrm{T}}$$

此时即可选取 $\bar{\boldsymbol{\Gamma}}_f = \boldsymbol{US}^{1/2}$。应该指出的是，$\bar{\boldsymbol{\Gamma}}_f$ 选取方式不唯一，这种选取方式仅仅出于简单考虑。求出 $\bar{\boldsymbol{\Gamma}}_f$ 后，即可轻松求解 $\boldsymbol{A}$ 与 $\boldsymbol{C}$。

例如，若选取 $f=n+1$，则有

$$\bar{\boldsymbol{\Gamma}}_f = \begin{pmatrix} \boldsymbol{C} \\ \boldsymbol{CA} \\ \boldsymbol{CA}^2 \\ \vdots \\ \boldsymbol{CA}^{n-1} \\ \boldsymbol{CA}^n \end{pmatrix}$$

此时只需令 $\bar{\boldsymbol{\Gamma}}_1=\begin{pmatrix}\boldsymbol{C}\\ \boldsymbol{CA}\\ \boldsymbol{CA}^2\\ \vdots\\ \boldsymbol{CA}^{n-1}\end{pmatrix}$，$\bar{\boldsymbol{\Gamma}}_2=\begin{pmatrix}\boldsymbol{CA}\\ \boldsymbol{CA}^2\\ \vdots\\ \boldsymbol{CA}^{n-1}\\ \boldsymbol{CA}^{n}\end{pmatrix}$。显然，$\bar{\boldsymbol{\Gamma}}_2=\bar{\boldsymbol{\Gamma}}_1\boldsymbol{A}$，构成一个典型线性最小二乘问题；$\boldsymbol{C}$ 可直接由 $\bar{\boldsymbol{\Gamma}}_1$ 第一行得到，$\boldsymbol{A}=(\bar{\boldsymbol{\Gamma}}_1^{\mathrm{T}}\bar{\boldsymbol{\Gamma}}_1)^{-1}\bar{\boldsymbol{\Gamma}}_1^{\mathrm{T}}\bar{\boldsymbol{\Gamma}}_2$。

3.5.6 N4SID 随机系统子空间辨识

随机系统考虑的为带有噪声的直流电机离散状态空间模型，即

$$\begin{cases}\boldsymbol{X}_{k+1}=\boldsymbol{AX}_k+\boldsymbol{B}u_k+\boldsymbol{W}_k\\ Y_k=\boldsymbol{CX}_k+\boldsymbol{D}u_k+V_k\end{cases}$$

参考 3.4.1 节的新息形式，可以将模型转换为

$$\begin{cases}\hat{\boldsymbol{x}}_{k+1}=\boldsymbol{A}\hat{\boldsymbol{x}}_k+\boldsymbol{B}u_k+\boldsymbol{K}e_k\\ y_k=\boldsymbol{C}\hat{\boldsymbol{x}}_k+\boldsymbol{D}u_k+e_k\end{cases}$$

因此，与 3.5.5 节推导的式（3-12）相似，可以得到

$$\bar{\boldsymbol{Y}}_f=\bar{\boldsymbol{\Gamma}}_f\bar{\boldsymbol{X}}+\bar{\boldsymbol{H}}_f\bar{\boldsymbol{U}}_f+\bar{\boldsymbol{G}}_f\bar{\boldsymbol{E}}_f \tag{3-13}$$

式中，$\bar{\boldsymbol{G}}_f=\begin{pmatrix}\boldsymbol{I} & \boldsymbol{0} & \cdots & \boldsymbol{0} & \boldsymbol{0}\\ \boldsymbol{CK} & \boldsymbol{I} & \cdots & \boldsymbol{0} & \boldsymbol{0}\\ \boldsymbol{CAK} & \boldsymbol{CK} & \cdots & \boldsymbol{0} & \boldsymbol{0}\\ \vdots & \vdots & & \vdots & \vdots\\ \boldsymbol{CA}^{f-2}\boldsymbol{K} & \boldsymbol{CA}^{f-3}\boldsymbol{K} & \cdots & \boldsymbol{CK} & \boldsymbol{I}\end{pmatrix}$。

虽然由于存在噪声，我们无法获得卡尔曼预测状态 $\bar{\boldsymbol{X}}$，但是可知卡尔曼预测状态一定是依据历史输入输出数据估计得到的，即

$$\bar{\boldsymbol{X}}=(\boldsymbol{L}_{\mathrm{u}}\quad \boldsymbol{L}_{\mathrm{y}})\begin{pmatrix}\bar{\boldsymbol{U}}_p\\ \bar{\boldsymbol{Y}}_p\end{pmatrix}=\boldsymbol{L}_{\mathrm{z}}\bar{\boldsymbol{Z}}_p \tag{3-14}$$

将式（3-14）带入式（3-13），有

$$\bar{\boldsymbol{Y}}_f=\bar{\boldsymbol{\Gamma}}_f\boldsymbol{L}_{\mathrm{z}}\bar{\boldsymbol{Z}}_p+\bar{\boldsymbol{H}}_f\bar{\boldsymbol{U}}_f+\bar{\boldsymbol{G}}_f\bar{\boldsymbol{E}}_f \tag{3-15}$$

由于我们进行的均为开环测试，所以未来输入与未来误差不存在相关性。同理，过去的输入输出数据与未来误差也不相关。因此有

$$\bar{\boldsymbol{E}}_f\bar{\boldsymbol{U}}_f^{\mathrm{T}}=\boldsymbol{0},\bar{\boldsymbol{E}}_f\bar{\boldsymbol{Z}}_p^{\mathrm{T}}=\boldsymbol{0} \tag{3-16}$$

在式（3-15）和式（3-16）的基础上，便可以对该随机系统进行参数矩阵的估计辨识。首先，为了消去 $\bar{\boldsymbol{U}}_f$ 的影响，在式（3-15）两边同时右乘 $\boldsymbol{\Pi}_{\bar{U}_f}^{\perp}$，可得到

$$\bar{\boldsymbol{Y}}_f \boldsymbol{\Pi}_{\bar{U}_f}^{\perp} = \bar{\boldsymbol{\Gamma}}_f \boldsymbol{L}_z \bar{\boldsymbol{Z}}_p \boldsymbol{\Pi}_{\bar{U}_f}^{\perp} + \bar{\boldsymbol{G}}_f \bar{\boldsymbol{E}}_f \tag{3-17}$$

这是因为右乘 $\boldsymbol{\Pi}_{\bar{U}_f}^{\perp}$ 意味着将矩阵投影到 $\bar{\boldsymbol{U}}_f$ 的正交空间中，而依据式（3-16），$\bar{\boldsymbol{G}}_f \bar{\boldsymbol{E}}_f$ 显然位于 $\bar{\boldsymbol{U}}_f$ 的正交空间中，投影操作对其没有改变；而 $\bar{\boldsymbol{H}}_f \bar{\boldsymbol{U}}_f$ 显然与 $\bar{\boldsymbol{U}}_f$ 的正交空间正交，投影操作结果为 $\boldsymbol{0}$。因此，式（3-17）右侧第二项直接消去，而第三项原样保留。同样，为了消去噪声项的影响，在式（3-17）两边同时乘以 $\bar{\boldsymbol{Z}}_p^{\mathrm{T}}$，得

$$\bar{\boldsymbol{Y}}_f \boldsymbol{\Pi}_{\bar{U}_f}^{\perp} \bar{\boldsymbol{Z}}_p^{\mathrm{T}} = \bar{\boldsymbol{\Gamma}}_f \boldsymbol{L}_z \bar{\boldsymbol{Z}}_p \boldsymbol{\Pi}_{\bar{U}_f}^{\perp} \bar{\boldsymbol{Z}}_p^{\mathrm{T}} \tag{3-18}$$

到这一步，问题就和上一节的确定性系统相一致了。对上式左边的矩阵进行 SVD 分解，就可以求得 $\bar{\boldsymbol{\Gamma}}_f$，即

$$\bar{\boldsymbol{Y}}_f \boldsymbol{\Pi}_{\bar{U}_f}^{\perp} \bar{\boldsymbol{Z}}_p^{\mathrm{T}} = \boldsymbol{USV}^{\mathrm{T}}, \bar{\boldsymbol{\Gamma}}_f = \boldsymbol{US}^{1/2}$$

求取 $\bar{\boldsymbol{\Gamma}}_f$ 后对系统矩阵的求解与 3.5.5 节中所述相同。

3.5.7　子空间辨识法的 Matlab 实现

子空间辨识法同样在 Matlab 的系统辨识工具箱中得到了集成实现。我们依旧沿用 3.4 节生成仿真数据的代码，并给出如下的子空间辨识代码。

```
opt = ssestOptions;
opt.Display = 'full';                  % 显示辨识结果
m = n4sid（u，y，3，opt）;             % 运用 N4SID 进行模型辨识
```


需要指出的是，N4SID 需要给定模型阶数。依据之前构造的直流电机状态空间模型，可以知道待辨识的电机模型阶数为 3。仿真数据的辨识结果如图 3-5 所示。

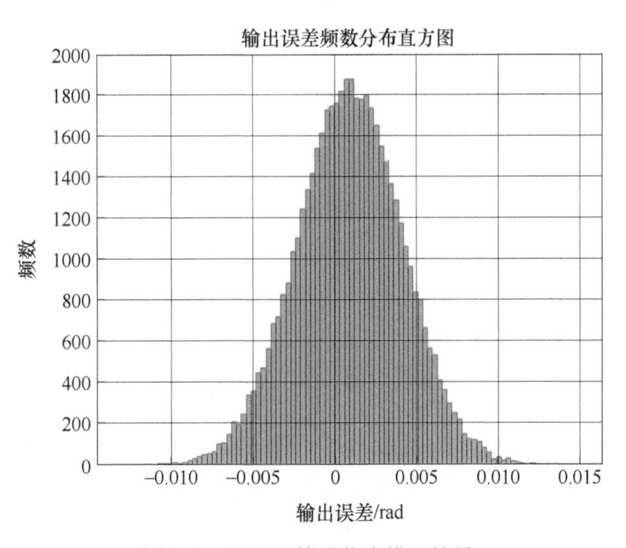

图 3-5　N4SID 算法仿真辨识结果

可以看出，仿真中作为真值的模型和辨识模型在相同输入下的输出误差很小。该频数分布直方图说明子空间辨识法成功辨识出了与仿真中作为真值的模型吻合度很高的状态空间模型。但应该注意，子空间辨识法得到的状态空间模型可能没有合理的物理含义，二者仅在输出方面具有近似的特性。

本章小结

本章依据第 2 章所给出的直流电机状态空间模型，给出了直流电机模型参数的辨识方法。3.1 节讨论了不确定性来源，包括过程噪声和观测噪声，并介绍了滤波算法的理论基础，包括线性卡尔曼滤波器的原理讲解和完整推导。考虑到待辨识参数过多会导致辨识算法的收敛困难与精度下降，在 3.2 节与 3.3 节分别讨论了转动惯量的实验测定以及 C_e 与 R 的实验测定，从而减少辨识算法中待辨识的变量个数。在完成理论和实验的准备工作之后，本章给出了直流电机系统辨识的第一种结构化方法——预报误差极小化。3.4.1 节给出了用于辨识的直流电机离散模型以及基于卡尔曼滤波的新息形式，并在 3.4 节接下来的内容中详细介绍了预报误差极小化方法的定义与实现。在 3.4.4 节中，通过对该算法统计一致性的分析，从理论上证明了算法的有效性，而算法的仿真实现则在 3.4.5 节给出，进一步证明了算法的正确性。

3.5 节给出了另一种直流电机模型的辨识方法——子空间辨识法。这种方法与 3.4 节的预报误差极小化方法有所不同，它是一种非结构化方法，直接从输入输出中构建模型的系统矩阵。本书以 N4SID 算法为例详细讨论了子空间辨识法的原理及实现，并在最后同样给出了 Matlab 的仿真实验，取得了较好的辨识效果。

本章详细分析了状态空间模型辨识问题，给出了两种模型辨识方法，并以电机模型为例给出了仿真实现。

第 4 章　直流电机的控制方法

4.1　线性二次型最优控制

线性二次调节（Linear Quadratic Regulator，LQR）是一种经典的控制理论方法，它可以使得线性系统在给定的性能指标下表现为最优。LQR 常用于控制工程、机器人学、飞行器控制以及其他控制领域。LQR 的理论基础建立在线性系统理论和最优控制理论上，它的目标是设计一个状态反馈控制器，使系统的性能指标最小化。在设计直流电机的 LQR 控制算法之前，先简要介绍 LQR 的原理：考虑连续状态下一个线性时不变（Linear Time Invariant，LTI）系统，其动态方程可以用状态空间形式表示为

$$\begin{cases}\dot{\boldsymbol{x}}(t)=\boldsymbol{A}\boldsymbol{x}(t)+\boldsymbol{B}\boldsymbol{u}(t)\\ \boldsymbol{y}(t)=\boldsymbol{C}\boldsymbol{x}(t)+\boldsymbol{D}\boldsymbol{u}(t)\end{cases}$$

式中，t 代表时间变量；$\boldsymbol{x}(t)\in\mathbb{R}^n$ 是 t 时刻时系统的状态变量；$\dot{\boldsymbol{x}}(t)\in\mathbb{R}^n$ 是 t 时刻时状态变量 $\boldsymbol{x}$ 关于时间的导数，表示状态变量的变化率；$\boldsymbol{u}(t)\in\mathbb{R}^m$ 是 t 时刻时系统的控制输入；$\boldsymbol{y}(t)\in\mathbb{R}^p$ 是 t 时刻时系统的输出；$\boldsymbol{A}$ 是状态矩阵，描述状态变量之间的演化关系；$\boldsymbol{B}$ 是输入矩阵，描述控制输入对状态变量的影响；$\boldsymbol{C}$ 是输出矩阵，描述状态变量和输出之间的关系；$\boldsymbol{D}$ 是直接传递矩阵，描述控制输入和输出之间的关系。

LQR 的目标是找到一个状态反馈控制器，以状态变量 $\boldsymbol{x}(t)$ 为反馈，将控制输入 $\boldsymbol{u}(t)$ 表示为

$$\boldsymbol{u}(t)=\boldsymbol{K}(t)\boldsymbol{x}(t)$$

式中，$\boldsymbol{K}(t)$ 是控制器增益矩阵，需要根据系统参数和性能指标来计算。当系统处于状态 $\boldsymbol{x}(t)$ 时，控制器会计算出相应的控制输入 $\boldsymbol{u}(t)$，控制系统运行到期望的状态。为了设计最优的控制器增益矩阵 $\boldsymbol{K}(t)$，LQR 考虑以下性能指标，通常表示为成本函数或性能指标：

$$J(\boldsymbol{x},\boldsymbol{u})=\int_0^{\infty}[\boldsymbol{x}(t)^{\mathrm{T}}\boldsymbol{Q}\boldsymbol{x}(t)+\boldsymbol{u}(t)^{\mathrm{T}}\boldsymbol{R}\boldsymbol{u}(t)]\mathrm{d}t$$

式中，$\boldsymbol{Q}$ 和 $\boldsymbol{R}$ 为正定矩阵，矩阵中元素的值对整个代价函数的影响如下：

1）$\boldsymbol{Q}$是对状态变量$\boldsymbol{x}$的加权矩阵，表示对不同状态的重视程度。

2）$\boldsymbol{R}$是对控制输入$\boldsymbol{u}$的加权矩阵，表示对控制输入成本的重视程度。

通过调整$\boldsymbol{Q}$和$\boldsymbol{R}$的值，可以调整系统状态变量和控制输入对性能指标的影响程度。当想要更加重视状态时，增大相应状态的$\boldsymbol{Q}$值；当想要更加节约控制能量时，增大相应控制输入的$\boldsymbol{R}$值。

LQR的目标是找到一个最优的控制器增益矩阵$\boldsymbol{K}^*(t)$，使得成本函数$J(\boldsymbol{x},\boldsymbol{u})$最小化。经过一系列的优化计算，可以得到最优的LQR控制器增益矩阵$\boldsymbol{K}^*(t)$，使得系统在给定性能指标下表现为最优。

需要注意的是，LQR仅适用于线性系统，并且性能指标必须是二次型的。对于非线性系统，可以考虑使用线性化技术结合LQR，或者使用其他非线性控制方法。此外，性能指标的选择也需要根据具体应用场景进行权衡和调整。

4.1.1 有限时域线性二次型最优控制

在如直流电机的实际物理模型中，由于计算机系统的指令周期，传感器采集到的信息和控制器发出的信息在时域上不是连续的，只能以特定的频率接收和发出信息，因此考虑为一个离散时间下的直流电机状态空间模型设计LQR控制器。在本小节中，首先介绍如何设计有限时域下的LQR控制器，在后续的章节中，我们会将问题推广到无限时域的情况。首先暂时忽略模型的过程噪声和观测噪声，考虑下列离散时间下的状态空间模型：

$$\begin{cases} \boldsymbol{x}_{t+1} = \boldsymbol{A}\boldsymbol{x}_t + \boldsymbol{B}\boldsymbol{u}_t \\ \boldsymbol{y}_t = \boldsymbol{C}\boldsymbol{x}_t \end{cases}$$

式中，$\boldsymbol{x}_t$代表第t个采样时刻的状态变量；$\boldsymbol{u}_t$代表第t个采样时刻的控制输入；$\boldsymbol{y}_t$代表第t个采样时刻系统的输出；$\boldsymbol{A}$、$\boldsymbol{B}$、$\boldsymbol{C}$、$\boldsymbol{D}$分别是连续时间模型经过离散化后的状态空间参数矩阵。

对于离散模型，LQR控制器的目标是找到一个离散状态的反馈控制器，以离散的状态变量$\boldsymbol{x}_t$为反馈，将离散的控制输入$\boldsymbol{u}_t$表示为

$$\boldsymbol{u}_t = \boldsymbol{K}_t\boldsymbol{x}_t$$

对于离散状态空间模型，有限时域LQR控制器考虑的性能指标用以下的离散形式来表示：

$$J(\boldsymbol{x},\boldsymbol{u}) = \sum_{k=0}^{N-1}(\boldsymbol{x}_k^{\mathrm{T}}\boldsymbol{Q}\boldsymbol{x}_k + \boldsymbol{u}_k^{\mathrm{T}}\boldsymbol{R}\boldsymbol{u}_k) + \boldsymbol{x}_N^{\mathrm{T}}\boldsymbol{Q}_N\boldsymbol{x}_N$$

式中，N表示时域长度；$\boldsymbol{Q}$和$\boldsymbol{R}$为正定矩阵，与连续时间下的对应矩阵相同，用来衡量控制过程中的状态偏差和输入大小对性能指标的影响；与连续时间下的代价函数不同的是，离散时间下的代价函数多了一项$\boldsymbol{x}_N^{\mathrm{T}}\boldsymbol{Q}_N\boldsymbol{x}_N$，该项中的$\boldsymbol{Q}_N$为正定矩阵，用来衡量最终状

态的偏差对性能指标的影响。总结来说，有限时域的 LQR 控制器的代价函数的特点是需要同时考虑控制过程的代价项和 N 步控制结束后最终状态的代价项。

因此，有限时域 LQR 控制器就是找出一组最优输入控制 $u^* = \{\boldsymbol{u}_k \mid k = 0, 1, \cdots, N-1\}$，使得代价函数 $J(\boldsymbol{x},\boldsymbol{u})$ 的值最小，于是可以把这个问题建模为以下形式：

$$\begin{cases} \min\limits_{\boldsymbol{u}_0,\boldsymbol{u}_1,\cdots,\boldsymbol{u}_{N-1}} J(\boldsymbol{x},\boldsymbol{u}) = \sum\limits_{k=0}^{N-1}(\boldsymbol{x}_k^{\mathrm{T}}\boldsymbol{Q}\boldsymbol{x}_k + \boldsymbol{u}_k^{\mathrm{T}}\boldsymbol{R}\boldsymbol{u}_k) + \boldsymbol{x}_N^{\mathrm{T}}\boldsymbol{Q}_N\boldsymbol{x}_N \\ \text{s.t. } \boldsymbol{x}_{k+1} = \boldsymbol{A}\boldsymbol{x}_k + \boldsymbol{B}\boldsymbol{u}_k, \boldsymbol{x}_0 = \boldsymbol{x}_{\mathrm{INIT}} \end{cases} \tag{4-1}$$

式中，$\boldsymbol{x}_{\mathrm{INIT}}$ 是状态的初值。

对于这个问题，可以考虑用动态规划法解决。动态规划（Dynamic Programming，DP）是一种解决多阶段决策问题的算法框架。它适用于解决具有递归结构的优化问题，特别是当这些问题可以分解为重叠的子问题时。动态规划法通过将大问题分解为较小的子问题，并存储这些子问题的解（通常称为“状态”），避免重复计算，从而提高效率。动态规划问题的解决方法之一是利用 Bellman 方程来求解。Bellman 方程是动态规划的核心概念之一，由 Richard Bellman 提出。它是一种递归关系，用于描述多阶段决策问题中的最优策略。在动态规划中，Bellman 方程用于将一个复杂的优化问题分解为较小的子问题，并通过这些子问题的解决逐步得到整个问题的最优解。

观察式（4-1），我们可以把 $J(\boldsymbol{x},\boldsymbol{u})$ 拆分成 $t=k$ 时刻之前和 $t=k$ 时刻之后两个部分。令 $J_k(\boldsymbol{x}_k)$ 为“$t=k$ 时刻之后的每个时刻均采取最优控制策略，直到时刻 N 所累积的代价”，则 $J_k(\boldsymbol{x}_k)$（$k=0,1,\cdots,N-1$）可以用以下递归的方式表示：

$$J_k(\boldsymbol{x}_k) = \min_{\boldsymbol{u}_k}\{(\boldsymbol{x}_k^{\mathrm{T}}\boldsymbol{Q}\boldsymbol{x}_k + \boldsymbol{u}_k^{\mathrm{T}}\boldsymbol{R}\boldsymbol{u}_k) + J_{k+1}(\boldsymbol{x}_{k+1})\} \tag{4-2}$$

式中，$\boldsymbol{x}_{k+1} = \boldsymbol{A}\boldsymbol{x}_k + \boldsymbol{B}\boldsymbol{u}_k$，并且在终端时刻 $k=N$ 时，$J_N(\boldsymbol{x}_N) = \boldsymbol{x}_N^{\mathrm{T}}\boldsymbol{Q}_N\boldsymbol{x}_N$。

对于优化问题式（4-1），式（4-2）即为其 Bellman 方程。通过迭代求解 Bellman 方程，即迭代的计算每个时刻的最优控制信号的值，就可以逐步得到整个问题的最优解，最终找到一组最优控制输入 $u^* = \{\boldsymbol{u}_k \mid k = 0,1,\cdots,N-1\}$。

现在，我们来求解 LQR 控制器对应的 Bellman 方程。考虑 $t=k$ 时刻，由于 $\boldsymbol{Q}$ 和 $\boldsymbol{R}$ 为正定矩阵，不难看出 $J_k(\boldsymbol{x}_k)$ 也应具有正定二次型的形式，所以不妨假设 $J_k(\boldsymbol{x}_k)$ 具有以下形式：

$$J_k(\boldsymbol{x}_k) = \boldsymbol{x}_k^{\mathrm{T}}\boldsymbol{P}_k\boldsymbol{x}_k \tag{4-3}$$

式中，$\boldsymbol{P}_k$ 是半正定矩阵。

观察式（4-2），等式右边包含了寻找最小化代价对应 $\boldsymbol{u}_k$ 的步骤，所以首先需要找到每个时刻的最优控制输入 $\boldsymbol{u}_k^*$，使得式（4-2）的等式右边取得极小值。根据式（4-3）的假设分析式（4-2），这是一个凸函数，所以对其关于 $\boldsymbol{u}_k$ 求导，导数为 0 处对应的 $J_k(\boldsymbol{x}_k)$ 的值就是式（4-2）的等式右边的极小值。因此，对式（4-2）等式右边关于$\boldsymbol{u}_k$求一阶导数，并计算导数为0时$\boldsymbol{u}_k$对应的值，该值就是$t=k$时刻的最优控制输入$\boldsymbol{u}_k^*$。因为$\boldsymbol{x}_{k+1}=\boldsymbol{A}\boldsymbol{x}_k+\boldsymbol{B}\boldsymbol{u}_k$，将式（4-2）中$\boldsymbol{x}_{k+1}$做替换，可以得到

$$J_k(\boldsymbol{x}_k)=\min_{\boldsymbol{u}_k}\{(\boldsymbol{x}_k^{\mathrm{T}}\boldsymbol{Q}\boldsymbol{x}_k+\boldsymbol{u}_k^{\mathrm{T}}\boldsymbol{R}\boldsymbol{u}_k)+J_{k+1}(\boldsymbol{A}\boldsymbol{x}_k+\boldsymbol{B}\boldsymbol{u}_k)\} \tag{4-4}$$

由式（4-3）得，$J_k(\boldsymbol{x}_k)$是一个二次型；类似地，把式（4-4）中的$J_{k+1}(\boldsymbol{A}\boldsymbol{x}_k+\boldsymbol{B}\boldsymbol{u}_k)$写成相应的二次型，可以得到

$$J_k(\boldsymbol{x}_k)=\min_{\boldsymbol{u}_k}\{(\boldsymbol{x}_k^{\mathrm{T}}\boldsymbol{Q}\boldsymbol{x}_k+\boldsymbol{u}_k^{\mathrm{T}}\boldsymbol{R}\boldsymbol{u}_k)+(\boldsymbol{A}\boldsymbol{x}_k+\boldsymbol{B}\boldsymbol{u}_k)^{\mathrm{T}}\boldsymbol{P}_{k+1}(\boldsymbol{A}\boldsymbol{x}_k+\boldsymbol{B}\boldsymbol{u}_k)\} \tag{4-5}$$

对式（4-5）关于$\boldsymbol{u}_k$求导，并取导数值为0，可得

$$2\boldsymbol{u}_k^{\mathrm{T}}\boldsymbol{R}+2(\boldsymbol{A}\boldsymbol{x}_k+\boldsymbol{B}\boldsymbol{u}_k)^{\mathrm{T}}\boldsymbol{P}_{k+1}\boldsymbol{B}=\boldsymbol{0}$$

合并同类项并移项得

$$\boldsymbol{u}_k^{\mathrm{T}}(\boldsymbol{R}+\boldsymbol{B}^{\mathrm{T}}\boldsymbol{P}_{k+1}\boldsymbol{B})=-\boldsymbol{x}_{\mathrm{k}}^{\mathrm{T}}\boldsymbol{A}^{\mathrm{T}}\boldsymbol{P}_{k+1}\boldsymbol{B}$$

将上式转置，可得

$$(\boldsymbol{R}+\boldsymbol{B}^{\mathrm{T}}\boldsymbol{P}_{k+1}\boldsymbol{B})^{\mathrm{T}}\boldsymbol{u}_k=-\boldsymbol{B}^{\mathrm{T}}\boldsymbol{P}_{k+1}^{\mathrm{T}}\boldsymbol{A}\boldsymbol{x}_k \tag{4-6}$$

因为$\boldsymbol{P}_k$半正定，且$\boldsymbol{R}$是正定矩阵，则有$\boldsymbol{P}_k=\boldsymbol{P}_k^{\mathrm{T}}, \boldsymbol{R}=\boldsymbol{R}^{\mathrm{T}}$，代入式（4-6），且$\boldsymbol{R}+\boldsymbol{B}^{\mathrm{T}}\boldsymbol{P}_{k+1}$也为正定矩阵，由式（4-6）可得

$$(\boldsymbol{R}+\boldsymbol{B}^{\mathrm{T}}\boldsymbol{P}_{k+1}\boldsymbol{B})\boldsymbol{u}_k=-\boldsymbol{B}^{\mathrm{T}}\boldsymbol{P}_{k+1}^{\mathrm{T}}\boldsymbol{A}\boldsymbol{x}_k$$

$$\boldsymbol{u}_k=-(\boldsymbol{R}+\boldsymbol{B}^{\mathrm{T}}\boldsymbol{P}_{k+1}\boldsymbol{B})^{-1}\boldsymbol{B}^{\mathrm{T}}\boldsymbol{P}_{k+1}\boldsymbol{A}\boldsymbol{x}_k \tag{4-7}$$

式（4-7）即为最优控制输入$\boldsymbol{u}_k^*$的值。对比前文中对状态反馈控制器的定义，可以得到

$$\boldsymbol{K}_k=-(\boldsymbol{R}+\boldsymbol{B}^{\mathrm{T}}\boldsymbol{P}_{k+1}\boldsymbol{B})^{-1}\boldsymbol{B}^{\mathrm{T}}\boldsymbol{P}_{k+1}\boldsymbol{A} \tag{4-8}$$

至此，我们得到了$\boldsymbol{u}_k$的最优值。观察式（4-7），$\boldsymbol{A}$、$\boldsymbol{B}$、$\boldsymbol{R}$都是已知矩阵，但是由于$\boldsymbol{P}_k$是提前假设的矩阵，我们并不知道$\boldsymbol{P}_k$的值，因此需要递推计算$\boldsymbol{P}_k$矩阵的值。基于递归的思想，从终端开始向前递推：

1）对于$k=N$，有

$$\boldsymbol{P}_N=\boldsymbol{Q}_N$$

2）对于$k=N-1,N-2,\cdots,0$，将$\boldsymbol{x}_{k+1}=\boldsymbol{A}\boldsymbol{x}_k+\boldsymbol{B}\boldsymbol{u}_k$和$\boldsymbol{u}_k=\boldsymbol{u}_k^*$代入式（4-4），可以得到

$$J_k(\boldsymbol{x}_k)=(\boldsymbol{x}_k^{\mathrm{T}}\boldsymbol{Q}\boldsymbol{x}_k+\boldsymbol{u}_k^{*\mathrm{T}}\boldsymbol{R}\boldsymbol{u}_k^*)+J_{k+1}(\boldsymbol{A}\boldsymbol{x}_k+\boldsymbol{B}\boldsymbol{u}_k^*) \tag{4-9}$$

由式（4-3）知，$J_k(\boldsymbol{x}_k)$是一个二次型；类似地，我们把式（4-9）中的$J_{k+1}(\boldsymbol{A}\boldsymbol{x}_k+\boldsymbol{B}\boldsymbol{u}_k^*)$写成相应的二次型。可以得到

$$J_k(\boldsymbol{x}_k)=(\boldsymbol{x}_k^{\mathrm{T}}\boldsymbol{Q}\boldsymbol{x}_k+\boldsymbol{u}_k^{*\mathrm{T}}\boldsymbol{R}\boldsymbol{u}_k^*)+(\boldsymbol{A}\boldsymbol{x}_k+\boldsymbol{B}\boldsymbol{u}_k^*)^{\mathrm{T}}\boldsymbol{P}_{k+1}(\boldsymbol{A}\boldsymbol{x}_k+\boldsymbol{B}\boldsymbol{u}_k^*) \tag{4-10}$$

展开式（4-10），可以得到

$$J_k(\boldsymbol{x}_k)=\boldsymbol{x}_k^{\mathrm{T}}\boldsymbol{Q}\boldsymbol{x}_k+\boldsymbol{u}_k^{*\mathrm{T}}\boldsymbol{R}\boldsymbol{u}_k^*+\boldsymbol{x}_k^{\mathrm{T}}\boldsymbol{A}^{\mathrm{T}}\boldsymbol{P}_{\mathrm{k+1}}\boldsymbol{A}\boldsymbol{x}_k+2\boldsymbol{x}_k^{\mathrm{T}}\boldsymbol{A}^{\mathrm{T}}\boldsymbol{P}_{k+1}\boldsymbol{B}\boldsymbol{u}_k^*+\boldsymbol{u}_k^*\boldsymbol{B}^{\mathrm{T}}\boldsymbol{P}_{k+1}\boldsymbol{B}\boldsymbol{u}_k^* \tag{4-11}$$

将式（4-7）代入式（4-11），可以得到

$$J_k(\boldsymbol{x}_k)=\boldsymbol{x}_k^{\mathrm{T}}(\boldsymbol{Q}+\boldsymbol{A}^{\mathrm{T}}\boldsymbol{P}_{k+1}\boldsymbol{A}-\boldsymbol{A}^{\mathrm{T}}\boldsymbol{P}_{k+1}\boldsymbol{B}(\boldsymbol{R}+\boldsymbol{B}^{\mathrm{T}}\boldsymbol{P}_{k+1}\boldsymbol{B})^{-1}\boldsymbol{B}^{\mathrm{T}}\boldsymbol{P}_{k+1}\boldsymbol{A})\boldsymbol{x}_k$$

结合 $J_k(\boldsymbol{x}_k)=\boldsymbol{x}_k^{\mathrm{T}}\boldsymbol{P}_k\boldsymbol{x}_k$ 的形式，可以得到 $\boldsymbol{P}_k$ 与 $\boldsymbol{P}_{k+1}$ 之间的代数关系，即离散时间 Riccati 差分方程为

$$\boldsymbol{P}_k=\boldsymbol{Q}+\boldsymbol{A}^{\mathrm{T}}\boldsymbol{P}_{k+1}\boldsymbol{A}-\boldsymbol{A}^{\mathrm{T}}\boldsymbol{P}_{k+1}\boldsymbol{B}(\boldsymbol{R}+\boldsymbol{B}^{\mathrm{T}}\boldsymbol{P}_{k+1}\boldsymbol{B})^{-1}\boldsymbol{B}^{\mathrm{T}}\boldsymbol{P}_{k+1}\boldsymbol{A} \tag{4-12}$$

因为当 $k=N$ 时，$\boldsymbol{P}_N=\boldsymbol{Q}_N$，于是可以从 $k=N$ 时开始从后向前迭代，计算所有 $\boldsymbol{P}_k$ 矩阵的值。把 $\boldsymbol{P}_k$ 的值代入式（4-8），就可以计算出从时刻 $t=0$ 开始，到未来 $N-1$ 个步长内的最优控制信号的反馈系数 $\{\boldsymbol{K}_k\,|k=0,1,\cdots,N-1\}$。

总结归纳以上数学推导过程，对于如式（4-1）的控制优化问题，通过采用动态规划算法，根据式（4-12）的递归关系，反向递推，就可以得到离散时间下的有限时域 LQR 的求解过程：

1）确定时域长度 N。

2）设置迭代初始值 $\boldsymbol{P}_N=\boldsymbol{Q}_N$。

3）从 $t=N$ 开始，向 $t=0$ 的方向循环迭代，即

$$\boldsymbol{P}_{k-1}=\boldsymbol{Q}+\boldsymbol{A}^{\mathrm{T}}\boldsymbol{P}_k\boldsymbol{A}-\boldsymbol{A}^{\mathrm{T}}\boldsymbol{P}_k\boldsymbol{B}(\boldsymbol{R}+\boldsymbol{B}^{\mathrm{T}}\boldsymbol{P}_k\boldsymbol{B})^{-1}\boldsymbol{B}^{\mathrm{T}}\boldsymbol{P}_k\boldsymbol{A}$$

4）计算反馈系数 $\boldsymbol{K}_k$，即

$$\boldsymbol{K}_k=-(\boldsymbol{R}+\boldsymbol{B}^{\mathrm{T}}\boldsymbol{P}_{k+1}\boldsymbol{B})^{-1}\boldsymbol{B}^{\mathrm{T}}\boldsymbol{P}_{k+1}\quad(k=0,1,\cdots,N-1)$$

5）计算最优控制变量 $\boldsymbol{u}_k^*=\boldsymbol{K}_k\boldsymbol{x}_k$。

通过以上介绍，我们知道有限时域的 LQR 控制器需要确定一个终止时刻和终止时刻对应的终止状态。基于这些特点，有限时域主要适用于以下情况：

1）有明确终止时间的任务：当控制任务有一个明确的结束时间点，如机器人需要在一定时间内完成一项任务，此时适合使用有限时域 LQR。

2）时间依赖的性能指标：如果系统的性能指标随时间变化或者只在特定时间段内有效，则有限时域 LQR 可以提供更好的解决方案。

3）模型或目标参数变化：当系统的动态或目标在未来某一时间点发生变化（如阶段性任务或参数调整），有限时域 LQR 能够根据每个阶段设定不同的优化目标。

4）有限操作环境：对于只在有限时间内运行或存在的系统，使用有限时域 LQR 能够更精确地控制系统在操作周期内的行为。

4.1.2 无限时域线性二次型最优控制

4.1.1 节我们学习了有限时域的 LQR 控制器及其适用的主要场景。然而，对于一些实际存在的控制系统和控制指标，如需要长期稳定的情况，有限时域的 LQR 并不适用。因此，我们在本节中介绍无限时域下的 LQR 控制器。无限时域下的 LQR 控制器是基于 4.1.1 节中有限时域的 LQR 控制器推导得到的。无限时域的 LQR 控制器主要适用于以下场景：

1）长期或持续操作的系统：当系统需要长时间甚至无限期运行，且性能指标在全期间内相对稳定时，适合使用无限时域 LQR。

2）稳态或周期性任务：对于需要维持稳态操作或执行周期性任务的系统（如电力系统、工业过程控制），无限时域 LQR 能够确保长期稳定性。

3）缺乏明确终止条件的情况：在不确定何时停止控制的场景下，无限时域 LQR 提供了一个基于长期最优化的解决方案。

4）系统稳定性要求：如果主要目标是保证系统在长期内的稳定性和鲁棒性，则无限时域 LQR 通过稳态解和长期控制策略可提供较好的解决方案。

对于无限时域的 LQR 问题，我们仍然先考虑一个无噪声离散状态空间模型，设计一个最优状态反馈控制器。与有限时域的 LQR 不同的是，无限时域的 LQR 的代价函数是从初始时刻 $k=0$ 开始，一直积累到无穷时刻的成本，而不是在有限的时间内，即

$$J(\boldsymbol{x},\boldsymbol{u})=\sum_{k=0}^{\infty}(\boldsymbol{x}_k^{\mathrm{T}}\boldsymbol{Q}\boldsymbol{x}_k+\boldsymbol{u}_k^{\mathrm{T}}\boldsymbol{R}\boldsymbol{u}_k) \tag{4-13}$$

式中，$\boldsymbol{Q}$ 和 $\boldsymbol{R}$ 为正定矩阵，用来衡量控制过程中的状态偏差和输入大小对代价函数的影响。这种情况下，需要找到一个稳定的最优控制策略，使得长期累积成本最小化。对于式（4-13），同样可以以递归的形式表示它。我们可以把 $J(\boldsymbol{x},\boldsymbol{u})$ 拆分成 $t=k$ 时刻之前和 $t=k$ 时刻之后两个部分。令 $J_k(\boldsymbol{x}_k)$ 为“$t=k$ 时刻之后的每个时刻均采取最优控制策略，直到无穷时刻所累积的代价”，则 $J_k(\boldsymbol{x}_k)$（$k=0,1,2,\cdots$）可以用以下递归的方式表示：

$$J_k(\boldsymbol{x}_k)=\min_{\boldsymbol{u}_k}\{(\boldsymbol{x}_k^{\mathrm{T}}\boldsymbol{Q}\boldsymbol{x}_k+\boldsymbol{u}_k^{\mathrm{T}}\boldsymbol{R}\boldsymbol{u}_k)+J_{k+1}(\boldsymbol{x}_{k+1})\}$$

式中，$\boldsymbol{x}_{k+1}=\boldsymbol{A}\boldsymbol{x}_k+\boldsymbol{B}\boldsymbol{u}_k$。

对于优化问题式（4-13），上式即为其 Bellman 方程。现在，我们来求解无限时域下的 LQR 控制器对应的 Bellman 方程。考虑 $t=k$ 时刻，由于 $\boldsymbol{Q}$ 和 $\boldsymbol{R}$ 为正定矩阵，不难看出 $J_k(\boldsymbol{x}_k)$ 也应具有正定二次型的形式，所以不妨假设 $J_k(\boldsymbol{x}_k)$ 具有以下形式：

$$J_k(\boldsymbol{x}_k)=\boldsymbol{x}_k^{\mathrm{T}}\boldsymbol{P}_k\boldsymbol{x}_k$$

与有限时域的 LQR 一样，可以通过矩阵运算得到最优控制输入 $\boldsymbol{u}_k^*$ 的值，如式（4-7），使得 $J_k(\boldsymbol{x}_k)$ 极小。根据式（4-9）～式（4-12），我们以递归的思想计算 $\boldsymbol{P}_k$ 得

$$\boldsymbol{P}_k=\boldsymbol{Q}+\boldsymbol{A}^{\mathrm{T}}\boldsymbol{P}_{k+1}\boldsymbol{A}-\boldsymbol{A}^{\mathrm{T}}\boldsymbol{P}_{k+1}\boldsymbol{B}(\boldsymbol{R}+\boldsymbol{B}^{\mathrm{T}}\boldsymbol{P}_{k+1}\boldsymbol{B})^{-1}\boldsymbol{B}^{\mathrm{T}}\boldsymbol{P}_{k+1}\boldsymbol{A}$$

然而，与有限时域的 LQR 不同，无限时域的 LQR 不存在一个终端时刻和终端状态，$\boldsymbol{P}_k$ 不能从终端时刻向前递推。为了求解无限时域的 LQR，我们首先介绍一个定理，详细的证明过程有兴趣的读者可以自行查阅。

定理： 考虑

$$\boldsymbol{P}_{k+1} = \boldsymbol{Q} + \boldsymbol{A}^{\mathrm{T}}\boldsymbol{P}_k\boldsymbol{A} - \boldsymbol{A}^{\mathrm{T}}\boldsymbol{P}_k\boldsymbol{B}(\boldsymbol{R} + \boldsymbol{B}^{\mathrm{T}}\boldsymbol{P}_k\boldsymbol{B})^{-1}\boldsymbol{B}^{\mathrm{T}}\boldsymbol{P}_k\boldsymbol{A}, \quad k = 0,1,\cdots$$

当上式满足以下条件时：

1）矩阵 $\boldsymbol{A}$、$\boldsymbol{B}$、$\boldsymbol{Q}$、$\boldsymbol{R}$ 为定值，且 $\boldsymbol{Q}$ 是半正定矩阵，$\boldsymbol{R}$ 是正定矩阵。

2）$(\boldsymbol{A}, \boldsymbol{B})$ 满足可控性。

3）$\boldsymbol{Q}$ 可以被改写为 $\boldsymbol{C}^{\mathrm{T}}\boldsymbol{C}$，且 $(\boldsymbol{A},\boldsymbol{C})$ 满足可观性。

则对于任意半正定初始矩阵 $\boldsymbol{P}_0$，存在唯一的正定矩阵 $\boldsymbol{P}$，满足：

$$\lim_{k\to\infty} \boldsymbol{P}_k = \boldsymbol{P}$$

基于上述定理，在无限时域的 LQR 中，当系统和目标函数满足以上三个条件时，离散时间的 Riccati 差分方程存在，且存在唯一的稳态解 $\boldsymbol{P}$：

$$\boldsymbol{P} = \boldsymbol{Q} + \boldsymbol{A}^{\mathrm{T}}\boldsymbol{P}\boldsymbol{A} - \boldsymbol{A}^{\mathrm{T}}\boldsymbol{P}\boldsymbol{B}(\boldsymbol{R} + \boldsymbol{B}^{\mathrm{T}}\boldsymbol{P}\boldsymbol{B})^{-1}\boldsymbol{B}^{\mathrm{T}}\boldsymbol{P}\boldsymbol{A}$$

上式即为离散时间代数 Riccati 方程（Discrete-time Algebraic Riccati Equation，DARE）。通过求解 DARE 的稳态解 $\boldsymbol{P}$，可以计算当前时刻的最优控制策略：

$$\boldsymbol{u}_k = -(\boldsymbol{R} + \boldsymbol{B}^{\mathrm{T}}\boldsymbol{P}\boldsymbol{B})^{-1}\boldsymbol{B}^{\mathrm{T}}\boldsymbol{P}\boldsymbol{A}\boldsymbol{x}_k$$

基于稳态解 $\boldsymbol{P}$，最优控制系数 $\boldsymbol{K}$ 为

$$\boldsymbol{K} = -(\boldsymbol{R} + \boldsymbol{B}^{\mathrm{T}}\boldsymbol{P}\boldsymbol{B})^{-1}\boldsymbol{B}^{\mathrm{T}}\boldsymbol{P}\boldsymbol{A}$$

可以发现，相比于有限时域 LQR 的迭代过程，无限时域的 LQR 中矩阵 $\boldsymbol{P}$ 和控制系数 $\boldsymbol{K}$ 的值不随时间变化而变化，这意味着只需要一次计算即可。通常，矩阵 $\boldsymbol{P}$ 和控制系数 $\boldsymbol{K}$ 的值可以通过更高性能的硬件离线计算，然后将值传送给控制系统来进行实时最优控制。

总结归纳以上数学推导过程，可以得到离散时间下的无限时域 LQR 的求解过程：

1）离线计算矩阵 $\boldsymbol{P}$ 为

$$\boldsymbol{P} = \boldsymbol{Q} + \boldsymbol{A}^{\mathrm{T}}\boldsymbol{P}\boldsymbol{A} - \boldsymbol{A}^{\mathrm{T}}\boldsymbol{P}\boldsymbol{B}(\boldsymbol{R} + \boldsymbol{B}^{\mathrm{T}}\boldsymbol{P}\boldsymbol{B})^{-1}\boldsymbol{B}^{\mathrm{T}}\boldsymbol{P}\boldsymbol{A}$$

2）离线计算控制系数 $\boldsymbol{K}$ 为

$$\boldsymbol{K} = -(\boldsymbol{R} + \boldsymbol{B}^{\mathrm{T}}\boldsymbol{P}\boldsymbol{B})^{-1}\boldsymbol{B}^{\mathrm{T}}\boldsymbol{P}\boldsymbol{A}$$

3）计算最优控制变量 $\boldsymbol{u}_k^* = \boldsymbol{K}\boldsymbol{x}_k$。

4.1.3　有限时域含噪声线性二次型最优控制

前面的小节中介绍了无噪声的假设下，如何设计有限时域和无限时域的 LQR 控制器。

然而，在实际的控制系统中，观测噪声和控制噪声是不可避免的，直流电机的控制系统也不例外，因此，接下来要考虑如何为有噪声的控制模型设计最优控制器。首先介绍有限时域下的含噪声线性二次型最优控制方法。

离散时间带噪声的状态空间模型为

$$\begin{cases} \boldsymbol{X}_{k+1} = \boldsymbol{A}\boldsymbol{X}_k + \boldsymbol{B}\boldsymbol{U}_k + \boldsymbol{W}_k \\ \boldsymbol{Y}_k = \boldsymbol{C}\boldsymbol{X}_k + \boldsymbol{V}_k \end{cases} \tag{4-14}$$

式中，$\boldsymbol{X}_k$是系统k时刻的状态变量；$\boldsymbol{U}_k$是系统k时刻的控制输入；注意此处控制量$\boldsymbol{U}_k$应具有反馈控制的形式，因此$\boldsymbol{U}_k$应为随机变量$\boldsymbol{X}_k$的函数，故为随机变量；$\boldsymbol{Y}_k$是系统k时刻的输出；$\boldsymbol{A}$、$\boldsymbol{B}$、$\boldsymbol{C}$、$\boldsymbol{D}$分别是连续时间模型经过离散化后的状态空间参数矩阵；$\boldsymbol{W}_k$为过程噪声，通常假设为高斯白噪声，均值为$\boldsymbol{0}$，协方差为$\boldsymbol{M}_k$；$\boldsymbol{V}_k$为观测噪声，通常假设为高斯白噪声，均值为$\boldsymbol{0}$，协方差为$\boldsymbol{N}_k$。

对于含噪声的二次型最优控制器设计，我们采用线性二次高斯控制算法（Linear Quadratic Gaussian，LQG）。这是一种在控制理论中广泛使用的方法，它结合线性二次调节（LQR）和Kalman滤波器来设计一种针对带噪情况的控制器。LQR负责设计一个最优控制策略，用于最小化一个线性系统在高斯噪声影响下的二次性能指标，这一性能指标通常包括系统状态的偏差和控制输入的能量消耗；Kalman滤波器用于估计线性动态系统状态，在存在过程噪声和观测噪声的情况下，它能够提供系统状态的最佳估计，帮助优化控制决策。LQG控制器由于其鲁棒性和优化性能，被广泛应用于各种工业和工程领域，如航空航天、自动驾驶汽车、机器人控制和电力系统等。它能够有效处理系统中的不确定性和噪声，提供稳定可靠的控制性能。

对于式（4-14）的带噪声控制问题，因为状态空间模型引入了作为随机变量的噪声，有限时域LQG的代价函数以期望的方式表示为

$$J(\boldsymbol{X},\boldsymbol{U}) = \mathbb{E}\left\{\sum_{t=0}^{N-1}(\boldsymbol{X}_t^{\mathrm{T}}\boldsymbol{Q}\boldsymbol{X}_t + \boldsymbol{U}_t^{\mathrm{T}}\boldsymbol{R}\boldsymbol{U}_t) + \boldsymbol{X}_N^{\mathrm{T}}\boldsymbol{Q}_N\boldsymbol{X}_N\right\} \tag{4-15}$$

式中，N表示考虑未来N个采样时刻的控制信号；$\boldsymbol{Q}$和$\boldsymbol{R}$为正定矩阵，用来衡量控制过程中的状态偏差和输入大小对性能指标的影响；$\boldsymbol{Q}_N$为正定矩阵，用来衡量最终状态的偏差对性能指标的影响。式（4-14）的状态空间模型具有Markov性，用I_k代表第k个时刻的已知信息的集合，即$I_k = \{\boldsymbol{Y}_0,\boldsymbol{Y}_1,\cdots,\boldsymbol{Y}_k,\boldsymbol{U}_0,\boldsymbol{U}_1,\cdots,\boldsymbol{U}_{k-1}\}$，我们可以把$J(\boldsymbol{X},\boldsymbol{U})$拆分成$t=k$时刻之前和$t=k$时刻之后两个部分。令$J_k(I_k)$为“$t=k$时刻之后的每个时刻均采取最优控制策略，直到$N$时刻所累积的代价”，则$J_k(I_k)$（$k=0,1,2,\cdots N-1$）可以用以下递归的方式表示：

$$J_k(I_k) = \min_{\boldsymbol{U}_k}\{\mathbb{E}[\boldsymbol{X}_k^{\mathrm{T}}\boldsymbol{Q}\boldsymbol{X}_k + \boldsymbol{U}_k^{\mathrm{T}}\boldsymbol{R}\boldsymbol{U}_k + J_{k+1}(I_{k+1}) | I_k]\} \tag{4-16}$$

式中，$\boldsymbol{X}_{k+1} = \boldsymbol{A}\boldsymbol{X}_k + \boldsymbol{B}\boldsymbol{U}_k + \boldsymbol{W}_k$，并且在终端时刻$k=N$时，$J_N(I_N) = \mathbb{E}[\boldsymbol{X}_N^{\mathrm{T}}\boldsymbol{Q}_N\boldsymbol{X}_N | I_N]$。对于

优化问题式（4-15），式（4-16）即为其 Bellman 方程。

与 LQR 中的假设不同，噪声的引入会给代价函数带来额外的项，不妨以 $\boldsymbol{b}_k$ 表示。假设 $J_k(I_k)$ 的形式为

$$J_k(I_k)=\mathbb{E}[\boldsymbol{X}_k^{\mathrm{T}}\boldsymbol{P}_k\boldsymbol{X}_k+\boldsymbol{b}_k\mid I_k] \tag{4-17}$$

式中，$\boldsymbol{P}_k$ 为正定矩阵。将 $\boldsymbol{X}_{k+1}=\boldsymbol{A}\boldsymbol{X}_k+\boldsymbol{B}\boldsymbol{U}_k+\boldsymbol{W}_k$ 和式（4-17）代入式（4-16），且由于 $I_k\subseteq I_{k+1}$，$\mathbb{E}[J_{k+1}(I_{k+1})]=\mathbb{E}[\mathbb{E}[\boldsymbol{X}_{k+1}^{\mathrm{T}}\boldsymbol{P}_{k+1}\boldsymbol{X}_{k+1}+\boldsymbol{b}_{k+1}\mid I_{k+1}\mid I_k]]=\mathbb{E}[\boldsymbol{X}_{k+1}^{\mathrm{T}}\boldsymbol{P}_{k+1}\boldsymbol{X}_{k+1}+\boldsymbol{b}_{k+1}\mid I_k]$，可以得到

$$J_k(I_k)=\min_{\boldsymbol{U}_k}\{\mathbb{E}[\boldsymbol{X}_k^{\mathrm{T}}\boldsymbol{Q}\boldsymbol{X}_k+\boldsymbol{u}_k^{\mathrm{T}}\boldsymbol{R}\boldsymbol{u}_k+(\boldsymbol{A}\boldsymbol{X}_k+\boldsymbol{B}\boldsymbol{u}_k+\boldsymbol{W}_k)^{\mathrm{T}}\boldsymbol{P}_{k+1}(\boldsymbol{A}\boldsymbol{X}_k+\boldsymbol{B}\boldsymbol{u}_k+\boldsymbol{W}_k)+\boldsymbol{b}_{k+1}|I_k]\}$$

合并同类项，可以得到

$$\begin{aligned}J_k(I_k)=\mathbb{E}_{\boldsymbol{W}_k}[\min_{\boldsymbol{U}_k}\{&\boldsymbol{X}_k^{\mathrm{T}}(\boldsymbol{Q}+\boldsymbol{A}^{\mathrm{T}}\boldsymbol{P}_{k+1}\boldsymbol{A})\boldsymbol{X}_k+\boldsymbol{U}_k^{\mathrm{T}}(\boldsymbol{R}+\boldsymbol{B}^{\mathrm{T}}\boldsymbol{P}_{k+1}\boldsymbol{B})\boldsymbol{U}_k\\&+2\boldsymbol{X}_k^{\mathrm{T}}\boldsymbol{A}^{\mathrm{T}}\boldsymbol{P}_{k+1}\boldsymbol{B}\boldsymbol{U}_k\}+2(\boldsymbol{X}_k^{\mathrm{T}}\boldsymbol{A}^{\mathrm{T}}\boldsymbol{P}_{k+1}+\boldsymbol{U}_k^{\mathrm{T}}\boldsymbol{B}^{\mathrm{T}}\boldsymbol{P}_{k+1})\boldsymbol{W}_k+\boldsymbol{W}_k^{\mathrm{T}}\boldsymbol{P}_{k+1}\boldsymbol{W}_k+\boldsymbol{b}_{k+1}|I_k]\end{aligned} \tag{4-18}$$

因为过程噪声 $\boldsymbol{W}_k$ 与控制信号 $\boldsymbol{U}_k$、已知信息的集合 I_k 相互独立，式（4-18）可以被写作

$$\begin{aligned}J_k(I_k)=\min_{\boldsymbol{U}_k}\{&\mathbb{E}_{\boldsymbol{X}_k}[\boldsymbol{X}_k^{\mathrm{T}}(\boldsymbol{Q}+\boldsymbol{A}^{\mathrm{T}}\boldsymbol{P}_{k+1}\boldsymbol{A})\boldsymbol{X}_k+\boldsymbol{U}_k^{\mathrm{T}}(\boldsymbol{R}+\boldsymbol{B}^{\mathrm{T}}\boldsymbol{P}_{k+1}\boldsymbol{B})\boldsymbol{U}_k+2\boldsymbol{X}_k^{\mathrm{T}}\boldsymbol{A}^{\mathrm{T}}\boldsymbol{P}_{k+1}\boldsymbol{B}\boldsymbol{U}_k|I_k]\\&+\mathbb{E}_{\boldsymbol{W}_k}[2(\boldsymbol{X}_k^{\mathrm{T}}\boldsymbol{A}^{\mathrm{T}}\boldsymbol{P}+\boldsymbol{U}_k^{\mathrm{T}}\boldsymbol{B}^{\mathrm{T}}\boldsymbol{P}_{k+1})\boldsymbol{W}_k]\}+\mathbb{E}_{\boldsymbol{W}_k}[\boldsymbol{W}_k^{\mathrm{T}}\boldsymbol{P}_{k+1}\boldsymbol{W}_k+\boldsymbol{b}_{k+1}]\end{aligned} \tag{4-19}$$

求解最优控制信号 $\boldsymbol{U}_k^*$ 时，可以对式（4-19）等式右边关于 $\boldsymbol{U}_k$ 求导，导数为 0 处对应的 $\boldsymbol{U}_k$ 值即为最优控制信号 $\boldsymbol{U}_k^*$。同时，值得注意的是，我们所探求的最优控制信号 $\boldsymbol{U}_k^*$，应为将第 k 个时刻的已知信息的集合 I_k 映射到 $\mathbb{R}^m$ 的映射，即 $\boldsymbol{U}_k^*=\mu(I_k)$。因此，$\mathbb{E}[\boldsymbol{U}_k^*\mid I_k]=\boldsymbol{U}_k^*$。为了求取 $\boldsymbol{U}_k^*$，将式（4-19）关于 $\boldsymbol{U}_k$ 求导；由于最优控制 $\boldsymbol{U}_k^*$ 可使导数为零，即

$$2(\boldsymbol{R}+\boldsymbol{B}^{\mathrm{T}}\boldsymbol{P}_k\boldsymbol{B})\boldsymbol{U}_k^*+2\boldsymbol{B}^{\mathrm{T}}\boldsymbol{P}_k^{\mathrm{T}}\boldsymbol{A}^{\mathrm{T}}\mathbb{E}[\boldsymbol{X}_k\mid I_k]=0$$

移项然后对等式左右两边求 $\boldsymbol{U}_k$ 的系数矩阵的逆为

$$\boldsymbol{U}_k^*=-(\boldsymbol{R}+\boldsymbol{B}^{\mathrm{T}}\boldsymbol{P}_k\boldsymbol{B})^{-1}\boldsymbol{B}^{\mathrm{T}}\boldsymbol{P}_k^{\mathrm{T}}\boldsymbol{A}\mathbb{E}[\boldsymbol{X}_k\mid I_k] \tag{4-20}$$

最优控制信号的反馈控制系数为

$$\boldsymbol{K}_k=-(\boldsymbol{R}+\boldsymbol{B}^{\mathrm{T}}\boldsymbol{P}_k\boldsymbol{B})^{-1}\boldsymbol{B}^{\mathrm{T}}\boldsymbol{P}_k^{\mathrm{T}}\boldsymbol{A}$$

对于式（4-20），需要计算 $\boldsymbol{P}_k$ 和 $\mathbb{E}[\boldsymbol{X}_k\mid I_k]$。因为过程噪声 $\boldsymbol{W}_k$ 的均值为 $\boldsymbol{0}$，所以式（4-19）可以化简为

$$J_k(I_k)=\min_{U_k}\{\mathbb{E}_{X_k}[X_k^{\mathrm{T}}(Q+A^{\mathrm{T}}P_{k+1}A)X_k+U_k^{\mathrm{T}}(R+B^{\mathrm{T}}P_{k+1}B)U_k$$
$$+2X_k^{\mathrm{T}}A^{\mathrm{T}}P_{k+1}BU_k\,|\,I_k]\}+\mathbb{E}_{W_k}[W_k^{\mathrm{T}}P_{k+1}W_k+b_{k+1}]$$

如果将 $J_k^*(I_k)$ 表示为 $\mathbb{E}[X_k^{\mathrm{T}}P_kX_k+b_k\,|\,I_k]$ 的形式，类似于式（4-9）～式（4-12），最终可以得到有限时域 LQG 控制器的离散时间 Riccati 差分方程为

$$P_k=Q+A^{\mathrm{T}}P_{k+1}A-A^{\mathrm{T}}P_{k+1}B(R+B^{\mathrm{T}}P_{k+1}B)^{-1}B^{\mathrm{T}}P_{k+1}A$$

$$b_k=\mathbb{E}_{W_k}[W_k^{\mathrm{T}}P_{k+1}W_k]+b_{k+1}$$

特别地，$P_N=Q_N$，$b_N=0$。

可以发现，P_k 的递归公式和最优控制信号的反馈系数 K_k 与 LQR 对应的部分完全相同。与 LQR 不同的是，LQG 通过对状态变量 X_k 的最优估计 $\mathbb{E}[X_k\,|\,I_k]$ 来设计最优控制。可以证明，过程噪声 W_k 并不会影响动态规划中的极小值求解。这一部分的具体内容本书中不做推导，感兴趣的读者可以自行查找其他资料学习。基于上述结论，将离散时间下有限时域 LQR 控制算法中的 x_k 替换为对状态变量 X_k 的最优估计 $\mathbb{E}[X_k\,|\,I_k]$，就可以得到离散时间下的有限时域 LQG 算法。注意：在控制器实际运行时，Kalman 滤波可通过观测的实现 $Y_{k+1}=y_{k+1}$，获得状态变量 X_k 的最优估计 $\mathbb{E}[X_k\,|\,I_k]$ 的实现 $\hat{x}_{k|k}$；相应地，最优控制变量 U_k^* 也相应地变为了随机向量的实现 u_k^*。至此，离散时间下的有限时域 LQG 算法可以被拆分成线性二次调节和最优状态估计两个完全独立的部分，这进一步提高了算法的效率。总结上述推导，有限时域 LQG 控制器的具体步骤为：

1）确定时域长度 N。

2）设置迭代初始值 $P_N=Q_N$，$b_N=0$。

3）从 $k=N$ 开始，向 $k=0$ 的方向循环迭代，有

$$P_{k-1}=Q+A^{\mathrm{T}}P_kA-A^{\mathrm{T}}P_kB(R+B^{\mathrm{T}}P_kB)^{-1}B^{\mathrm{T}}P_kA$$

4）计算反馈系数 K_k，即

$$K_k=-(R+B^{\mathrm{T}}P_{k+1}B)^{-1}B^{\mathrm{T}}P_{k+1}\quad(k=0,1,\cdots,N-1)$$

5）基于 3.1.3 节中线性 Kalman 滤波的原理，计算状态变量 X_k 的最优估计 $\hat{x}_{k|k}=\mathbb{E}[X_k\,|\,I_k:i_k]$，其中 i_k 是信息集合 I_k 的一个具体实现。

6）计算最优控制变量 $U_k^*=K_k\hat{x}_{k|k}$。

4.1.4 无限时域含噪声线性二次型最优控制

对于含噪声的控制系统，针对某些特定场景和特定目标，需要用离散时间下的无限时域 LQG 控制器。在上一节的推导中，我们知道了有限时域下的 LQG 控制器可以分为线

性二次调节和最优状态估计两部分，当将 LQG 控制器推广到无限时域下时，需要分别分析这两个部分的稳态情况。本节中，我们将按顺序分别推导这两个部分的稳态解。首先，对于无限时域的 LQG 控制问题，与无限时域的 LQR 控制问题一样，假设系统和目标函数满足代数 Riccati 方程且存在唯一正定解的条件，因此最优控制系数 $\boldsymbol{K}$ 最后会趋于一个稳定解，即

$$\boldsymbol{K} = -(\boldsymbol{R} + \boldsymbol{B}^{\mathrm{T}}\boldsymbol{P}\boldsymbol{B})^{-1}\boldsymbol{B}^{\mathrm{T}}\boldsymbol{P}^{\mathrm{T}}\boldsymbol{A}$$

式中，$\boldsymbol{P}$ 是下方代数 Riccati 方程的唯一正定解，且为

$$\boldsymbol{P} = \boldsymbol{Q} + \boldsymbol{A}^{\mathrm{T}}\boldsymbol{P}\boldsymbol{A} - \boldsymbol{A}^{\mathrm{T}}\boldsymbol{P}\boldsymbol{B}(\boldsymbol{R} + \boldsymbol{B}^{\mathrm{T}}\boldsymbol{P}\boldsymbol{B})^{-1}\boldsymbol{B}^{\mathrm{T}}\boldsymbol{P}\boldsymbol{A}$$

其次，我们将离散时间下的有限时域 LQG 算法中最优状态估计的部分详细展开。基于 3.1.3 节中线性 Kalman 滤波算法，已知 $t = k$ 时刻的最优估计 $\hat{\boldsymbol{x}}_{k|k}$ 和 $t = k+1$ 时刻的观测信号 $\boldsymbol{Y}_{k+1} = \boldsymbol{y}_{k+1}$，可以计算 $t = k+1$ 时刻的最优估计 $\hat{\boldsymbol{x}}_{k+1|k+1}$。设 $\boldsymbol{M}_k$、$\boldsymbol{N}_k$、$\boldsymbol{S}$ 分别为 $\boldsymbol{W}_k$、$\boldsymbol{V}_k$、$\boldsymbol{X}_0$ 的协方差矩阵，$\hat{\boldsymbol{x}}_{k+1|k+1}$ 的计算过程为

$$\hat{\boldsymbol{x}}_{k+1|k+1} = \boldsymbol{A}\hat{\boldsymbol{x}}_{k|k} + \boldsymbol{B}\boldsymbol{u}_k + \boldsymbol{\Sigma}_{k+1|k+1}\boldsymbol{C}^{\mathrm{T}}\boldsymbol{N}_{k+1}^{-1}[\boldsymbol{y}_{k+1} - \boldsymbol{C}(\boldsymbol{A}\hat{\boldsymbol{x}}_{k|k} + \boldsymbol{B}\boldsymbol{u}_k)]$$

并且有

$$\hat{\boldsymbol{x}}_{0|0} = \mathbb{E}[\boldsymbol{X}_0] + \boldsymbol{\Sigma}_{0|0}\boldsymbol{C}^{\mathrm{T}}\boldsymbol{N}_0^{-1}(\boldsymbol{X}_0 - \boldsymbol{C}\mathbb{E}[\boldsymbol{X}_0])$$

其中，矩阵 $\boldsymbol{\Sigma}_{k|k}$ 基于 Kalman 滤波器的原理，通过递归的方式计算，具体如下：

$$\begin{cases} \boldsymbol{\Sigma}_{k+1|k+1} = \boldsymbol{\Sigma}_{k+1|k} - \boldsymbol{\Sigma}_{k+1|k}\boldsymbol{C}^{\mathrm{T}}(\boldsymbol{C}\boldsymbol{\Sigma}_{k+1|k}\boldsymbol{C}^{\mathrm{T}} + \boldsymbol{N}_{k+1})^{-1}\boldsymbol{C}\boldsymbol{\Sigma}_{k+1|k} \\ \boldsymbol{\Sigma}_{k+1|k} = \boldsymbol{A}\boldsymbol{\Sigma}_{k|k}\boldsymbol{A}^{\mathrm{T}} + \boldsymbol{M}_k \quad (k = 0, 1, \cdots, N-1) \end{cases}$$

并且有

$$\boldsymbol{\Sigma}_{0|0} = \boldsymbol{S} - \boldsymbol{S}\boldsymbol{C}^{\mathrm{T}}(\boldsymbol{C}\boldsymbol{S}\boldsymbol{C}^{\mathrm{T}} + \boldsymbol{N}_0)^{-1}\boldsymbol{C}\boldsymbol{S}$$

当控制噪声 $\boldsymbol{W}$ 和观测噪声 $\boldsymbol{V}$ 的协方差为定值 $\boldsymbol{M}, \boldsymbol{N}$ 时，对于矩阵 $\boldsymbol{\Sigma}_{k|k}$ 来说，在无限时域的情况下同样会趋于一个稳定解 $\bar{\boldsymbol{\Sigma}}$。基于控制反馈系数，对状态变量的最优估计 $\hat{\boldsymbol{x}}_{k|k}$ 可以通过 Kalman 滤波算法计算得到

$$\hat{\boldsymbol{x}}_{k+1|k+1} = (\boldsymbol{A} + \boldsymbol{B}\boldsymbol{K})\hat{\boldsymbol{x}}_{k|k} + \bar{\boldsymbol{\Sigma}}\boldsymbol{C}^{\mathrm{T}}\boldsymbol{N}^{-1}[\boldsymbol{y}_{k+1} - \boldsymbol{C}(\boldsymbol{A} + \boldsymbol{B}\boldsymbol{K})\hat{\boldsymbol{x}}_{k|k}]$$

其中

$$\bar{\boldsymbol{\Sigma}} = \boldsymbol{\Sigma} - \boldsymbol{\Sigma}\boldsymbol{C}^{\mathrm{T}}(\boldsymbol{C}\boldsymbol{\Sigma}\boldsymbol{C}^{\mathrm{T}} + \boldsymbol{N})^{-1}\boldsymbol{C}\boldsymbol{\Sigma}$$

$\boldsymbol{\Sigma}$ 是以下 Riccati 方程的唯一解，且 $\boldsymbol{\Sigma}$ 是半正定对称矩阵：

$$\boldsymbol{\Sigma} = \boldsymbol{A}(\boldsymbol{\Sigma} - \boldsymbol{\Sigma}\boldsymbol{C}^{\mathrm{T}}(\boldsymbol{C}\boldsymbol{\Sigma}\boldsymbol{C}^{\mathrm{T}} + \boldsymbol{N})^{-1}\boldsymbol{C}\boldsymbol{\Sigma})\boldsymbol{A}^{\mathrm{T}} + \boldsymbol{M}$$

综合上述分析，离散时间下的无限时域 LQG 算法可以总结为以下步骤：

1）离线计算矩阵 $\boldsymbol{P}$ 为

$$\boldsymbol{P}=\boldsymbol{Q}+\boldsymbol{A}^{\mathrm{T}}\boldsymbol{PA}-\boldsymbol{A}^{\mathrm{T}}\boldsymbol{PB}(\boldsymbol{R}+\boldsymbol{B}^{\mathrm{T}}\boldsymbol{PB})^{-1}\boldsymbol{B}^{\mathrm{T}}\boldsymbol{PA}$$

2）离线计算控制系数 $\boldsymbol{K}$ 为

$$\boldsymbol{K}=-(\boldsymbol{R}+\boldsymbol{B}^{\mathrm{T}}\boldsymbol{PB})^{-1}\boldsymbol{B}^{\mathrm{T}}\boldsymbol{PA}.$$

3）离线计算 $\boldsymbol{\Sigma}$ 为

$$\boldsymbol{\Sigma}=\boldsymbol{A}(\boldsymbol{\Sigma}-\boldsymbol{\Sigma C}^{\mathrm{T}}(\boldsymbol{C\Sigma C}^{\mathrm{T}}+\boldsymbol{N})^{-1}\boldsymbol{C\Sigma})\boldsymbol{A}^{\mathrm{T}}+\boldsymbol{M}$$

4）离线计算 $\bar{\boldsymbol{\Sigma}}$ 为

$$\bar{\boldsymbol{\Sigma}}=\boldsymbol{\Sigma}-\boldsymbol{\Sigma C}^{\mathrm{T}}(\boldsymbol{C\Sigma C}^{\mathrm{T}}+\boldsymbol{N})^{-1}\boldsymbol{C\Sigma}$$

5）计算最优控制变量 $\boldsymbol{u}_k^*=\boldsymbol{K}\hat{\boldsymbol{x}}_{k|k}$。

6）接收下一时刻的观测信号，利用 Kalman 滤波算法估计下一时刻的状态变量 $\hat{\boldsymbol{x}}_{k+1|k+1}$ 为

$$\hat{\boldsymbol{x}}_{k+1|k+1}=(\boldsymbol{A}+\boldsymbol{BK})\hat{\boldsymbol{x}}_{k|k}+\bar{\boldsymbol{\Sigma}}\boldsymbol{C}^{\mathrm{T}}\boldsymbol{N}^{-1}[\boldsymbol{y}_{k+1}-\boldsymbol{C}(\boldsymbol{A}+\boldsymbol{BK})\hat{\boldsymbol{x}}_{k|k}]$$

7）返回至第 5）步。

4.2 直流电机的控制问题

4.2.1 直流电机的位置控制

直流电机的位置控制是指通过调节电机的旋转角度，使其达到特定的位置或沿预定轨迹精确移动。这种控制对于需要精确位置定位的应用场景来说至关重要，如机器人臂、数控机床、卫星定位系统等。利用 LQG 控制器解决直流电机的位置控制问题有以下好处：

1）噪声和扰动的抑制：LQG 控制结合了 Kalman 滤波器和 LQR，使得系统能够有效处理测量噪声和外部扰动。Kalman 滤波器为控制系统提供了最优的状态估计，即使在传感器噪声和不确定性下也能保持准确性。这种能力特别适用于工业环境和高精度需求场景。

2）鲁棒性和稳定性：LQG 控制通过设计一个最优反馈增益，来最小化给定的二次性能指标（包括状态和控制输入的加权和）。这种设计方法提高了系统对模型不确定性和参数变化的鲁棒性。

3）优化特性：LQG 控制器是通过解决一个优化问题来设计的，目标是最小化包括状态误差和控制能量在内的成本函数。这意味着电机可以在最小化能耗的同时，实现精确的位置控制。这种优化特性使得 LQG 控制在需要同时考虑性能和效率的应用中非常有价值，如电动汽车和自动化生产线等。

4）灵活性和可适应性：LQG 控制框架允许控制器设计者根据不同的应用需求来调整性能指标权重。例如，可以通过调整状态变量和控制输入的权重，来平衡系统的响应速

度和平滑度。这种灵活性意味着同一控制策略可以用于不同类型的直流电机和多种控制目标。

5）系统整合和实现：LQG 控制的数学和算法基础非常成熟，易于与现代数字控制系统集成。它可以直接应用于微控制器和工业控制系统中。这使得 LQG 控制成为直流电机位置控制的一个实用且高效的选择，尤其是在需要快速开发和部署的商业应用中。

综上所述，LQG 控制为直流电机的位置控制提供了一种结合了优化特性、鲁棒性和噪声处理能力的高级解决方案。

下面以有限时域 LQG 控制算法为例，介绍如何实现直流电机的位置控制。

在第 2 章中，我们已经建立了直流电机的状态空间模型，首先考虑电机空载的情况，将其在时间上离散化，获得如 4.1.3 节中式（4-14）的模型；其中，$t=k$时刻状态为$\boldsymbol{x}_k=(\theta_k\ \omega_k\ i_{\mathrm{d},k})^{\mathrm{T}}$，控制量$U_k$为电枢电压$u_{\mathrm{d},k}$，为一维变量。

假设直流电机的初始状态为$\boldsymbol{x}_0=(\theta_0\ \ 0\ \ 0)^{\mathrm{T}}$，即电机处于静止状态且电枢电流为零；位置控制的目标是使系统的终止状态为$\boldsymbol{x}_{\mathrm{F}}=(\theta_{\mathrm{F}}\ \ 0\ \ 0)^{\mathrm{T}}$。回忆对直流电机的状态空间模型推导可知，状态空间的第一项为电机角度，第二项为角速度，代表电机角度的变化速度，第三项与电机角度的加速度有关，因此在设计 LQG 的代价函数时，为保证算法能够快速控制电机抵达目标位置，代价函数的过程代价部分仅以位置误差作为性能指标；而为了保证电机能以角速度渐进至零的方式到达指定位置并停止不动，代价函数的末端时刻代价部分需要考虑完整的状态变量的误差作为性能指标。在电机空载的情况下，当系统到达终止状态，即电机转角到达目标位置时，设置控制输入为 0 即可保持电机转角不变。然而，当我们考虑负载情况时，系统负载可能会导致转角的变化，此时为了保持稳态，控制输入不为 0。虽然本节基于空载情况展开，但是为了使空载情况的 LQG 算法更方便地扩展到负载情况下，我们假设存在一个维持系统稳态的控制信号$\bar{U}_0$，当电机空载时，$\bar{U}_0=0$；当电机负载时，根据负载的值计算相应的控制信号$\bar{U}_0$。因此，LQG 的代价函数可以设计为

$$J(\hat{\boldsymbol{x}},U)=\sum_{k=0}^{N-1}((\hat{\boldsymbol{x}}_{k|k}-\boldsymbol{x}_{\mathrm{F}})^{\mathrm{T}}\boldsymbol{Q}(\hat{\boldsymbol{x}}_{k|k}-\boldsymbol{x}_{\mathrm{F}})+R(U_k-\bar{U}_0)^2)+(\hat{\boldsymbol{x}}_{N|N}-\boldsymbol{x}_{\mathrm{F}})^{\mathrm{T}}\boldsymbol{Q}_N(\hat{\boldsymbol{x}}_{N|N}-\boldsymbol{x}_{\mathrm{F}}) \tag{4-21}$$

并且，假设$J_k(\hat{\boldsymbol{x}}_{k|k})$具有以下形式：

$$J_k(\hat{\boldsymbol{x}}_{k|k})=(\hat{\boldsymbol{x}}_{k|k}-\boldsymbol{x}_{\mathrm{F}})^{\mathrm{T}}\boldsymbol{P}_k(\hat{\boldsymbol{x}}_{k|k}-\boldsymbol{x}_{\mathrm{F}})$$

其中$\boldsymbol{Q}=\begin{pmatrix}q_1 & 0 & 0\\ 0 & 0 & 0\\ 0 & 0 & 0\end{pmatrix},q_1\geqslant 0,R\geqslant 0,\boldsymbol{Q}_N=\begin{pmatrix}q_2 & 0 & 0\\ 0 & q_3 & 0\\ 0 & 0 & q_4\end{pmatrix},q_2、q_3、q_4\geqslant 0,\boldsymbol{P}_k\geqslant 0$

式中，$\hat{\boldsymbol{x}}_{k|k}$为$t=k$时刻对状态（随机向量）$\boldsymbol{X}_k$的估计。

基于以上设计的代价函数，可以按照有限时域的 LQG 算法步骤迭代计算每个时刻的最优反馈控制系数，并传递给控制单元，从而实现最优控制。对于式（4-21）的代价函数，直接对其关于U_k求导会使得到的结果比较复杂，且最优控制律并不是以线性状态反

馈控制的形式表现，所以需要做一些相应的坐标变换以简化计算。考虑一个可以维持状态为 $\boldsymbol{x}_{\mathrm{F}}$ 的控制律 $\bar{U}_0$，即

$$\boldsymbol{x}_{\mathrm{F}} = \boldsymbol{A}\boldsymbol{x}_{\mathrm{F}} + \boldsymbol{B}\bar{U}_0 \tag{4-22}$$

对上式进行移项操作，可得

$$\boldsymbol{B}\bar{U}_0 = (\boldsymbol{I} - \boldsymbol{A})\boldsymbol{x}_{\mathrm{F}}$$

对等式左右两边同时左乘 $\boldsymbol{B}^{\mathrm{T}}$ 并求矩阵系数的逆，可以得到

$$\bar{U}_0 = -(\boldsymbol{B}^{\mathrm{T}}\boldsymbol{B})^{-1}\boldsymbol{B}^{\mathrm{T}}(\boldsymbol{A} - \boldsymbol{I})\boldsymbol{x}_{\mathrm{F}}$$

式中的 $\boldsymbol{A}$、$\boldsymbol{B}$、$\boldsymbol{x}_{\mathrm{F}}$ 都是已知的值，所以可解得 $\bar{U}_0$。将原状态空间模型中的控制方程与式（4-22）相减，可以得到新的控制方程为

$$\boldsymbol{X}_{k+1} - \boldsymbol{x}_{\mathrm{F}} = \boldsymbol{A}(\boldsymbol{X}_k - \boldsymbol{x}_{\mathrm{F}}) + \boldsymbol{B}(U_k - \bar{U}_0) + \boldsymbol{W}_k$$

设 $\boldsymbol{E}_k = \boldsymbol{X}_k - \boldsymbol{x}_{\mathrm{F}}, \hat{U}_k = U_k - \bar{U}_0$，于是可以得到转换坐标系以后的新控制方程为

$$\boldsymbol{E}_{k+1} = \boldsymbol{A}\boldsymbol{E}_k + \boldsymbol{B}\hat{U}_k + \boldsymbol{W}_k \tag{4-23}$$

LQG 代价函数可以写为以新变量 $\hat{\boldsymbol{e}}_k$、$\hat{U}_k$ 为变量的形式，即

$$J(\hat{\boldsymbol{e}}, \hat{U}) = \sum_{k=0}^{N-1}(\hat{\boldsymbol{e}}_k^{\mathrm{T}}\boldsymbol{Q}\hat{\boldsymbol{e}}_k + R\hat{U}_k^2) + \hat{\boldsymbol{e}}_N^{\mathrm{T}}\boldsymbol{Q}_N\hat{\boldsymbol{e}}_N \tag{4-24}$$

式中，$\hat{\boldsymbol{e}}_k$ 为 $t = k$ 时刻对误差 $\boldsymbol{E}_k$ 估计的实现。

式（4-23）和式（4-24）共同构成了一个新的线性二次型优化问题，其中 $\hat{U}_k$ 为控制量，式（4-24）为性能指标，式（4-23）为优化问题的线性约束。基于以上设计的代价函数，可以按照有限时域的 LQG 算法步骤迭代计算每个时刻的最优反馈控制系数，从而计算最优控制信号 $\hat{U}_k^*$。需要注意的是，$\hat{U}_k^*$ 对应的是式（4-23）的最优控制信号，而不是原问题的最优控制信号。考虑到系统为线性系统，满足叠加原理，式（4-22）和式（4-23）相加即为原问题的状态空间模型。而且，系统最后会趋于稳定，系统状态和控制信号最终会收敛至 $\boldsymbol{x}_{\mathrm{F}}$、$\bar{U}_0$，式（4-23）加上式（4-22）并不会影响式（4-24）关于 $\hat{U}_k$ 的求解。基于以上原因，对于原系统的位置控制问题，$t = k$ 时刻的最优控制信号 $U_k^* = \hat{U}_k^* + \bar{U}_0$，$t = k$ 时刻对最优状态的估计等于 Kalman 滤波器对误差的估计与终止状态的和，即 $\hat{\boldsymbol{x}}_k = \hat{\boldsymbol{e}}_k + \boldsymbol{x}_{\mathrm{F}}$。

综合上述分析，用有限时域 LQG 算法解决直流电机的位置控制问题的步骤可以总结为：

1）求解目标位置的稳态控制：

$$\boldsymbol{x}_{\mathrm{F}} = \boldsymbol{A}\boldsymbol{x}_{\mathrm{F}} + \boldsymbol{B}\bar{U}_0$$

2）构建新的状态空间模型：

$$\boldsymbol{E}_{k+1} = \boldsymbol{A}\boldsymbol{E}_k + \boldsymbol{B}\hat{U}_k + \boldsymbol{W}_k$$

3）利用有限时域的 LQG 算法求解关于最优控制信号 $\hat{U}_k^*$。

4）基于叠加原理计算原问题的最优控制信号：

$$U_k^* = \hat{U}_k^* + \bar{U}_0$$

在实际情况中，出于控制成本的考虑，电机控制器的算力并不会很高。对于低算力的控制器，如果用有限时域的 LQG 算法迭代计算反馈控制律，会严重影响控制器的实时性能。不过，回顾无限时域的 LQG 算法可以发现，其反馈控制系数是一个固定值，而且可以离线计算。因此，对于低算力的控制器，可以考虑采用无限时域的 LQG 算法来实现电机的位置控制。无限时域 LQG 算法与有限时域 LQG 算法类似，同样需要进行坐标变换以简化计算，不同的地方在于，需要提前离线计算反馈控制系数和 Kalman 滤波器的相关系数，整体流程可以总结为以下步骤：

1）离线计算矩阵 $\boldsymbol{P}$ 和反馈控制系数 $\boldsymbol{K}$：

$$\boldsymbol{K} = -(\boldsymbol{R} + \boldsymbol{B}^{\mathrm{T}}\boldsymbol{P}\boldsymbol{B})^{-1}\boldsymbol{B}^{\mathrm{T}}\boldsymbol{P}\boldsymbol{A}$$

$$\boldsymbol{P} = \boldsymbol{Q} + \boldsymbol{A}^{\mathrm{T}}\boldsymbol{P}\boldsymbol{A} - \boldsymbol{A}^{\mathrm{T}}\boldsymbol{P}\boldsymbol{B}(\boldsymbol{R} + \boldsymbol{B}^{\mathrm{T}}\boldsymbol{P}\boldsymbol{B})^{-1}\boldsymbol{B}^{\mathrm{T}}\boldsymbol{P}\boldsymbol{A}$$

2）离线计算 $\boldsymbol{\Sigma}$和$\bar{\boldsymbol{\Sigma}}$：

$$\bar{\boldsymbol{\Sigma}} = \boldsymbol{\Sigma} - \boldsymbol{\Sigma}\boldsymbol{C}^{\mathrm{T}}(\boldsymbol{C}\boldsymbol{\Sigma}\boldsymbol{C}^{\mathrm{T}} + \boldsymbol{N})^{-1}\boldsymbol{C}\boldsymbol{\Sigma}$$

$$\boldsymbol{\Sigma} = \boldsymbol{A}(\boldsymbol{\Sigma} - \boldsymbol{\Sigma}\boldsymbol{C}^{\mathrm{T}}(\boldsymbol{C}\boldsymbol{\Sigma}\boldsymbol{C}^{\mathrm{T}} + \boldsymbol{N})^{-1}\boldsymbol{C}\boldsymbol{\Sigma})\boldsymbol{A}^{\mathrm{T}} + \boldsymbol{M}$$

3）求解目标位置的稳态控制：

$$\boldsymbol{x}_{\mathrm{F}} = \boldsymbol{A}\boldsymbol{x}_{\mathrm{F}} + \boldsymbol{B}\bar{U}_0$$

4）构建新的状态空间模型：

$$\boldsymbol{E}_{k+1} = \boldsymbol{A}\boldsymbol{E}_k + \boldsymbol{B}\hat{U}_k + \boldsymbol{W}_k$$

5）计算最优控制变量 $\hat{U}_k^* = \boldsymbol{K}\hat{\boldsymbol{e}}_k$。

6）基于叠加原理计算原问题的最优控制信号：

$$U_k^* = \hat{U}_k^* + \bar{U}_0$$

7）接收下一时刻的观测信号 $\boldsymbol{Y}_{k+1} = \boldsymbol{y}_{k+1}$，利用 Kalman 滤波器估计下一时刻的状态变量 $\hat{\boldsymbol{e}}_{k+1}$：

$$\begin{cases} \hat{\boldsymbol{x}}_{k+1|k+1} = (\boldsymbol{A} + \boldsymbol{B}\boldsymbol{K})\hat{\boldsymbol{x}}_{k|k} + \bar{\boldsymbol{\Sigma}}\boldsymbol{C}^{\mathrm{T}}\boldsymbol{N}^{-1}(\boldsymbol{y}_{k+1} - \boldsymbol{C}(\boldsymbol{A} + \boldsymbol{B}\boldsymbol{K})\hat{\boldsymbol{x}}_{k|k}) \\ \hat{\boldsymbol{e}}_{k+1} = \hat{\boldsymbol{x}}_{k+1|k+1} - \boldsymbol{x}_{\mathrm{F}} \end{cases}$$

8）返回至第 5）步。

4.2.2 直流电机的位置跟踪

直流电机的位置跟踪是指控制电机的旋转角度，使其能够精确地跟踪给定的位置参考轨迹或命令信号。这种控制非常关键，特别是在需要高精度定位的应用中。与位置控制相同，对于直流电机的跟踪控制问题，LQG 控制同样具有抗噪声强、鲁棒性强和稳定性高等优点。直流电机的位置跟踪通常会提供一段提前设计好的、由上位机提供的路径 $\bar{X}=\{\bar{\boldsymbol{x}}_0,\bar{\boldsymbol{x}}_1,\cdots,\bar{\boldsymbol{x}}_n\,|\,\bar{\boldsymbol{x}}_i=(\theta_i\,\omega_i\,i_{\mathrm{d},i})^{\mathrm{T}},\forall i=0,1,\cdots,n\}$，并要求电机跟踪这段路径运行。对于位置跟踪问题，我们希望跟踪过程中的实际路径尽可能地贴近预定路线，即每个时刻的位置误差尽可能小，因此，LQG 的代价函数可以考虑以过程中的位置误差作为性能指标，即

$$J(\hat{\boldsymbol{x}},U)=\sum_{k=0}^{N-1}((\hat{\boldsymbol{x}}_{k|k}-\bar{\boldsymbol{x}}_k)^{\mathrm{T}}\boldsymbol{Q}(\hat{\boldsymbol{x}}_{k|k}-\bar{\boldsymbol{x}}_k)+R\bar{U}_k^2)+(\hat{\boldsymbol{x}}_{N|N}-\bar{\boldsymbol{x}}_N)^{\mathrm{T}}\boldsymbol{Q}_N(\hat{\boldsymbol{x}}_{N|N}-\bar{\boldsymbol{x}}_N)$$

其中 $\boldsymbol{Q}=\begin{pmatrix}q_1&0&0\\0&q_2&0\\0&0&q_3\end{pmatrix}$，$q_1$、$q_2$、$q_3\geqslant 0,R\geqslant 0,\boldsymbol{Q}_N=\begin{pmatrix}q_4&0&0\\0&q_5&0\\0&0&q_6\end{pmatrix}$，$q_4$、$q_5$、$q_6\geqslant 0$

式中，$\hat{\boldsymbol{x}}_{k|k}$ 为 $t=k$ 时刻对状态 $\boldsymbol{X}_k$ 的估计。

设状态变量的误差项 $\boldsymbol{E}_k=\boldsymbol{X}_k-\bar{\boldsymbol{x}}_k$，关于误差项的控制信号为 $\hat{U}_k$ 于是可以得到转换坐标系以后的新控制方程为

$$\boldsymbol{E}_{k+1}=\boldsymbol{A}\boldsymbol{E}_k+\boldsymbol{B}\hat{U}_k+\boldsymbol{W}_k \tag{4-25}$$

相应的，代价函数可以写成

$$J(\hat{\boldsymbol{e}},\hat{U})=\sum_{k=0}^{N-1}(\hat{\boldsymbol{e}}_k^{\mathrm{T}}\boldsymbol{Q}\hat{\boldsymbol{e}}_k+\mathrm{R}\hat{U}_k^2)+\hat{\boldsymbol{e}}_N^{\mathrm{T}}\boldsymbol{Q}_N\hat{\boldsymbol{e}}_N \tag{4-26}$$

式中，$\hat{\boldsymbol{e}}_k$ 为 $t=k$ 时刻对误差 $\boldsymbol{E}_k$ 的估计。

式（4-25）和式（4-26）共同构成了一个新的线性二次型优化问题，其中 $\hat{U}_k$ 为控制量，式（4-26）为性能指标，式（4-25）为优化问题的线性约束。基于以上设计的代价函数，可以按照有限时域的 LQG 算法步骤迭代计算每个时刻的最优反馈控制系数，从而计算最优控制信号 $\hat{U}_k^*$。需要注意的是，$\hat{U}_k^*$ 对应的是式（4-25）的最优控制信号，而不是原问题的最优控制信号。考虑到系统为线性系统，满足叠加原理，因此跟踪问题的状态空间模型与式（4-25）相加，即为原问题的状态空间模型。而且，$\boldsymbol{E}_k=\boldsymbol{X}_k-\bar{\boldsymbol{x}}_k$ 的坐标变换并不会影响式（4-25）关于 $\hat{U}_k^*$ 的求解。基于以上原因，对于原系统的位置跟踪问题，$t=k$ 时刻的最优控制信号为 $\hat{U}_k^*$。

综合上述分析，直流电机的位置跟踪问题求解可以总结为以下步骤：

1）进行坐标变换 $\boldsymbol{E}_k = \boldsymbol{X}_k - \bar{\boldsymbol{x}}_k$ 构建新的状态空间模型：

$$\boldsymbol{E}_{k+1} = \boldsymbol{A}\boldsymbol{E}_k + \boldsymbol{B}\hat{U}_k + \boldsymbol{W}_k$$

2）利用有限时域的 LQG 算法求解关于最优控制信号 $\hat{U}_k^*$。

对于低成本低算力的控制器，同样考虑采用无限时域的 LQG 算法来实现电机的位置跟踪，整体流程可以总结为以下步骤：

1）进行坐标变换 $\boldsymbol{E}_k = \boldsymbol{X}_k - \bar{\boldsymbol{x}}_k$，构建新的状态空间模型：

$$\boldsymbol{E}_{k+1} = \boldsymbol{A}\boldsymbol{E}_k + \boldsymbol{B}\hat{U}_k + \boldsymbol{W}_k$$

2）离线计算矩阵 $\boldsymbol{P}$ 和反馈控制系数 $\boldsymbol{K}$：

$$\boldsymbol{K} = -(\boldsymbol{R} + \boldsymbol{B}^{\mathrm{T}}\boldsymbol{P}\boldsymbol{B})^{-1}\boldsymbol{B}^{\mathrm{T}}\boldsymbol{P}\boldsymbol{A}$$

$$\boldsymbol{P} = \boldsymbol{Q} + \boldsymbol{A}^{\mathrm{T}}\boldsymbol{P}\boldsymbol{A} - \boldsymbol{A}^{\mathrm{T}}\boldsymbol{P}\boldsymbol{B}(\boldsymbol{R} + \boldsymbol{B}^{\mathrm{T}}\boldsymbol{P}\boldsymbol{B})^{-1}\boldsymbol{B}^{\mathrm{T}}\boldsymbol{P}\boldsymbol{A}$$

3）离线计算 $\boldsymbol{\Sigma}$ 和 $\bar{\boldsymbol{\Sigma}}$：

$$\bar{\boldsymbol{\Sigma}} = \boldsymbol{\Sigma} - \boldsymbol{\Sigma}\boldsymbol{C}^{\mathrm{T}}(\boldsymbol{C}\boldsymbol{\Sigma}\boldsymbol{C}^{\mathrm{T}} + \boldsymbol{N})^{-1}\boldsymbol{C}\boldsymbol{\Sigma}$$

$$\boldsymbol{\Sigma} = \boldsymbol{A}(\boldsymbol{\Sigma} - \boldsymbol{\Sigma}\boldsymbol{C}^{\mathrm{T}}(\boldsymbol{C}\boldsymbol{\Sigma}\boldsymbol{C}^{\mathrm{T}} + \boldsymbol{N})^{-1}\boldsymbol{C}\boldsymbol{\Sigma})\boldsymbol{A}^{\mathrm{T}} + \boldsymbol{M}$$

4）计算最优控制变量 $\hat{U}_k^* = \boldsymbol{K}\hat{\boldsymbol{e}}_k$。

5）接收下一时刻的观测信号 $\boldsymbol{Y}_{k+1} = \boldsymbol{y}_{k+1}$，利用 Kalman 滤波器估计下一时刻的状态变量 $\hat{\boldsymbol{e}}_{k+1}$：

$$\hat{\boldsymbol{x}}_{k+1|k+1} = (\boldsymbol{A} + \boldsymbol{B}\boldsymbol{K})\hat{\boldsymbol{x}}_{k|k} + \bar{\boldsymbol{\Sigma}}\boldsymbol{C}^{\mathrm{T}}\boldsymbol{N}^{-1}(\boldsymbol{y}_{k+1} - \boldsymbol{C}(\boldsymbol{A} + \boldsymbol{B}\boldsymbol{K})\hat{\boldsymbol{x}}_{k|k})$$

$$\hat{\boldsymbol{e}}_{k+1} = \hat{\boldsymbol{x}}_{k+1|k+1} - \bar{\boldsymbol{x}}_k$$

6）返回至第 4）步。

4.2.3　直流电机的速度跟踪

直流电机的速度跟踪是指控制电机的旋转速度，使其能够准确地跟随一个给定的速度参考轨迹或命令信号。这种控制对于确保电机性能和应用效果非常重要，特别是在需要精确速度控制的场合，如电动车辆、输送带、风扇调速等。与直流电机的位置控制和位置跟踪问题类似，我们同样可以用 LQG 控制解决直流电机的速度跟踪问题。在大多数实际情况中，跟踪的目标是一个固定的速度 $\bar{W}$，控制电机以固定的速度 $\bar{W}$ 保持转动。与直流电机的位置控制和位置跟踪问题不同，处理直流电机的速度跟踪问题时，因为不需要考虑电机的初始角度位置，所以不用确定也无法确定状态空间中的第一个状态变量，即电机位置 θ_k 的稳态解或者参考轨迹。因此，如果像直流电机的位置跟踪问题一样直接对原问题进行坐标变换，会因为缺少 θ_k 的稳态解或者参考轨迹而导致问题不可解。幸运的是，对于直流电机的独特的状态空间模型，可以通过降维的方法来避免这个问题。从直流电机的物理学模型方面来说，θ_k 的变化率仅与状态空间中的另一个变量角速度 ω_k 呈线性关系，与输入无关，同时，状态变量中的 ω_k、$i_{d,k}$ 的变化率都与 θ_k 无关。因此，如果把原状态空间中的 θ_k 删去，只用 ω_k、$i_{d,k}$ 构成一个新的二维状态空间，就能获得一个新的状态空间模型，利用这个新的模型，就可以利用 LQG 控制解决直流电机的速度跟踪问题。从直流电机的状态空间模型方面来说，控制方程的 $\boldsymbol{A}$ 和 $\boldsymbol{B}$ 矩阵分别具有以下的形式：

$$\boldsymbol{A}=\begin{pmatrix} A_{11} & A_{12} & A_{13} \\ A_{21} & A_{22} & A_{23} \\ A_{31} & A_{32} & A_{33} \end{pmatrix},\boldsymbol{B}=\begin{pmatrix} B_1 \\ B_2 \\ B_3 \end{pmatrix}$$

如果把原三维状态空间 $\boldsymbol{X}_k=(\theta_k\ \omega_k\ i_{d,k})^{\mathrm{T}}$ 降维成二维的形式 $\tilde{\boldsymbol{X}}_k=(\omega_k\ i_{d,k})^{\mathrm{T}}$，就可以得到新的状态空间模型 $\tilde{\boldsymbol{X}}_{k+1}=\tilde{\boldsymbol{A}}\tilde{\boldsymbol{X}}_k+\tilde{\boldsymbol{B}}U_k+\tilde{\boldsymbol{W}}_k$，其中

$$\tilde{\boldsymbol{A}}=\begin{pmatrix} A_{22} & A_{23} \\ A_{32} & A_{33} \end{pmatrix},\tilde{\boldsymbol{B}}=\begin{pmatrix} B_2 \\ B_3 \end{pmatrix}$$

新的状态空间模型存在稳态解或者参考轨迹。

对于直流电机的速度跟踪问题，在设计 LQG 的代价函数时，我们仅以速度误差作为性能指标即可。同时，因为需要电机保持转动，不存在终止时刻，所以代价函数中只存在过程代价，不存在末值代价。因此，代价函数可以设计为

$$J(\hat{\boldsymbol{x}},U)=\sum_{k=0}^{\infty}[(\hat{\boldsymbol{x}}_{k|k}-\tilde{\boldsymbol{x}}_{\mathrm{F}})^{\mathrm{T}}\boldsymbol{Q}(\hat{\boldsymbol{x}}_{k|k}-\tilde{\boldsymbol{x}}_{\mathrm{F}})+R(U_k-\bar{U}_0)^2]$$

并且，假设 $J_k(\hat{\boldsymbol{x}}_{k|k})$ 具有以下形式：

$$J_k(\hat{\boldsymbol{x}}_{k|k})=(\hat{\boldsymbol{x}}_{k|k}-\tilde{\boldsymbol{x}}_{\mathrm{F}})^{\mathrm{T}}\boldsymbol{P}_k(\hat{\boldsymbol{x}}_{k|k}-\tilde{\boldsymbol{x}}_{\mathrm{F}})$$

其中

$$\boldsymbol{Q}=\begin{pmatrix} q_1 & 0 \\ 0 & 0 \end{pmatrix},q_1\geqslant 0,\boldsymbol{R}\geqslant 0$$

式中，$\hat{\boldsymbol{x}}_{k|k}$ 为 $t=k$ 时刻对状态 $\tilde{\boldsymbol{X}}_k$ 的估计；$\tilde{\boldsymbol{x}}_{\mathrm{F}}$ 为稳态状态；$\bar{U}_0$ 为维持系统为稳态状态的稳态解。

对于直流电机的速度跟踪问题，我们只设定了一个期望的速度 $\bar{W}$，并没有设定一个期望的稳态电流 $\bar{I}_{\mathrm{D}}$，因此，除了求解维持系统为稳态状态的稳态解 $\bar{U}_0$，还需要求解终止状态 $\tilde{\boldsymbol{x}}_{\mathrm{F}}$。利用状态空间方程，可以得到联立方程组为

$$\begin{cases} \bar{W}=A_{22}\bar{W}+A_{23}\bar{I}_{\mathrm{D}} \\ \bar{I}_{\mathrm{D}}=A_{32}\bar{W}+A_{33}\bar{I}_{\mathrm{D}}+B_1\bar{U}_0 \end{cases}$$

通过求解方程组，可以计算得到稳态时的 $\bar{I}_{\mathrm{D}}$ 和 $\bar{U}_0$，从而获得稳态状态的值和控制信号的稳态解。

设 $\boldsymbol{E}_k = \tilde{\boldsymbol{X}}_k - \tilde{\boldsymbol{x}}_{\mathrm{F}}, \hat{U}_k = U_k - \bar{U}_0$，于是可以得到转换坐标系以后的新控制方程为

$$\boldsymbol{E}_{k+1} = \tilde{\boldsymbol{A}}\boldsymbol{E}_k + \tilde{\boldsymbol{B}}\hat{U}_k + \boldsymbol{W}_k \tag{4-27}$$

LQG 代价函数可以写为以新变量 $\hat{\boldsymbol{e}}_k$、$\hat{U}_k$ 为变量的形式：

$$J(\hat{e},\hat{U}) = \sum_{i=0}^{\infty} \hat{\boldsymbol{e}}_k^{\mathrm{T}} \boldsymbol{Q} \hat{\boldsymbol{e}}_k + R\hat{U}_k^2 \tag{4-28}$$

式中，$\hat{\boldsymbol{e}}_k$ 为 $t=k$ 时刻对误差 $\boldsymbol{E}_k$ 的估计。

式（4-27）和式（4-28）共同构成了一个新的线性二次型优化问题，其中 $\hat{U}_k$ 为控制量，式（4-28）为性能指标，式（4-27）为优化问题的线性约束。基于以上设计的代价函数，我们可以按照无限时域的 LQG 算法步骤，计算每个时刻的最优反馈控制系数，从而计算最优控制信号 U_k^*。整体流程可以总结为以下步骤：

1）离线计算矩阵 $\boldsymbol{P}$ 和反馈控制系数 $\boldsymbol{K}$：

$$\boldsymbol{K} = -(\boldsymbol{R} + \tilde{\boldsymbol{B}}^{\mathrm{T}} \boldsymbol{P} \tilde{\boldsymbol{B}})^{-1} \tilde{\boldsymbol{B}}^{\mathrm{T}} \boldsymbol{P} \tilde{\boldsymbol{A}}$$

$$\boldsymbol{P} = \boldsymbol{Q} + \tilde{\boldsymbol{A}}^{\mathrm{T}} \boldsymbol{P} \tilde{\boldsymbol{A}} - \tilde{\boldsymbol{A}}^{\mathrm{T}} \boldsymbol{P} \tilde{\boldsymbol{B}} (\boldsymbol{R} + \tilde{\boldsymbol{B}}^{\mathrm{T}} \boldsymbol{P} \tilde{\boldsymbol{B}})^{-1} \tilde{\boldsymbol{B}}^{\mathrm{T}} \boldsymbol{P} \tilde{\boldsymbol{A}}$$

2）离线计算 $\boldsymbol{\Sigma}$ 和 $\bar{\boldsymbol{\Sigma}}$：

$$\bar{\boldsymbol{\Sigma}} = \boldsymbol{\Sigma} - \boldsymbol{\Sigma}\boldsymbol{C}^{\mathrm{T}}(\boldsymbol{C}\boldsymbol{\Sigma}\boldsymbol{C}^{\mathrm{T}} + \boldsymbol{N})^{-1}\boldsymbol{C}\boldsymbol{\Sigma}$$

$$\boldsymbol{\Sigma} = \tilde{\boldsymbol{A}}(\boldsymbol{\Sigma} - \boldsymbol{\Sigma}\boldsymbol{C}^{\mathrm{T}}(\boldsymbol{C}\boldsymbol{\Sigma}\boldsymbol{C}^{\mathrm{T}} + \boldsymbol{N})^{-1}\boldsymbol{C}\boldsymbol{\Sigma})\tilde{\boldsymbol{A}}^{\mathrm{T}} + \boldsymbol{M}$$

3）求解目标位置的稳态控制：

$$\begin{cases} \bar{W} = A_{22}\bar{W} + A_{23}\bar{I}_{\mathrm{D}} \\ \bar{I}_{\mathrm{D}} = A_{32}\bar{W} + A_{33}\bar{I}_{\mathrm{D}} + B_1\bar{U}_0 \end{cases}$$

4）构建新的状态空间模型：

$$\boldsymbol{E}_{k+1} = \tilde{\boldsymbol{A}}\boldsymbol{E}_k + \tilde{\boldsymbol{B}}\hat{U}_k + \boldsymbol{W}_k$$

5）计算最优控制变量 $\hat{U}_k^* = \boldsymbol{K}\hat{\boldsymbol{e}}_k$。

6）基于叠加原理计算原问题的最优控制信号：

$$U_k^* = \hat{U}_k^* + \bar{U}_0$$

7）接收下一时刻的观测信号 $\boldsymbol{Y}_{k+1} = \boldsymbol{y}_{k+1}$，利用 Kalman 滤波器估计下一时刻的状态变量 $\hat{\boldsymbol{e}}_{k+1}$：

$$\hat{\boldsymbol{x}}_{k+1|k+1} = (\tilde{\boldsymbol{A}} + \tilde{\boldsymbol{B}}\boldsymbol{K})\hat{\boldsymbol{x}}_{k|k} + \bar{\boldsymbol{\Sigma}}\boldsymbol{C}^{\mathrm{T}}\boldsymbol{N}^{-1}[\boldsymbol{y}_{k+1} - \boldsymbol{C}(\tilde{\boldsymbol{A}} + \tilde{\boldsymbol{B}}\boldsymbol{K})\hat{\boldsymbol{x}}_{k|k}]$$

$$\hat{\boldsymbol{e}}_{k+1} = \hat{\boldsymbol{x}}_{k+1|k+1} - \tilde{\boldsymbol{X}}_{\mathrm{F}}$$

8）返回至第 5）步。

4.2.4 负载直流电机的速度跟踪

在 4.1 节中已经介绍了一个空载情况下的直流电机状态空间模型的最优控制方法，而在实际情况中，电机是需要负载运行的。对于有负载的情况，需要考虑如下的状态空间模型：

$$\begin{cases} \dot{\boldsymbol{x}}(t) = \boldsymbol{A}\boldsymbol{x}(t) + \boldsymbol{B}_1 u(t) + \boldsymbol{B}_2 \mathrm{d}(t) \\ y(t) = \boldsymbol{C}\boldsymbol{x}(t) \end{cases} \tag{4-29}$$

其中

$$\boldsymbol{x}(t) = \begin{pmatrix} \theta(t) \\ \omega(t) \\ I_{\mathrm{d}}(t) \end{pmatrix}, \boldsymbol{A} = \begin{pmatrix} 0 & 1 & 0 \\ -\dfrac{K}{J} & -\dfrac{B_{\mathrm{v}}}{J} & \dfrac{C_{\mathrm{m}}}{J} \\ 0 & -\dfrac{C_{\mathrm{e}}}{L}\dfrac{60}{2\pi} & -\dfrac{R}{L} \end{pmatrix}$$

$$u\left(t\right) = U_{\mathrm{d}}\left(t\right), \boldsymbol{B}_1 = \begin{pmatrix} 0 \\ 0 \\ 1/L \end{pmatrix}$$

$$d\left(t\right) = T_{\mathrm{L}}\left(t\right), \boldsymbol{B}_2 = \begin{pmatrix} 0 \\ -1/J \\ 0 \end{pmatrix}$$

$$\boldsymbol{C} = \begin{pmatrix} 1 & 0 & 0 \\ 0 & 1 & 0 \end{pmatrix}$$

式中，$u(t)$ 为控制信号；$d(t)$ 为实际负载 $T_{\mathrm{L}}(t)$。

对于上述状态空间模型，我们在 4.2.1 ～ 4.2.3 节中介绍了空载情况下的控制算法。对于移动机器人中常见的直流无刷电机，上述的状态空间模型中的转动惯量可能较大，导致 $\boldsymbol{A}$ 矩阵的特征值非常小，因此控制系统也会非常稳定，对噪声的鲁棒性非常强。在空载情况下，当计算出稳态控制信号并输入系统以后，往往在一个采样时刻内就可以消除误差 $\boldsymbol{E}_k$，这就导致 LQG 算法计算出来的 $\boldsymbol{K}$ 值非常小，对于系统的噪声，基本不需要额外的控制信号来加强系统的鲁棒性。因此，对于直流无刷电机来说，LQG 算法计算得到的控制信号主要用于对抗负载对系统的影响。在实际场景下的控制任务中，负载 $d(t)$ 可能无法直接测量，或是实时变化的，因此需要对其估计。对于负载 $d(t)$ 的估计方法有很多，感兴趣的读者可自行查阅。

下面，假设已经得到了对负载 $d(t)$ 的估计，以负载电机的速度控制为例，介绍如何利用无限时域 LQG 算法控制电机。首先，由于实际情况中有噪声的存在，需要在式（4-29）

的状态空间模型中加入控制噪声和观测噪声。其次，与 4.2.3 节部分相似，需要对原状态空间模型降维，消去原状态空间模型的第一个状态变量 θ。最后，考虑实际情况中的状态是离散的，需要对降维后的状态空间进行离散化操作。按顺序进行以上步骤以后，就会得到一个新的离散状态空间模型：

$$\begin{cases} \tilde{\boldsymbol{X}}_{k+1} = \tilde{\boldsymbol{A}}\tilde{\boldsymbol{X}}_k + \tilde{\boldsymbol{B}}U_k + \tilde{\boldsymbol{B}}_2 d_k + \boldsymbol{W}_k \\ \boldsymbol{y}_k = \boldsymbol{C}\boldsymbol{x}_k + \boldsymbol{V}_k \end{cases} \tag{4-30}$$

式中，$\tilde{\boldsymbol{B}}_2$ 为 $\boldsymbol{B}_2$ 降维且离散化后的矩阵表示；其他变量表示与 4.2.3 节中的变量表示一致。

对于式（4-30）的状态空间模型，可以通过增广状态空间的方式，使其变为状态空间模型的标准形式。重新选取系统的状态变量为 $\overline{\overline{\boldsymbol{X}}}_k = (\omega_k \ i_{\mathrm{d},k} \ d_k)^{\mathrm{T}}$，能够得到新的状态空间模型：

$$\begin{cases} \overline{\overline{\boldsymbol{X}}}_{k+1} = \overline{\overline{\boldsymbol{A}}}\overline{\overline{\boldsymbol{X}}}_k + \overline{\overline{\boldsymbol{B}}}U_k + \overline{\overline{\boldsymbol{W}}}_k \\ \boldsymbol{Y}_k = \overline{\overline{\boldsymbol{C}}}\boldsymbol{X}_k + \overline{\overline{\boldsymbol{V}}}_k \end{cases} \tag{4-31}$$

其中

$$\overline{\overline{\boldsymbol{A}}} = \begin{pmatrix} \tilde{\boldsymbol{A}} & \tilde{\boldsymbol{B}}_2 \\ 0 & 1 \end{pmatrix}, \overline{\overline{\boldsymbol{B}}} = \begin{pmatrix} \tilde{\boldsymbol{B}} \\ 0 \end{pmatrix}, \overline{\overline{\boldsymbol{C}}} = (\boldsymbol{C} \quad 0)$$

于是，我们可以基于新的系统实现对负载直流电机的控制。同时，在实际情况中，也存在着无法估计负载 $\mathrm{d}(t)$ 的复杂情况，对于这种情况，可以考虑使用 PID 等简单且实用的控制方法，也能实现不错的控制效果。

具体地，对于直流电机而言，对其电气模型，即 2.3 中状态空间模型的第 3 式与力学模型，即 2.3 中状态空间模型的第 2 式两端同时作 Laplace 变换，可得

$$\begin{cases} (sL+R)i_{\mathrm{d}}(s) + C_{\mathrm{e}}\omega(s) = u_{\mathrm{d}}(s) \\ (sJ+B_{\mathrm{v}})\omega(s) - C_{\mathrm{m}}i_{\mathrm{d}}(s) - T_L(s) = 0 \end{cases}$$

注意，此处的 R 为电机电气模型的等效总阻值，不应与 LQR 最优控制目标函数中控制的惩罚项相混淆。通过上式第一式可得电枢电流 $i_{\mathrm{d}}(s)$ 的表达式，并将其代入上式的第二式中，可得

$$\omega(s) = \frac{C_{\mathrm{m}}/B_{\mathrm{v}}R}{C_{\mathrm{m}}C_{\mathrm{e}}/B_{\mathrm{v}}R + sJ/B_{\mathrm{v}}(sL/R+1) + (sL/R+1)}u_{\mathrm{d}}(s) + \frac{1/B_{\mathrm{v}}}{sJ/B_{\mathrm{v}} + 1 + \dfrac{C_{\mathrm{m}}C_{\mathrm{e}}/B_{\mathrm{v}}R}{sL/R+1}}T_L(s)$$

对于一般机器人的直流伺服电机而言，其电气时间常数（Electric Time Constant）L/R 远小于其机械时间常数（Mechanical Time Constant）J/B_{v}。因此，上式中电气时间常数 L/R 可忽略不计，可简化为

$$\omega(s) \approx \frac{C_{\mathrm{m}}/B_{\mathrm{v}}R}{C_{\mathrm{m}}C_{\mathrm{e}}/B_{\mathrm{v}}R + sJ/B_{\mathrm{v}} + 1}u_{\mathrm{d}}(s) + \frac{1/B_{\mathrm{v}}}{sJ/B_{\mathrm{v}} + 1 + C_{\mathrm{m}}C_{\mathrm{e}}/B_{\mathrm{v}}R}T_L(s)$$

进一步地，对于一般机器人的直流伺服电机而言，其阻转矩阻尼系数 B_v 相比于电气摩擦系数（Electrical Friction Coefficient）而言是微不足道的，即 $B_\text{v} \ll C_\text{m}C_\text{e}/R$。因此，上式中的 1 相比于 $C_\text{m}C_\text{e}$ /（$B_\text{v}R$）可以忽略不计，可简化为

$$\omega(s) \approx \frac{C_\text{m}}{sJR + C_\text{m}C_\text{e}} u_\text{d}(s) + \frac{R}{sJR + C_\text{m}C_\text{e}} T_L(s)$$

从上式中可以看出，作为控制量输入的电枢电流 $u_\text{d}(s)$ 与转速 $\omega(s)$ 的传递函数构成了一个一阶系统，可以非常方便地使用 PI 或者 PID 控制并消除静差，本书中不再赘述。

本章小结

本章主要介绍了线性二次型最优控制算法及其在直流电机上的应用。线性二次型最优控制是理解复杂控制系统的基础，4.1.1 节和 4.1.2 节首先介绍了有限时域和无限时域下的 LQR 控制算法，4.1.3 节和 4.1.4 节在前文理论上更进一步，考虑实际情况中存在的噪声，介绍了有噪声情况下的 LQG 控制算法。这些方法为优化控制策略提供了理论依据，确保在不同时间范围和环境下的系统性能最优。

接下来，本章探讨了直流电机的具体控制方法，包括位置控制、位置跟踪、速度跟踪以及负载条件下的速度跟踪。这些控制方法不仅涵盖了直流电机的基本控制需求，还考虑了实际应用中的复杂条件，为实现高精度、高性能的控制奠定了基础。

通过对线性二次型最优控制和直流电机具体控制方法的系统讲解，本章为读者提供了一个全面的视角，帮助理解和掌握直流电机控制的理论和实践方法。读者可以通过学习这些知识，根据实际应用需求，提高电机控制系统的性能。

| 第 2 部分 |

多电机协同控制技术

第 5 章　移动机器人运动学模型与模型辨识

5.1　双轮差速机器人运动学模型

双轮差速机器人结构简单且运动灵活，基于这两个特点，双轮差速模型在机器人领域有着广泛的应用。双轮差速机器人结构示意如图 5-1 所示，其在底盘左右两侧各配备了一个动力轮（也称主动轮），每个动力轮均配有一个驱动电机，使得双轮的速度可以独立控制。通过控制各个驱动电机的转速来设定不同的车轮速度，可以实现底盘的直线行驶和转向控制。为了保持底盘稳定，通常配备一至两个辅助万向轮作为随动轮，防止底盘与地面碰撞，从而避免危险。

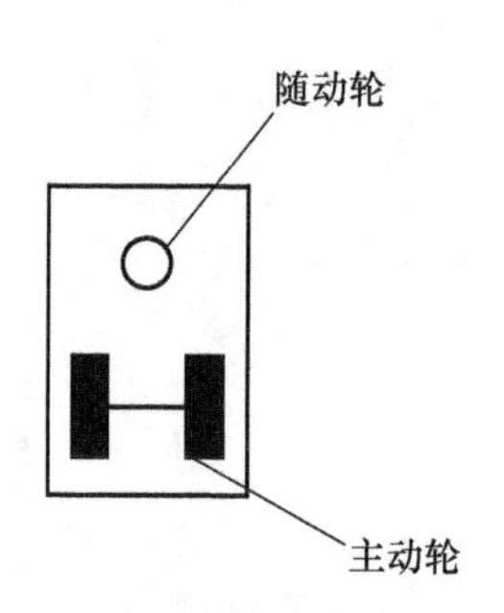

图 5-1　双轮差速机器人结构示意图

基于双轮差速机器人的配置，首先定义其参数信息，并根据这些信息来推导双轮差速机器人的运动学模型。考虑到万向轮作为随动轮，不影响机器人的主动运动，因此不对万向轮进行分析，仅考虑两个动力轮。双轮差速机器人的系统参数主要包括两个动力轮之间的基线长度 l 和动力轮的半径，分别用 r_1 和 r_r 表示左、右轮半径。用 ϕ_1 和 ϕ_r 表示左、右轮电机驱动控制的角速度（弧度制），用 v_1 和 v_2 表示左、右轮相对于地面的线速度。假设左、右轮在运动过程中为一个刚体，其相对于地面的线速度等于角速度和半径的乘积，即

$$\begin{cases} v_1 = r_1\phi_1 \\ v_2 = r_r\phi_r \end{cases}$$

由于左、右轮速度可以独立控制，因此能够分别调整 v_1 和 v_2。利用 v_1 和 v_2 的相对状

态，可以将双轮差速机器人的运动状态大致分为三种，如图 5-2 所示。

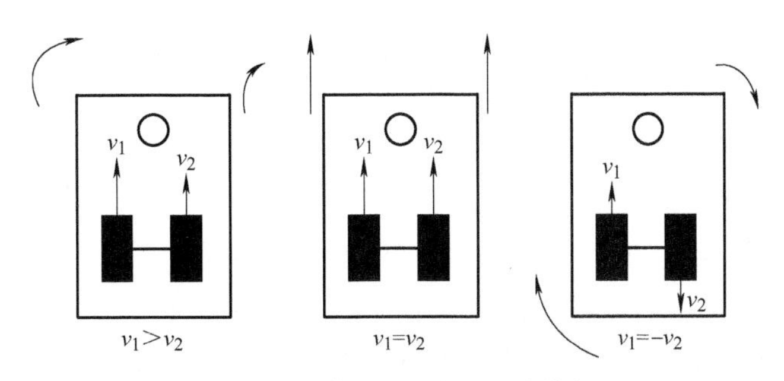

图 5-2　双轮差速机器人运动状态

当 $v_1>v_2>0$ 时，机器人向前做圆周运动；当 $v_1=v_2\neq 0$ 时，机器人做直线运动；当 $v_1=-v_2\neq 0$ 时，机器人绕左右轮中心点做原地旋转运动。经过上面的定性分析可以看出，v_1 和 v_2 的状态大大影响了机器人的运动状态，从而影响机器人的移动和姿态。接下来进行更深入的定量分析。

通过给驱动电机发送不同的控制信号来操纵双轮差速机器人，可以改变其位置和姿态。根据不同的需求，为机器人规划的路径也会不同，因此需要分析其位姿变化与控制信号之间的关系，来设计一段控制序列，从而控制机器人沿不同的路径移动。在本章中，这种关系以运动学模型的方式呈现。运动分析将基于以下两个假设：

1）机器人始终在同一个二维平面上运动。

2）机器人左、右轮子与地面之间的接触约束使其只能在接触面的切线方向上滚动，而不能横向或纵向移动，这是一个典型的非完整性约束（Nonholonomic Constraint）。

下面在世界坐标系里分析双轮差速机器人的运动学模型。首先考虑当 $v_1>v_2>0$ 时，机器人向前做圆周运动的情况。当机器人向前做圆周运动时，如图 5-3 所示，左、右轮绕同一个圆心做圆周运动，且转弯半径位于同一条直线上，这样的圆心称为瞬时旋转中心（Instantaneous Center of Rotation，ICR），这种运动方式称为同轴圆周运动。

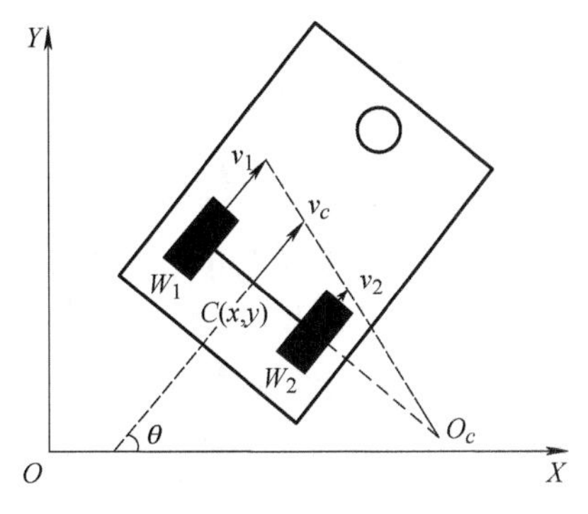

图 5-3　两轮差速驱动的运动分析

如图 5-3 所示，定义世界坐标系为 XOY，机器人左、右动力轮的中心点在地面的投影分别为 W_1 和 W_2，机器人瞬时旋转中心为 O_c，两动力轮中心连线的中点为机器人的基点

C，机器人基点的转弯半径，即 C 到 O_c 的距离为 r，左、右轮绕 O_c 做圆周运动的角速度分别为 ω_1、ω_2。基于假设 2，v_1 和 v_2 刚好等于左、右轮转动时做圆周运动的线速度。根据对车轮速度的分析，机器人自身坐标系中 W_1 和 W_2 两点在惯性坐标系下移动的线速度为 v_1 和 v_2。令基点 C 相对于地面的线速度为 v_c，绕 O_c 旋转的角速度为 ω_c。考虑到底盘整体为一个刚体，机器人在平面上移动的过程中底盘不发生弯曲或伸缩变形，所以基点 C 和 W_1、W_2 两点一样也做同轴圆周运动，这三个点绕 O_c 旋转的角速度相同，即 $\omega_1=\omega_2=\omega_c$。当绕 O_c 旋转的角速度相等时，因为各个点相对于地面的线速度等于角速度和半径的乘积，各个点相对于地面的线速度与各自的转弯半径成正比，因此，基点 C 相对于地面的线速度 v_c 与 v_1、v_2 成线性关系。考虑到 C 刚好是两动力轮中心连线的中点，所以 v_c 与 v_1、v_2 的关系由以下等式给出：

$$v_c=\frac{v_1+v_2}{2} \tag{5-1}$$

分析图 5-3，在做同轴圆周运动时，W_1 和 W_2 两点的转弯半径之差刚好等于左、右轮之间的基线长度，可以写成以下等式：

$$l=\frac{v_2}{\omega_2}-\frac{v_1}{\omega_1} \tag{5-2}$$

根据 $\omega_1=\omega_2=\omega_c$ 的关系，将式（5-3）中的 ω_1、ω_2 代换为 ω_c，还可以计算出机器人的瞬时角速度 ω_c，即机器人基点 C 绕 O_c 旋转的角速度为

$$\omega_c=\frac{v_2-v_1}{l} \tag{5-3}$$

联立式（5-3）和式（5-4），可以得到机器人基点的转弯半径为

$$r=\frac{v_c}{\omega_c}=\frac{l}{2}\frac{v_2+v}{v_2-v_1} \tag{5-4}$$

当 $v_1=v_2\neq 0$ 时，机器人做直线运动，整个机器人处于平移无旋转状态。考虑到刚体不发生弯曲或伸缩变形的物理性质，机器人相对于地面的线速度应保持相等。根据式（5-1）计算可得基点 C 相对于地面的线速度 v_c 与 v_1、v_2 均相等，满足我们的推理。根据式（5-3）计算可得基点 C 绕 O_c 旋转的角速度 ω_c 为 0，也符合机器人做直线运动的情况。

当 $v_1=-v_2\neq 0$ 时，机器人左、右轮同样做同轴圆周运动，根据式（5-4）可知，基点 C 的转弯半径 $r=0$，瞬时旋转中心 O_c 刚好与基点 C 重合。根据式（5-1）计算可得基点 C 相对于地面的线速度 $v_c=0$，根据式（5-3）可以计算得到基点 C 绕 O_c 旋转的角速度 ω_c，计算得到的结果符合原地旋转运动的分析结果。

结合上述三种情况的分类讨论结果可以发现，通过式（5-1）和式（5-3）计算得到的

基点 C 相对于地面的线速度 v_c 和绕 O_c 旋转的角速度 ω_c 适用于不同的运动状态。因此，只要知道了 v_1、v_2，不论双轮差速机器人处于什么运动状态，基点 C 相对于地面的线速度 v_c 和绕 O_c 旋转的角速度 ω_c 都可以通过式（5-1）和式（5-3）计算得到，大大方便了对双轮差速机器人的运动学建模。

目前为止，我们已经知道了在已知左、右轮相对于地面的线速度 v_1 和 v_2 的情况下，如何获得机器人基点 C 相对于地面的线速度 v_c 和绕 O_c 旋转的角速度 ω_c。为了建立双轮差速机器人的运动学模型，还需要将相对于地面的线速度 v_c 和绕 O_c 旋转的角速度 ω_c 分解到世界坐标系 XOY 的三个轴上。基于假设 2，相对于地面的线速度 v_c 可以被分解为三个分量，即

$$\begin{cases} v_{\mathrm{x}} = v_c\cos(\theta) \\ v_{\mathrm{y}} = v_c\sin(\theta) \\ v_{\mathrm{z}} = 0 \end{cases}$$

绕 O_c 旋转的角速度 ω_c 也可以被分解为三个分量，即

$$\begin{cases} \omega_{\mathrm{x}} = 0 \\ \omega_{\mathrm{y}} = 0 \\ \omega_{\mathrm{z}} = \omega_c \end{cases}$$

基于假设 1，v_{z}、ω_{x} 和 ω_{y} 都是恒定不变的常值，因此在双轮差速机器人的运动学模型中，可以忽略这三个状态变量。令 C 点在世界坐标系 XOY 下坐标为 (x,y)，姿态角即 v_c 与 X 轴夹角为 θ，机器人位姿信息可用向量 $\boldsymbol{p}=[x,y,\theta]^{\mathrm{T}}$ 表示。根据以上对机器人的运动分析，以三维位姿信息 $\boldsymbol{p}$ 为状态变量，可以得到一个双轮差速机器人的运动学模型。一般地，根据对控制输入信号的不同定义，可以导出不同形式的运动学模型。

在一些情景下，机器人基点 C 相对于地面的线速度 v_c 和绕 O_c 旋转的角速度 ω_c 能直接获得，并直接将其作为运动学模型的输入控制信号，那么双轮差速机器人的运动学模型为

$$\dot{\boldsymbol{p}} = \begin{pmatrix} \dot{x} \\ \dot{y} \\ \dot{\theta} \end{pmatrix} = \begin{pmatrix} v_c\cos(\theta) \\ v_c\sin(\theta) \\ \omega_c \end{pmatrix} = \begin{pmatrix} \cos(\theta) & 0 \\ \sin(\theta) & 0 \\ 0 & 1 \end{pmatrix} \begin{pmatrix} v_c \\ \omega_c \end{pmatrix}$$

还有一些情景下，机器人基点 C 相对于地面的线速度 v_c 和绕 O_c 旋转的角速度 ω_c 未知，但是相应的，左、右轮电机驱动控制的角速度 ϕ_{l} 和 ϕ_{r} 可以获得，动力轮半径 r_{l}、r_{r} 和左、右轮间距 l 也可以通过测量得到。这种情况下，令 $(\phi_{\mathrm{l}}\ \ \phi_{\mathrm{r}})^{\mathrm{T}}$ 为运动学模型的输入信号，那么双轮差速机器人的运动学模型为

$$\dot{\boldsymbol{p}}=\begin{pmatrix}\dot{x}\\ \dot{y}\\ \dot{\theta}\end{pmatrix}=\begin{pmatrix}\dfrac{1}{2}(r_{\mathrm{r}}\phi_{\mathrm{r}}+r_{\mathrm{l}}\phi_{\mathrm{l}})\cos(\theta)\\ \dfrac{1}{2}(r_{\mathrm{r}}\phi_{\mathrm{r}}+r_{\mathrm{l}}\phi_{\mathrm{l}})\sin(\theta)\\ \dfrac{1}{l}(r_{\mathrm{r}}\phi_{\mathrm{r}}-r_{\mathrm{l}}\phi_{\mathrm{l}})\end{pmatrix}=\begin{pmatrix}\dfrac{r_{\mathrm{r}}}{2}\cos(\theta) & \dfrac{r_{\mathrm{l}}}{2}\cos(\theta)\\ \dfrac{r_{\mathrm{r}}}{2}\sin(\theta) & \dfrac{r_{\mathrm{l}}}{2}\cos(\theta)\\ \dfrac{r_{\mathrm{r}}}{l} & -\dfrac{r_{\mathrm{l}}}{l}\end{pmatrix}\begin{pmatrix}\phi_{\mathrm{r}}\\ \phi_{\mathrm{l}}\end{pmatrix}$$

5.2 阿克曼转向机器人运动学模型

阿克曼结构是一种常用的机器人结构，广泛应用于车辆和面向多种领域的机器人。阿克曼转向机器人的运动原理与如今的汽车相似，整体为四轮式结构，由两后轮作为驱动轮提供动力，两前轮作为转向轮控制方向。同时，两前轮的转角通过阿克曼转向结构相互关联。随着汽车行业的发展，对阿克曼结构的分析日趋完善，如今阿克曼结构也广泛应用于大型机器人，因此有必要对阿克曼转向机器人做运动学模型的建模和分析。

阿克曼转向机器人通过前轮控制转向角度，通过后轮控制速度。同时，其运动需要服从阿克曼转向原理。阿克曼转向原理是指在一个四轮车的情况下，如果要让它能够稳定地转弯，即车轮与地面不发生滑动摩擦，那么四个车轮需要围绕同一个圆心做圆周运动，这意味着两前轮的旋转角度会有所差异，两后轮的前进速度会有所差异。例如，如图 5-4 所示为阿克曼模型转向示意图，当机器人需要向左转弯时，右侧前轮的旋转角度比左侧前轮的旋转角度更大，右侧后轮的前进速度比左侧后轮的前进速度也更大。总的来说，对于阿克曼转向机器人，通过控制前轮的转向角度，机器人可以实现左转、右转或直行的动作；通过控制后轮的速度，机器人可以实现前进、后退或停止的动作。这些控制信号可以通过机器人的控制系统来实现。

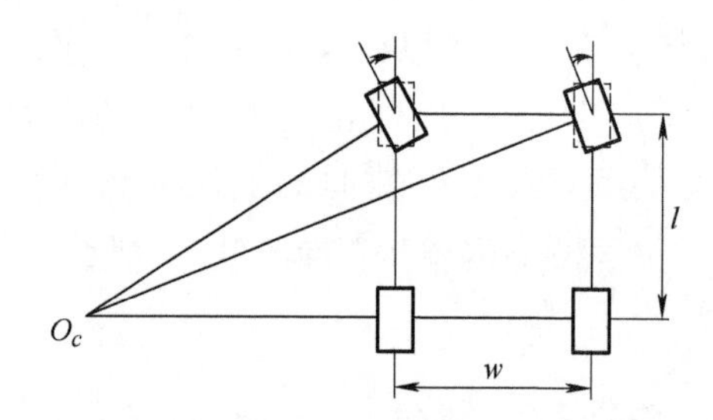

图 5-4 阿克曼模型转向示意图

由于阿克曼转向机器人转弯时，左、右前轮的转向角存在差异，且左、右后轮的轮速也存在差异，通过四个轮子的轮速和转角直接建立阿克曼结构的运动学模型比较复杂。因此，如图 5-5 所示，在分析阿克曼转向机器人的运动学模型时，通常会引入一个比阿克曼模型结构更简单的自行车模型，经过下文的数学分析，可以得到阿克曼模型与自行车模型等效的结论。因此，只需要分析更为简单的自行车模型的运动学模型，就可以等效获得阿克曼转向机器人的运动学模型。

对于一个阿克曼转向机器人，与之等效的自行车模型可以由以下方法得到：将阿克曼转向机器人的两个前轮合并成一个轮并放到前轮连线的中心点，合成的前轮作为自行车模型的前轮；阿克曼转向机器人的两个后轮合并成一个轮并放到后轮连线的中心点，合成的后轮作为自行车模型的后轮。自行车模型的前轮仅有转向功能，负责控制机器人的转向；自行车模型的后轮仅作为驱动轮，负责控制机器人的前进。自行车模型的控制信号分别为前轮的旋转角度和后轮的前进速度。如图 5-5 所示，实线线条绘制的四轮结构代表了阿克曼模型，虚线线条绘制的，位于四轮结构中线的两轮结构代表化简的自行车模型。

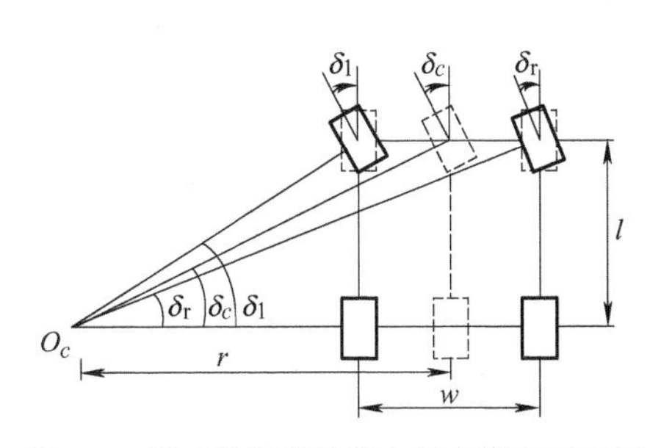

图 5-5　阿克曼模型化简自行车模型示意图

学习了如何化简模型的方法后，接下来分析为什么化简后的模型与原始模型在建立运动学模型时有等效的作用。与双轮差速机器人的运动学模型建模方法相同，在分析阿克曼转向机器人的运动学模型时，首先要选取一个基点，基于该基点分析位姿变化与控制信号之间的关系。通常，对于阿克曼转向机器人，选取两后轮连线中心在地面上的投影作为基点；对于自行车模型，选取后轮中心在地面上的投影作为基点。根据上文中模型简化的方法，阿克曼模型的基点和自行车模型的基点位置重合，方向也保持一致，因此两个运动学模型的状态变量始终相同。同时，在下面的分析中，将得到阿克曼模型的四轮的旋转角度和速度可以与自行车模型的控制信号互相解算的结论。综上，分析自行车模型的运动学模型等效于分析阿克曼转向机器人的运动学模型。

下面分析如何通过自行车模型的控制信号来解算阿克曼转向机器人四轮的转角和轮速，其推导基于以下两个假设：

1）假设阿克曼转向机器人始终在同一个二维平面上运动。

2）机器人左、右轮与地面之间的接触约束使其只能在接触面的切线方向上滚动，而不能横向或纵向移动，这是一个典型的非完整性约束。

如图 5-5 所示，根据阿克曼转向原理，定义点 O_c 为所有车轮的瞬时旋转中心。令左、右车轮间距为 w，前后车轮间距为 l，两后轮连线中心到圆心的距离为 r，左前轮和右前轮转角分别为 δ_l、δ_r，左、右后轮相对于地面的前进速度分别为 v_l、v_r。令自行车前轮的转角为 δ_c，自行车后轮相对于地面的前进速度为 v_c，绕瞬时旋转中心 O 的旋转角速度为 ω_c。由相似三角形的几何关系可知，自行车模型的前轮转角 δ_c 与自行车模型前、后轮的转弯半径所形成的夹角角度相等，于是，δ_c 的正切函数可以由与自行车模型转弯半径相关的参数 l、r 来表示，即

$$\tan(\delta_c) = \frac{l}{r} \tag{5-5}$$

自行车模型的后轮绕瞬时旋转中心 O 的旋转角速度 ω_c 等于其相对于地面的前进速度与后轮转弯半径的比值，同时代入式（5-5），得

$$\omega_c = \frac{v_c}{r} = \frac{v_c \tan(\delta_c)}{l} \tag{5-6}$$

接下来分析阿克曼模型的运动状态。阿克曼转向机器人四轮的旋转角度和前进速度可以通过几何关系解算。根据式（5-5），可以利用自行车模型的前轮转角 δ_c 计算 r：

$$r = \frac{l}{\tan(\delta_c)} \tag{5-7}$$

由相似三角形的几何关系可知，阿克曼模型的左前轮转角 δ_l 与阿克曼模型的前、后左轮的转弯半径所形成的夹角角度相等，δ_l 的正切函数可以表示为

$$\tan(\delta_l) = \frac{l}{r + \frac{w}{2}} \tag{5-8}$$

阿克曼模型的右前轮转角 δ_r 与阿克曼模型的前、后右轮的转弯半径所形成的夹角角度相等，δ_r 的正切函数可以表示为

$$\tan(\delta_r) = \frac{l}{r - \frac{w}{2}} \tag{5-9}$$

将式（5-7）代入式（5-8）和式（5-9），可以分别得到阿克曼模型中两个前轮各自的旋转角度与自行车模型中前轮的旋转角度的关系为

$$\begin{cases} \tan(\delta_l) = \dfrac{l}{\dfrac{l}{\tan(\delta_c)} + \dfrac{w}{2}} = \dfrac{2l\tan(\delta_c)}{2l + w\tan(\delta_c)} \\ \tan(\delta_r) = \dfrac{l}{\dfrac{l}{\tan(\delta_c)} - \dfrac{w}{2}} = \dfrac{2l\tan(\delta_c)}{2l - w\tan(\delta_c)} \end{cases}$$

对于阿克曼模型两后轮相对于地面的前进速度 v_l、v_r，由图 5-5 分析，阿克曼模型两后轮与自行车模型后轮绕同一圆心 O 做圆周运动，且三个车轮的转弯半径位于同一条直线上，所以三个轮子做同轴圆周运动。回忆同轴圆周运动的性质可知，阿克曼模型两后轮与自行车模型后轮绕圆心 O 的角速度相等，同为 ω_c。由图 5-5 知，左后轮的半径为 $r - \frac{w}{2}$，右后轮的半径为 $r + \frac{w}{2}$，相对于地面的前进速度等于角速度和半径的乘积，因此，v_l、v_r 可以通过以下等式计算得到：

$$\begin{cases} v_{\mathrm{l}} = \left(r - \dfrac{w}{2}\right)\omega_c \\ v_{\mathrm{r}} = \left(r + \dfrac{w}{2}\right)\omega_c \end{cases} \tag{5-10}$$

将式（5-6）和式（5-7）代入式（5-10），就可以分别得到阿克曼模型中两个后轮各自的前进速度与自行车模型中的控制信号之间的关系为

$$\begin{cases} v_{\mathrm{l}} = v_c - \dfrac{w}{2}\dfrac{v_c \tan(\delta_c)}{l} \\ v_{\mathrm{r}} = v_c + \dfrac{w}{2}\dfrac{v_c \tan(\delta_c)}{l} \end{cases}$$

基于以上数学推导，阿克曼模型的四轮的控制信号可以由自行车模型的控制信号解算得到。分析两者的运动学模型时，如果选取两后轮连线中心在地面上的投影作为阿克曼模型的基点，选取后轮中心在地面上的投影作为自行车模型的基点，那么就能得到两种模型等效的结论。因此，通过分析以自行车模型的后轮中心在地面上的投影作为基点，来分析其运动学模型即可。

如图 5-6 所示，我们在世界坐标系 XOY 下分析自行车模型的运动学方程。为了建立自行车模型的运动学模型，需要将相对于地面的线速度 v_c 和绕 O_c 旋转的角速度 ω_c 分解到世界坐标系 XOY 的三个轴上。基于假设 2，相对于地面的线速度 v_c 可以被分解为三个分量，即

$$\begin{cases} v_{\mathrm{x}} = v_c \cos(\theta) \\ v_{\mathrm{y}} = v_c \sin(\theta) \\ v_{\mathrm{z}} = 0 \end{cases}$$

绕 O_c 旋转的角速度 ω_c 也可以被分解为三个分量，即

$$\begin{cases} \omega_{\mathrm{x}} = 0 \\ \omega_{\mathrm{y}} = 0 \\ \omega_{\mathrm{z}} = \omega_c \end{cases}$$

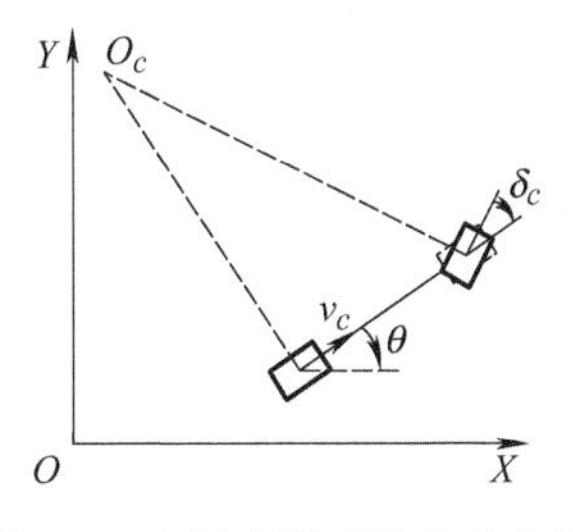

图 5-6　自行车模型的运动分析

基于假设 1，v_{z}、ω_{x} 和 ω_{y} 都是恒定不变的常值，因此可以忽略这三个状态变量。令后

轮中心在地面上的投影为基点 C，C 点在世界坐标系 XOY 下的坐标为 (x,y)，姿态角即 v_c 与 X 轴夹角为 θ，机器人位姿信息可用矢量 $\boldsymbol{p}=[x,y,\theta]^{\mathrm{T}}$ 表示。令后轮线速度 v_c 和前轮转角 δ_c 为运动学模型的输入控制信号，那么以 C 为基点，自行车模型的运动学模型为

$$\dot{\boldsymbol{p}}=\begin{pmatrix}\dot{x}\\ \dot{y}\\ \dot{\theta}\end{pmatrix}=\begin{pmatrix}v_{\mathrm{x}}\\ v_{\mathrm{y}}\\ \omega_{\mathrm{z}}\end{pmatrix}=\begin{pmatrix}v_c\cos(\theta)\\ v_c\sin(\theta)\\ v_c\tan(\delta)/l\end{pmatrix}$$

5.3 双轮差速机器人运动学模型辨识（里程计标定）

对于在二维平面中运动的双轮差速机器人，车轮驱动电机的编码器可以实现对车轮角速度的测量，利用编码器对车轮角速度的测量来估计车体的位姿信息（即位置和方向）的方法称为里程计。假设已知双轮差速机器人的参数，即左、右轮半径 r_{l}、r_{r} 和左、右轮间距 l，通过编码器测量得到的车轮角速度进行时间积分，即可估计机器人当前的位置和方向。但是，里程计对位姿的估计也会受到误差的影响。里程计主要受以下三个误差源的影响：

1）系统误差，将车轮位移转换为车辆位移的运动方程中的参数不确定性造成的建模误差，即左、右轮半径 r_{l}、r_{r} 和左、右轮间距 l 的测量误差导致的运动学模型的误差。

2）非系统误差，如车轮打滑或地面不平造成的误差。

3）数值漂移，即离散化运动学模型带来的误差。

在这三个误差源中，非系统误差不可避免，数值漂移的问题可以通过从硬件上适当缩短采样周期来提高离散时间积分的精度。对于系统误差，可以通过减少运动参数不确定性的方法，尽可能地减少系统误差，提高机器人对当前的位置和方向的估计精度。从这个思路出发，对于双轮差速机器人，需要对其运动学模型进行辨识，即对里程计的标定，以减少系统误差。

为了尽可能准确地估计双轮差速机器人的系统参数，可以整合式（5-1）和式（5-3），得到机器人基点 C 相对于地面的线速度 v_c 和绕瞬时旋转中心的角速度 ω_c 与左、右电机驱动对应的角速度 ϕ_{l}、ϕ_{r} 的关系为

$$\begin{pmatrix}v_c\\ \omega_c\end{pmatrix}=\boldsymbol{C}\begin{pmatrix}\phi_{\mathrm{r}}\\ \phi_{\mathrm{l}}\end{pmatrix} \tag{5-11}$$

其中，矩阵 $\boldsymbol{C}\in R^{2\times2}$，

$$C=\begin{pmatrix}\dfrac{r_{\mathrm{r}}}{2} & \dfrac{r_{\mathrm{l}}}{2}\\ \dfrac{r_{\mathrm{r}}}{l} & -\dfrac{r_{\mathrm{l}}}{l}\end{pmatrix}=\begin{pmatrix}c_{1,1} & c_{1,2}\\ c_{2,1} & c_{2,2}\end{pmatrix}$$

在使用计算机进行仿真和设计对应的控制系统时，因为传感器采集到的信息和控制器

发出的信息在时域上不可能是连续的，只能以特定的频率接收和发出信息，因此不可避免地需要对该动力学模型进行离散化。用 t_k 表示第 k 次采样时间，$X(t)$ 表示变量 X 在 t 时刻的值。为了在计算机中实现对上述机器人运动学模型的建模，假设第 t_k 时刻与 t_{k+1} 时刻之间的控制信号保持不变，即

$$\begin{cases}\dot{\phi_{\rm r}}(\tau)=\phi_{\rm r}(t_k)\\ \phi_{\rm l}(\tau)=\phi_{\rm l}(t_k) \qquad \forall\tau\in[t_k,t_{k+1})\end{cases}$$

回忆以机器人基点 C 相对于地面的线速度 v_c 和绕 O_c 旋转的角速度 ω_c 为控制信号的运动学模型，这是一个非线性常微分方程，所以对于这个运动学模型，我们考虑采用二阶龙格 - 库塔（Runge-Kutta）近似求数值解的方法，获得其离散状态下的状态空间模型。龙格 - 库塔法是一种用于数值求解常微分方程的数值积分方法，其核心思想是对导数信息的多次采样，通过多次评估导数（即方程右侧的函数）来估计下一步的值，从而提高计算精度。下面将简单介绍二阶龙格 - 库塔的推导过程。

设一阶微分方程及初值为

$$\begin{cases}y'=\dfrac{{\rm d}y}{{\rm d}x}=f(x,y)\\ y(x_0)=y_0\end{cases}$$

我们的目标是找到下一步 $x_{n+1}=x_n+h$ 时的数值解 y_{n+1}。对于这个问题，欧拉方法的公式为

$$y_{n+1}=y_n+hf(x_n,y_n)$$

这个方法利用初始斜率 $f(x_n,y_n)$ 来计算下一个点的近似值。但是它的精度有限，因为只使用了一个导数信息。为了提高精度，二阶龙格 - 库塔法试图找到一个更好的估计。设 $k_1=f(x_n,y_n)$ 是初始点的斜率，用这个斜率计算一个临时值，称之为“预测”点：

$$y_{\rm predict}=y_n+hak_1$$

在二阶龙格 - 库塔法中，这里的 a 取 $\dfrac{1}{2}$，对应的是在步长的一半处进行预测。利用这个预测点，可计算改进的斜率为

$$k_2=f(x_n+ah,y_{\rm predict})$$

结合这两个斜率，可得到改进的斜率为

$$k_{\rm final}=b_1k_1+b_2k_2$$

式中，b_1 和 b_2 是适当的系数，在二阶龙格 - 库塔法中取 $b_1=0,\ b_2=1$，表示直接使用中间点的斜率。根据改进的斜率，计算下一个点的值为

$$y_{n+1}=y_n+hf\left(x_n+h,y_n+\frac{h}{2}f(x_n,y_n)\right)$$

这表示利用初始点和中间点的斜率，可预测下一点的值。这种方法在保持计算效率的同时，提高了解的准确性。

接下来，我们将根据二阶龙格－库塔法，获得双轮差速机器人在离散时间下的运动学模型。为简化表达，令机器人基点 C 在 $t=k$ 时刻的相对于地面的线速度为 v_k，绕圆心旋转的角速度为 ω_k，姿态角为 θ_k，则在 $t=k+1$ 时刻，根据二阶龙格－库塔法，机器人当前的位置和方向为

$$\begin{cases} x_{k+1}=x_k+\Delta t v_k\cos\left(\theta_k+\dfrac{T\omega_k}{2}\right) \\ y_{k+1}=y_k+\Delta t v_k\sin\left(\theta_k+\dfrac{T\omega_k}{2}\right) \\ \theta_{k+1}=\theta_k+\Delta t\omega_k \end{cases} \tag{5-12}$$

式中，下标 k 表示第 k 次采样时间；Δt 为采样周期。

基于离散的运动学模型式（5-12），可以计算得到第 i次 到第 j 次 $(i<j)$ 的采样时间内，机器人位姿变化的估计值与 $\{(v_k,w_k),k\in[i,j)\}$ 之间的关系，并且根据式（5-11），可以通过第 k 次采样时间的角速度 ϕ_l、ϕ_r 来估计 v_k、ω_k。矩阵 $\boldsymbol{C}$ 可以通过对参数 r_r、r_l 和 l 的测量值 r_r、r_l 和 $\hat{l}$ 估计来计算。由于矩阵 $\boldsymbol{C}$ 中的参数测量值与真实值之间存在误差，也会带来系统辨识的问题。因此，需要通过最小化里程计的位姿估计与实际位姿的误差，来减少矩阵 $\boldsymbol{C}$ 的实际参数和估计参数之间的误差，从而减小系统误差，提高运动学模型的准确度。

基于式（5-11），可以获得关于矩阵 $\boldsymbol{C}$ 中四个元素的线性关系。基于式（5-12），第一次离散积分的结果为

$$\theta_1=\theta_0+\Delta t\, c_{2,1}\phi_{r,0}+\Delta t\, c_{2,2}\phi_{l,0} \tag{5-13}$$

将式（5-13）迭代到第 N 次采样时刻，可以得到

$$\theta_N-\theta_0=\Delta t\, c_{2,1}\sum_{i=0}^{N-1}\phi_{r,i}+\Delta t\, c_{2,2}\sum_{i=0}^{N-1}\phi_{l,i} \tag{5-14}$$

定义 $\boldsymbol{\varPhi_\theta}\in R^{1\times 2}$ 为

$$\boldsymbol{\varPhi_\theta}=\Delta t\begin{pmatrix}\sum_{i=0}^{N-1}\phi_{r,i} & \sum_{i=0}^{N-1}\phi_{l,i}\end{pmatrix}$$

把 $\boldsymbol{\varPhi_\theta}$ 代入式（5-14）可以得到关于矩阵 $\boldsymbol{C}$ 中元素 $c_{2,1}$、$c_{2,2}$ 与角度 θ 的线性关系为

$$\theta_N-\theta_0=\boldsymbol{\varPhi_\theta}\begin{pmatrix}c_{2,1}\\ c_{2,2}\end{pmatrix}$$

式中，最初的和最终的角度 θ_N、θ_0 需要通过其他传感器和相应的算法获得，如相机或激

光雷达。对于一个线性方程，我们可以通过线性回归求解。与其他的线性回归算法相同，对于该线性方程，充分的数据能够获得更准确、更鲁棒的参数估计。因此，通过收集 P 条合适的路径信息，以堆叠的形式建立线性方程，可以得到

$$\begin{pmatrix} \theta_{N,1}-\theta_{0,1} \\ \vdots \\ \theta_{N,P}-\theta_{0,P} \end{pmatrix} = \begin{pmatrix} \theta_{N,1}-\theta_{0,1} \\ \vdots \\ \theta_{N,P}-\theta_{0,P} \end{pmatrix} \begin{pmatrix} c_{2,1} \\ c_{2,2} \end{pmatrix} = \bar{\boldsymbol{\Phi}}_{\boldsymbol{\theta}} \begin{pmatrix} c_{2,1} \\ c_{2,2} \end{pmatrix}$$

然后，利用线性回归算法，通过估计矩阵 $\boldsymbol{C}$ 中元素 $c_{2,1}$、$c_{2,2}$，可最小化基于角度数据重构的误差：

$$\begin{pmatrix} \hat{c}_{2,1} \\ \hat{c}_{2,2} \end{pmatrix} = (\bar{\boldsymbol{\Phi}}_{\theta}^{\mathrm{T}} \bar{\boldsymbol{\Phi}}_{\theta})^{-1} \bar{\boldsymbol{\Phi}}_{\theta}^{\mathrm{T}} \begin{pmatrix} \theta_{N,1}-\theta_{0,1} \\ \vdots \\ \theta_{N,P}-\theta_{0,P} \end{pmatrix} \tag{5-15}$$

至此，我们完成了对矩阵 C 中元素 $c_{2,1}$、$c_{2,2}$ 的估计。类似地，对于某条路径上位置的连续观测，也能得到以下的线性等式：

$$\begin{pmatrix} x_N - x_0 \\ y_N - y_0 \end{pmatrix} = \boldsymbol{\Phi}_{xy} \begin{pmatrix} c_{1,1} \\ c_{1,2} \end{pmatrix}$$

式中，$x_N - x_0$、$y_N - y_0$ 是利用其他传感器对最初和最终位置的测量；$\boldsymbol{\Phi}_{xy}$ 为

$$\boldsymbol{\Phi}_{xy} = \Delta t \begin{pmatrix} \sum_{i=0}^{N-1} \phi_{\mathrm{r},i} \cos\left(\theta_i + \dfrac{\Delta t\,\omega_i}{2}\right) & \sum_{i=0}^{N-1} \phi_{\mathrm{l},i} \cos\left(\theta_i + \dfrac{\Delta t\,\omega_i}{2}\right) \\ \sum_{i=0}^{N-1} \phi_{\mathrm{r},i} \sin\left(\theta_i + \dfrac{\Delta t\,\omega_i}{2}\right) & \sum_{i=0}^{N-1} \phi_{\mathrm{l},i} \sin\left(\theta_i + \dfrac{\Delta t\,\omega_i}{2}\right) \end{pmatrix}$$

然后，利用线性回归算法，通过估计矩阵 $\boldsymbol{C}$ 中元素 $c_{1,1}$、$c_{1,2}$，可最小化基于位置数据重构的误差：

$$\begin{pmatrix} \hat{c}_{1,1} \\ \hat{c}_{1,2} \end{pmatrix} = (\bar{\boldsymbol{\Phi}}_{xy}^{\mathrm{T}} \bar{\boldsymbol{\Phi}}_{xy})^{-1} \bar{\boldsymbol{\Phi}}_{xy}^{\mathrm{T}} \begin{pmatrix} x_{N,1}-x_{0,1} \\ y_{N,1}-y_{0,1} \\ \vdots \\ x_{N,P}-x_{0,P} \\ y_{N,P}-y_{0,P} \end{pmatrix} \tag{5-16}$$

至此，我们也完成了对矩阵 $\boldsymbol{C}$ 中元素 $c_{2,1}$、$c_{2,2}$ 的估计。有了对矩阵 $\boldsymbol{C}$ 的估计，就完成了对双轮差速机器人的标定及其运动学模型的辨识。

这个标定方法需要注意以下三点：

1）对始末位姿的测量要尽可能准确，越准确的测量可以带来越准确的辨识效果。

2）标定的目的是为了减少系统误差对运动学模型带来的影响，因此在选择合适的 P 条路径时，要尽可能选择非系统误差小和数值漂移小的路径。

3）利用这种方法估计的矩阵 $\boldsymbol{C}$ 可能不满足 $\frac{c_{1,1}}{c_{1,2}}=-\frac{c_{2,1}}{c_{2,2}}$ 的物理约束。在利用式（5-15）计算得到 $c_{2,1}$、$c_{2,2}$ 的估计值以后，这个物理约束可以被代入到关于矩阵 $\boldsymbol{C}$ 中元素 $c_{1,1}$、$c_{1,2}$ 的线性方程中，减少未知参数至一个。然而，更少未知参数的模型也会有更大的重构误差，实际标定过程中需要根据实际情况选择合适的方法。

下面利用 python 语言，给出一个双轮差速机器人系统辨识的简单仿真代码。

```
import numpy as np

# 定义系统参数的真值和测量值
true_params = {'rl': 0.1, 'rr': 0.1, 'l': 0.2}
measured_params = {'rl': 0.098, 'rr': 0.098, 'l': 0.19}

# 获取 C 矩阵的值
def get_C_matrix(params):
    rl, rr, l = params['rl'], params['rr'], params['l']
    return np.array([[rr/2, rl/2], [rr/l, -rl/l]])

# 离散时间采样时间
dt = 0.1

# 运动学模型
# state: 当前时刻的状态变量
# control: 左右轮驱动电机的旋转角速度作为控制信号
# C: 包含系统参数的矩阵 C
def kinematic_model(state, control, C):
    # 分别读取当前时刻的状态变量
    x, y, theta = state
    # 将左右轮驱动电机的旋转角速度转化为基点 C 相对于地面的线速度和绕圆心旋转的角速度
    v, w = C @ control
    # 根据离散的运动学模型计算下一时刻的状态变量
    theta_half = theta + w * dt / 2
    x_next = x + v * np.cos(theta_half) * dt
    y_next = y + v * np.sin(theta_half) * dt
    theta_next = theta + w * dt
    # 返回下一时刻的状态变量
    return np.array([x_next, y_next, theta_next]).reshape(3, 1)

# 生成控制信号序列
def generate_control_sequence(n, noise_std=0.01):
    # 生成 n 个连续的左右轮驱动电机的控制信号，生成的左右轮电机驱动的旋转角速度在 [0, 1]
      范围内
```

```
        control_design = np.random.uniform（0，1，[2， n]）
        # 实际场景中控制信号可能带有噪声，所以给生成的控制信号加入标准差为 0.01 的噪声
        control_with_nosie = control_design + np.random.randn（2， n）* noise_std
        # 返回生成的控制信号序列和加入噪声的控制信号序列
        return control_design， control_with_nosie

# 系统辨识
def system_identification（P=5， num_steps=700）：
        # 获得 C 矩阵的真实值
        C_real = get_C_matrix（true_params）
        # 记录所有时刻生成的控制信号
        all_controls = []
        # 记录计算 PHI_{xy} 时需要的变量
        all_PHI_xy_controls = []
        # 记录所有时刻的状态变量，在本次仿真中，假设所有时刻的状态变量都能通过外部传感器
          测量得到
        all_states = []
        # 初始零状态
        state = np.zeros（3）.reshape（[3， 1]）
        # 生成一段控制序列
        control_design， control_with_noise = generate_control_sequence（num_steps）
        # 根据控制序列生成相应的状态变量序列，并记录
        for i in range（num_steps）：
                # 保存数据
                all_states.append（state）
                # 保存数据
                all_controls.append（control_design[：，i：i+1]）
                # 获得实际控制信号
                control = control_with_noise[：，i：i+1]
                # 获得 C 矩阵的测量值
                C_esti = get_C_matrix（measured_params）
                # 获得当前时刻角速度的观测值
                v_w_esti = C_esti @ control_design[：，i：i+1]
                w_esti = v_w_esti[1，0]
                # 获得计算 PHI_{xy} 时需要的变量
                PHI_xy = np.array（[[control_design[0，i]*np.cos（state[2，0]+dt*w_esti/2），control_
                design[1，i]*np.cos（state[2，0]+dt*w_esti/2）]，
                                    [control_design[0，i]*np.sin（state[2，0]+dt*w_esti/2），control_
                                    design[0，i]*np.sin（state[2，0]+dt*w_esti/2）]]）
                # 保存数据
                all_PHI_xy_controls.append（PHI_xy）
                # 利用当前状态、实际控制信号和实际系统参数，计算下一时刻的状态
                next_state = kinematic_model（state， control， C_real）
                # 迭代状态
                state = next_state
```

```
# 转化数据格式
all_controls = np.array（all_controls）
all_states = np.array（all_states）
all_PHI_xy_controls = np.array（all_PHI_xy_controls）
# 记录是否是第一次堆叠
hack_initial =False
# 用于系统辨识的堆叠数据
PHI_theta_hack = np.array（0）
theta_hack = np.array（0）
PHI_xy_hack = np.array（0）
position_hack = np.array（0）
# 选择 P 条用于系统辨识的路径，假设每条路径长都对应 100 个采样时刻
for i in range（P）:
    # 起始时刻
    start_time = i * （num_steps // P）
    # 结束时刻
    end_time = start_time + 100
    # 起始状态
    start_state = all_states[start_time]
    start_theta = start_state[2].reshape（[1, 1]）
    start_position = start_state[0: 2].reshape（[2, 1]）
    # 结束状态
    end_state = all_states[end_time]
    end_theta = end_state[2].reshape（[1, 1]）
    end_position = end_state[0: 2].reshape（[2, 1]）
    # 计算当前路径对应的 PHI_theta
    PHI_theta = dt * （all_controls[start_time: end_time, : ].sum（0）.reshape（[1, 2]））
    theta_diff = np.array（end_theta - start_theta）.reshape（[1, 1]）
    # 计算当前路径对应的 PHI_xy
    PHI_xy = dt * （all_PHI_xy_controls[start_time: end_time, : ].sum（0））
    position_diff = np.array（end_position - start_position）.reshape（[2, 1]）
    # 堆叠数据
    if not hack_initial:
        PHI_theta_hack = PHI_theta
        theta_hack = theta_diff
        PHI_xy_hack = PHI_xy
        position_hack = position_diff
        hack_initial = True
    else:
        PHI_theta_hack = np.vstack（[PHI_theta_hack, PHI_theta]）
        theta_hack = np.vstack（[theta_hack, theta_diff]）
        PHI_xy_hack = np.vstack（[PHI_xy_hack, PHI_xy]）
        position_hack = np.vstack（[position_hack, position_diff]）

# 利用式（5-15），线性回归求解参数
```

```
    params_1 = np.linalg.pinv(PHI_theta_hack.T @ PHI_theta_hack) @ (PHI_theta_hack.T @ theta_hack)
    # 利用式（5-16），线性回归求解参数
    params_2 = np.linalg.pinv(PHI_xy_hack.T @ PHI_xy_hack) @ (PHI_xy_hack.T @ position_hack)

    # 计算辨识后的系统参数
    rr = params_2[0, 0] * 2
    rl = params_2[1, 0] * 2
    l = -rr / params_1[1, 0]
    return rl, rr, l

# 运行系统辨识
params_estimated = system_identification()
print("估计参数：", params_estimated)
```

本章小结

本章详细讨论了移动机器人在运动学方面的不同模型及其辨识方法，为理解机器人的移动模型、设计机器人的机械结构提供了理论基础。

首先，本章介绍了双轮差速机器人运动学模型，这是移动机器人运动学的基础模型之一。5.1 节详细分析了双轮差速模型，使读者能够理解如何通过两个动力轮的速度差来实现机器人的转向和运动控制，从而掌握移动机器人的基本运动原理。

接下来，5.2 节讨论了阿克曼转向机器人运动学模型。阿克曼模型常用于汽车、自行车等移动设备，通过对前轮转向角度和后轮驱动的分析，详细解释了这种模型在实际应用中的运动控制方法。此部分内容帮助读者理解如何通过调整前轮转角来控制机器人路径，实现精确的转向和运动。

5.3 节介绍了双轮差速机器人运动学模型辨识方法，包括里程计标定。模型辨识是确保运动模型与实际机器人运动一致的关键步骤。通过详细讲解里程计标定方法，读者能够学习如何通过实验和数据分析，校准和优化机器人运动学模型，提高其在实际应用中的精度和可靠性。

总的来说，本章通过对双轮差速模型、阿克曼模型及其辨识方法的系统介绍，为读者提供了一个全面的视角，帮助理解移动机器人在不同运动学模型下的工作原理及其应用。

第 6 章　移动机器人感知

6.1　常用传感器简介

6.1.1　超声波传感器

不同声波的频率范围如图 6-1 所示。超声波音频超过了人类耳朵所能听到的范围，一般而言，声音的振动频率超过 20kHz 时，称之为超声波。与光波不同，超声波是一种弹性机械波，它可以在气体、液体、固体中传播。超声波在媒质中传播的速度和媒质的特性有关。理论上，在 13℃的海水里声波的速度为 1500m/s；在盐度水平为 35‰、深度为 0m、温度为 0℃的环境下，声波的速度为 1449.33m/s；在 25℃空气中，声波的速度理论值为 344m/s，这个速度在 0℃时降为 334m/s。声波传输距离首先和大气的吸收性有关，其次与温度、湿度、大气压也有关系，这些因素对大气中声波衰减的影响效果比较明显。温度是和其他常数一样决定声速的第二因素。声速和温度的关系可以用：$C=(331.45+0.61T)(\mathrm{m/s})$ 来表示。在使用时，如果温度变化不大，则可认为声速是基本不变的。如果测距精度要求很高，则应通过温度补偿的方法加以校正。声速确定后，只要测得超声波往返的时间，即可求得距离，这就是超声波测距系统的机理。

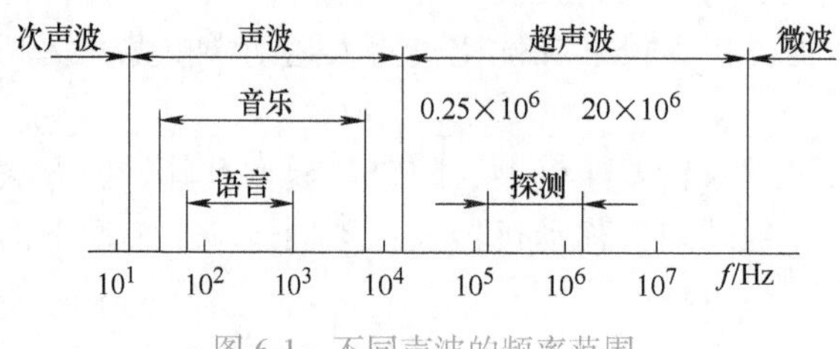

图 6-1　不同声波的频率范围

超声波探头主要由压电晶片组成，既可以发射超声波，也可以接收超声波。小功率超声波探头多用作探测使用。它有许多不同的结构，可分为直探头（纵波）、斜探头（横波）、表面波探头（表面波）、兰姆波探头（兰姆波）、双探头（一个探头反射、一个探头接收）等。

超声波传感器是利用超声波的特性研制而成的传感器。超声波是一种振动频率高于 20kHz 的机械波，可以由压电晶片在电压的激励下发生振动而产生，它具有频率高、波长短、绕射现象小，特别是方向性好、能够成为射线而定向传播等特点。超声波对液体、固体的穿透本领很大，尤其是在阳光不透明的固体中，它可穿透几十米的深度。超声波碰到杂质或分界面会产生显著反射而形成回波，碰到活动物体能产生多普勒效应。因此超声波检测广泛应用在工业、国防、生物医学等方面。以超声波作为检测手段，必须产生超声波和接收超声波，完成这种功能的装置就是上文提到的超声波探头，习惯上称为超声换能器，或者超声探头。

构成超声探头中压电晶片的材料可以有许多种、晶片的大小，如直径和厚度也各不相同，因此每个探头的性能是不同的，使用前必须预先了解它的性能。超声波传感器的主要性能指标包括：

1）工作频率。工作频率就是压电晶片的共振频率。当加到晶片两端的交流电压频率和晶片的共振频率相等时，输出的能量最大，灵敏度也最高。

2）工作温度。由于压电材料的居里点一般比较高，特别是诊断用的超声探头使用功率较小，所以工作温度比较低，可以长时间地工作而不失效。

3）灵敏度。灵敏度主要取决于制造晶片本身。机电耦合系数越大，灵敏度越高；反之，灵敏度越低。

当电压作用于压电陶瓷时，就会随电压和频率的变化而产生机械变形；而当振动压电陶瓷时，则会产生一个电荷。利用这一原理，当给由两片压电陶瓷或一片压电陶瓷和一个金属片构成振动器（也称为双压电晶片元件）施加一个电信号时，双压电晶片元件就会因弯曲振动而发射出超声波。相反，当向双压电晶片元件施加超声振动时，就会产生一个电信号。基于以上原理，便可以将压电陶瓷用作超声波传感器。

在实际使用中，例如，一个复合式振动器被灵活地固定在超声波传感器的底座上。该复合式振动器是谐振器和双压电晶片元件振动器组成的一个结合体。其中谐振器呈喇叭形，目的是能有效地辐射由于振动而产生的超声波，并且可以有效地使超声波聚集在振动器的中央部位。

室外用途的超声波传感器必须具有良好的密封性，以防止露水、雨水和灰尘的侵入。压电陶瓷被固定在金属盒体的顶部内侧，底座固定在盒体的开口端，并且使用树脂进行覆盖。对应用于工业机器人的超声波传感器而言，其精确度要求达到 1mm，并且具有较强的超声波辐射能力。

6.1.2　激光雷达

雷达是一类测距传感器的统称，按照发射和接收的电磁波波长划分，可以将其分为毫米波雷达和激光雷达等，前者处于无线电波波段中，后者处于可见光与红外波段。尽管存在工作波长差别带来的雷达特性差别，但所有雷达的测距过程和原理大体相同，以下以激光雷达（Light Detection And Ranging，LiDAR，激光检测与测距部件）为例进行说明。

1. 激光雷达测距过程

激光雷达的元件可以大致分为二极管制成的半导体激光器、信号处理器、感光阵列和镜片组。其测距过程是先由半导体激光器发射电磁脉冲，经目标反射后向各方向散射，部分散射光返回到传感器接收器，被接收系统接收后成像到雪崩光电二极管组成的感光阵列上。雪崩光电二极管（Avalanche Photon Diode）是一种内部具有放大功能的光学传感器，因此能检测极其微弱的光信号。使用信号处理器记录并处理从光脉冲发出到返回被接收所经历的时间，即可测定目标距离，这个过程如图 6-2 所示。

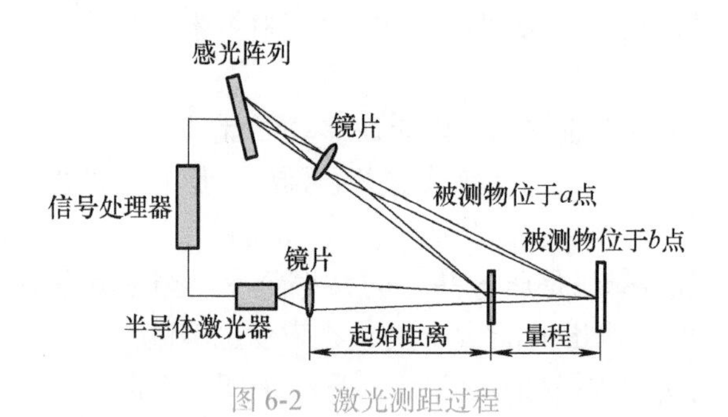

图 6-2　激光测距过程

2. 激光雷达测距方法

（1）三角测距法

激光三角测距法主要是通过一束激光以一定的入射角度照射被测目标，激光在目标表面发生反射和散射，在另一角度利用透镜对反射激光汇聚成像，光斑成像在 CCD（Charge-coupled Device，感光耦合组件）或 CMOS（Compound Metal Oxide Semiconductor，复合金属氧化物半导体）传感器上。当被测物体沿激光方向发生移动时，位置传感器上的光斑也将产生移动，其位移大小对应被测物体的移动距离，因此可通过算法设计，由光斑位移距离计算出被测物体与基线的距离值。由于入射光和反射光构成一个三角形，对光斑位移的计算运用了几何三角定理，故该测量法被称为激光三角测距法。

按入射光束与被测物体表面法线的角度关系，激光三角测距法可分为斜射式和直射式两种。

1）直射式激光三角测距法。如图 6-3 所示，当激光光束垂直入射被测物体表面，即入射光线与被测物体表面法线共线时，为直射式激光三角测距法。

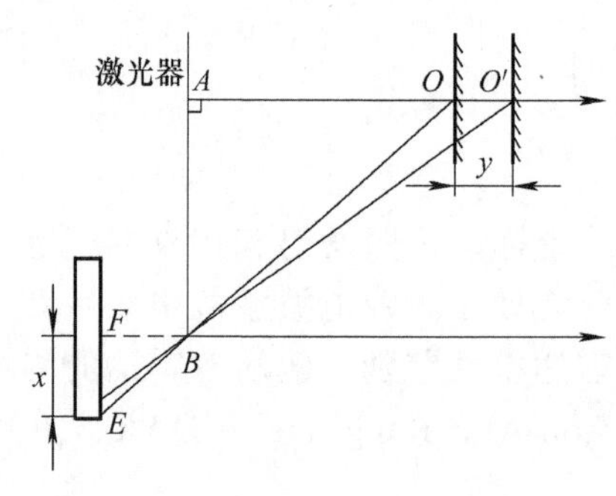

图 6-3　直射式激光三角测距法光路图

2）斜射式激光三角测距法。当光路系统中，激光入射光束与被测物体表面法线夹角小于 90° 时，该入射方式即为斜射式。其光路图如图 6-4 所示。

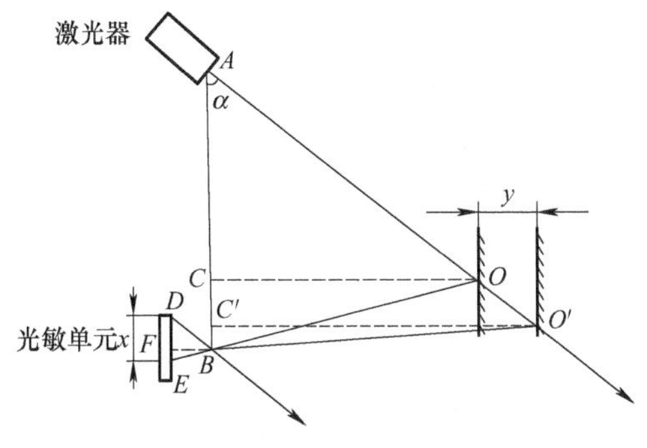

图 6-4　斜射式激光三角测距法光路图

由激光器发射的激光与物体表面法线成一定角度入射到被测物体表面，反（散）射光经 B 处的透镜汇聚成像，最后被光敏单元采集。

无论是直射式还是斜射式激光三角测距法，均可实现对被测物体的高精度、非接触测量，但直射式分辨率没有斜射式高。

（2）TOF 飞行时间测距法

TOF 激光雷达基于测量光的飞行时间来获取目标物的距离，其工作原理如图 6-5 所示，主要表现为，通过激光器发出一束调制激光信号，该调制激光经被测物体反射后由激光探测器接收，通过测量发射激光和接收激光的相位差即可计算出目标距离。

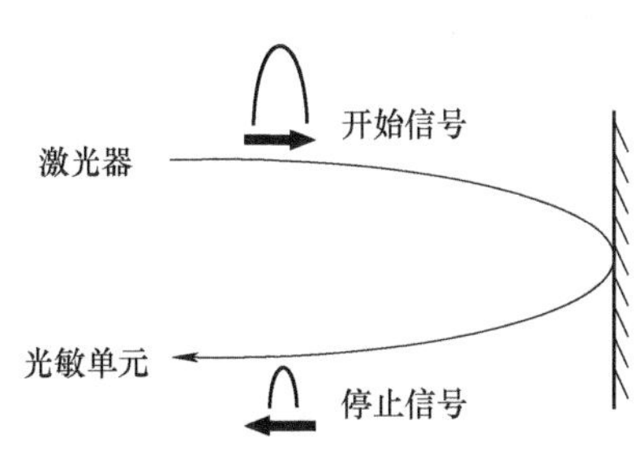

图 6-5　TOF 激光雷达工作原理图

雷达测距传感器对传输时间的测量分辨率要求极高。光速约为 $3\times10^{8}\mathrm{m/s}$，要想使距离分辨率达到 1mm，则测距传感器的电子电路必须能分辨出 $0.001\mathrm{m}/(3\times10^{8}\mathrm{m/s})=\frac{10}{3}\times10^{-12}\mathrm{s}\approx3\mathrm{ps}$ 的时间。

3ps 的时间分辨率对电子技术的要求很高，进而使得成本极高。但是如今的雷达测距传感器巧妙地避开了这一要求，利用简单的统计学原理，即平均法就实现了 1mm 的分辨率，并且能保证响应速度。

3. 激光雷达的技术特点

与普通雷达相比，激光雷达以激光作为信号源，由激光器发射出的脉冲激光射到地面的树木、道路、桥梁和建筑物上，引起散射，一部分光波会反射到激光雷达的接收器上，根据激光测距原理，就能得到从激光雷达到目标点的距离。脉冲激光不断地扫描目标物，就可以得到目标物上全部目标点的数据，用此数据进行成像处理后，就可得到精确的三维立体图像，形成点云形式的数据，从而达到探测、识别、跟踪目标的目的。

典型的激光雷达设备的主要组件包括：

1）发射快速近红外激光脉冲的激光扫描仪。

2）用于检测和收集返回光脉冲的感光器件。

3）用于计算时间和距离并生成结果数据集（称为激光雷达点云）的处理器。

为了准确进行测距，时间和空间测量结果必须准确，因此，激光雷达系统还利用了计时电子设备、惯性测量设备（IMU）和 GPS。

与普通雷达的微波或者毫米波相比，激光本身具有非常精确的测距能力，可以创建地表和海底的详细地形模型，还可以创建移动物体的精确高分辨率实时可视化图形，因此，它在很多行业中具有非常广泛的实际应用，包括：

1）农业：LiDAR 可用于测量农业地形和地貌，估算农作物生物量，以及绘制深度、坡度、湿度和坡向变化图形以检测土壤特性。LiDAR 还用于驾驶自动农用车辆。

2）航空航天和国防：LiDAR 可用于地形测绘、目标跟踪、扫雷和云成像，甚至可在人口稠密的城市环境中利用复杂的战场可视化功能进行任务规划。

3）汽车：高级辅助驾驶系统和自动驾驶汽车利用 3D LiDAR 地图数据“查看”道路和其他环境并进行导航。

4）航空业：LiDAR 可用于精确测量风速，机场也可以使用 LiDAR 跟踪飞机和异物碎片（FOD）。

5）制造业：LiDAR 技术可用于创建物体的 3D 模型以用于生产，还可用于质量控制以检测异常和缺陷。

6）其他相关行业。

4. 激光雷达优点

与普通雷达相比，激光雷达由于使用的是激光束，工作频率高了很多，带来了很多优点，主要有：

（1）分辨率高

激光雷达可以获得极高的角度、距离和速度分辨率。理论上，角分辨率不低于 0.1mrad，也就是说可以分辨 3km 距离上相距 0.3m 的两个目标（这是微波雷达无论如何也办不到的），并可同时跟踪多个目标；距离分辨率可达 0.1m；速度分辨率能达到 10m/s 以内。距离和速度分辨率高，意味着可以利用距离 – 多谱勒成像技术来获得目标的清晰图像。高分辨率是激光雷达最显著的优点，其多数应用都是基于此特点。

（2）隐蔽性好、抗有源干扰能力强

激光直线传播，方向性好，光束非常窄，且激光雷达的发射系统（发射镜）口径很小，可接收区域窄，激光干扰信号进入接收机的概率极低；另外，与微波雷达易受自然界广泛存在的电磁波影响的情况不同，自然界中能对激光雷达起干扰作用的信号源不多，因此激光雷达抗有源干扰的能力很强。

（3）低空探测性能好

普通微波雷达由于受到各种地物回波的影响，低空存在一定区域的盲区（无法探测的区域）。而对于激光雷达来说，只有被照射的目标才会产生反射，完全不存在地物回波的影响，因此可以“零高度”工作，低空探测性能较微波雷达强了许多。

（4）体积小、质量轻

普通微波雷达根据用途，重量在几公斤到几吨不等，激光雷达与之相比就要轻便、灵巧得多，且激光雷达的结构相对简单，维修方便，操纵容易，价格也较低。

5. 激光雷达缺点

首先，激光雷达在工作时受天气和大气影响大。激光一般在晴朗的天气里衰减较小，传播距离较远；而在大雨、浓烟、浓雾等坏天气里，衰减急剧加大，传播距离大受影响。如工作波长为 10.6μm 的 CO_2 激光雷达，在所有激光雷达中，其大气传输性能较好，在坏天气的衰减是晴天的 6 倍。地面或低空使用的 CO_2 激光雷达的作用距离，晴天为 10 ～ 20km，而坏天气则降至 1km 以内。此外，大气环流还会使激光光束发生畸变、抖动，直接影响激光雷达的测量精度。

其次，由于激光雷达的波束极窄，在空间搜索目标非常困难，直接影响对非合作目标的截获概率和探测效率，只能在较小的范围内搜索、捕获目标。

6. 激光雷达分类

根据对环境扫描方式的不同，可以将激光雷达分为机械旋转式、全固态以及处于两者之间的半固态激光雷达。目前机械旋转式雷达最为常用，但不可避免地会有机械损耗，固态雷达的损耗较低，但技术实现难度较高，是目前主要的发展方向。

（1）机械旋转式

发射和接收模块被电机带动进行 360° 旋转。在竖直方向上排布多组激光线束，发射模块以一定频率发射激光线，通过不断旋转发射头实现动态扫描。目前市场上有 16 线、32 线、64 线和 128 线等，多线可以识别物体的高度信息并获取周围环境的 3D 扫描图。

机械旋转式激光雷达的技术优点是比较成熟，因为其是由电机控制旋转，所以可以长时间内保持转速稳定，每次扫描的速度都是线性的，并且可以对周围环境进行高精度且清晰稳定的 360° 环境重构。其缺点是内部的激光收发模组线束多，需要复杂的人工调教，制造周期长，带来的问题是成本较高，可靠性差，可量产性不高，寿命为 1000 ～ 3000h。

（2）全固态

全固态激光雷达的技术路线有两条，第一条在原理上与相控阵雷达相同，称为 OPA（Optical Phase Array，光学相控阵）。相控阵雷达发射的是电磁波，激光雷达发射的是光，而光和电磁波一样也表现出波的特性，波与波之间会产生干涉现象，通过控制相控阵雷达平面阵列各个阵元的电流相位，利用相位差可以让不同位置的波源产生干涉，从而指向特定的方向，往复控制便可以实现扫描效果。OPA 固态激光雷达的主要优势是发射机采用纯固态器件，没有任何需要活动的机械结构，因此在耐久度上表现更出众。

另一条路线叫作 Flash 固态激光雷达，其原理是短时间内发射大面积激光照亮整个场景，然后使用多个传感器接收检测和反射光。其最大的问题是，这种工作模式需要非常高的激光功率。在体积限制下，Flash 激光雷达的功率密度不能很高。因此，Flash 激光雷达目前的问题是，由于功率密度的限制，无法同时考虑视场角、检测距离和分辨率这三个参数，即如果检测距离较远，则需要牺牲视场角或分辨率；如果需要高分辨率，则需要牺牲视场角或检测距离。

（3）半固态

半固态激光雷达的技术路线可以分为三条，分别是 MEMS 偏振镜式、转镜式和棱镜式三种。MEMS 偏振镜是将原本激光雷达的机械结构通过微电子技术在硅基芯片上集成，在芯片上安装体积十分精巧的偏振镜，其核心结构是尺寸很小的悬臂梁，然后通过控制微小的镜面平动和扭转往复运动，将激光反射到不同的角度完成扫描，而激光发生器本身固定不动。本质上而言，MEMS 激光雷达并没有做到完全取消机械结构，所以它是一种半固态激光雷达。

首先，MEMS 激光雷达因为摆脱了笨重的旋转电机和扫描镜等机械运动装置，去除了金属机械结构部件，同时配备的是毫米级的偏振镜，大大减少了 MEMS 激光雷达的尺寸，与传统的光学扫描镜相比，在光学、机械性能和功耗方面的表现更为突出。其次，得益于激光收发单元数量的减少，同时 MEMS 偏振镜整体结构所使用的硅基材料还有降价空间，因此 MEMS 激光雷达的整体成本有望进一步降低。但 MEMS 激光雷达的偏振镜属于振动敏感性器件，同时硅基 MEMS 的悬臂梁结构非常脆弱，外界的振动或冲击极易直接致其断裂，车载环境很容易对其使用寿命和工作稳定性产生影响。此外，MEMS 偏振镜的振动角度有限导致视场角比较小（小于 120°），同时受限于 MEMS 偏振镜的镜面尺寸，传统 MEMS 技术的有效探测距离只有 50m，FOV 角度只能达到 30°，多用于近距离补盲或者前向探测。

转镜式和棱镜式与 MEMS 偏振镜相比，其原理类似，只是将偏振镜换成了旋转的反射镜面和两个旋转的棱镜，这种方案的电机轴承的负荷更小，系统运行起来更稳定，寿命也更长。

6.2 移动机器人定位

6.2.1 扩展卡尔曼滤波器

我们在第 5 章 5.1 节中学习了双轮差速模型，第 3 章 3.1.3 节中学习了线性卡尔曼滤波器，回想一下，对于一般的 $\boldsymbol{X}_t \in \mathbb{R}^n$，$\boldsymbol{U}_t \in \mathbb{R}^m$，$\boldsymbol{Y}_t \in \mathbb{R}^p$ 的离散时间线性系统而言，有

$$\begin{cases} \boldsymbol{X}_{t+1} = \boldsymbol{A}\boldsymbol{X}_t + \boldsymbol{B}\boldsymbol{U}_t + \boldsymbol{W}_t \\ \boldsymbol{Y}_t = \boldsymbol{C}\boldsymbol{X}_t + \boldsymbol{V}_t \end{cases}$$

式中，$\boldsymbol{W}_t$ 为过程白噪声，$\mathbb{E}[\boldsymbol{W}_t] = 0$，$\text{cov}(\boldsymbol{W}_t, \boldsymbol{W}_s) = \delta(t-s)\boldsymbol{Q}$；$\boldsymbol{V}_t$ 为观测白噪声，$\mathbb{E}[\boldsymbol{V}_t] = \boldsymbol{0}$，$\text{cov}(\boldsymbol{V}_t, \boldsymbol{V}_s) = \delta(t-s)\boldsymbol{R}$。针对该离散时间线性系统，其 Kalman 滤波器为

$$\begin{cases} \hat{\boldsymbol{x}}_{t+1|t} = \boldsymbol{A}\hat{\boldsymbol{x}}_{t|t} + \boldsymbol{B}\boldsymbol{u}_t \\ \boldsymbol{P}_{t+1|t} = \boldsymbol{A}\boldsymbol{P}_{t|t}\boldsymbol{A}^{\mathrm{T}} + \boldsymbol{Q} \end{cases} \tag{6-1}$$

$$\begin{cases} \hat{\boldsymbol{x}}_{t+1|t+1} = \hat{\boldsymbol{x}}_{t+1|t} + \boldsymbol{P}_{t+1|t}\boldsymbol{C}^{\mathrm{T}}(\boldsymbol{C}\boldsymbol{P}_{t+1|t}\boldsymbol{C}^{\mathrm{T}} + \boldsymbol{R})^{-1}(\boldsymbol{y}_{t+1} - \boldsymbol{C}\hat{\boldsymbol{x}}_{t+1|t}) \\ \boldsymbol{P}_{t+1|t+1} = \boldsymbol{P}_{t+1|t} - \boldsymbol{P}_{t+1|t}\boldsymbol{C}^{\mathrm{T}}(\boldsymbol{C}\boldsymbol{P}_{t+1|t}\boldsymbol{C}^{\mathrm{T}} + \boldsymbol{R})^{-1}\boldsymbol{C}\boldsymbol{P}_{t+1|t} \end{cases} \tag{6-2}$$

式中，$\hat{\boldsymbol{x}}_{t|t}$ 与 3.1.3 节中相同，是随机变量 $\mathbb{E}(\boldsymbol{X}_t \mid \boldsymbol{u}_{1:t-1}, \boldsymbol{Y}_{1:t})$ 在 $\boldsymbol{Y}_{1:t} = \boldsymbol{y}_{1:t}$ 时的一个实现，后续在表示实现时均用小写。值得注意的是，式（6-1）和式（6-2）是线性模型，然而，更多的时候，我们的模型是非线性的，即

$$\begin{cases} \boldsymbol{X}_{t+1} = f_t(\boldsymbol{X}_t, \boldsymbol{U}_t) + \boldsymbol{W}_t \\ \boldsymbol{Y}_t = h_t(\boldsymbol{X}_t) + \boldsymbol{V}_t \end{cases}$$

式中，$\boldsymbol{X}_t \in \mathbb{R}^n$；$\boldsymbol{Y}_t \in \mathbb{R}^p$；$\boldsymbol{U}_t \in \mathbb{R}^m$；$\boldsymbol{W}_t$ 和 $\boldsymbol{V}_t$ 的假设与线性相同。

在第 3 章中已经知道，$\boldsymbol{x}_{t+1} \mid \boldsymbol{y}_{1:t+1}$ 的后验概率密度可由下式计算：

$$\begin{aligned} p(\boldsymbol{x}_{t+1} \mid \boldsymbol{y}_{1:t+1}) &= \frac{p(\boldsymbol{x}_{t+1}, \boldsymbol{y}_{t+1} \mid \boldsymbol{y}_{1:t})}{p(\boldsymbol{y}_{t+1} \mid \boldsymbol{y}_{1:t})} = \frac{p(\boldsymbol{y}_{t+1} \mid \boldsymbol{x}_{t+1}) p(\boldsymbol{x}_{t+1} \mid \boldsymbol{y}_{1:t})}{p(\boldsymbol{y}_{t+1} \mid \boldsymbol{y}_{1:t})} \\ &= \frac{p(\boldsymbol{y}_{t+1} \mid \boldsymbol{x}_{t+1})}{p(\boldsymbol{y}_{t+1} \mid \boldsymbol{y}_{1:t})} \int p(\boldsymbol{x}_{t+1}, \boldsymbol{x}_t \mid \boldsymbol{y}_{1:t}) \mathrm{d}\boldsymbol{x}_t \\ &= \frac{p(\boldsymbol{y}_{t+1} \mid \boldsymbol{x}_{t+1})}{p(\boldsymbol{y}_{t+1} \mid \boldsymbol{y}_{1:t})} \int p(\boldsymbol{x}_{t+1} \mid \boldsymbol{x}_t, \boldsymbol{y}_{1:t}) p(\boldsymbol{x}_t \mid \boldsymbol{y}_{1:t}) \mathrm{d}\boldsymbol{x}_t \\ &= \frac{p(\boldsymbol{y}_{t+1} \mid \boldsymbol{x}_{t+1})}{p(\boldsymbol{y}_{t+1} \mid \boldsymbol{y}_{1:t})} \int p(\boldsymbol{x}_{t+1} \mid \boldsymbol{x}_t) p(\boldsymbol{x}_t \mid \boldsymbol{y}_{1:t}) \mathrm{d}\boldsymbol{x}_t \end{aligned} \tag{6-3}$$

式中，$p(\boldsymbol{y}_{t+1} \mid \boldsymbol{y}_{1:t})$ 为归一化常数。

在这种非线性模型的情况下，如果仍要从 $p(\boldsymbol{x}_t \mid \boldsymbol{y}_{1:t})$ 这一后验概率分布中采样（计算期望和方差），其主要困难在于式（6-3）中积分值的计算。在线性系统中，如果先验概率为高斯分布，那么后验概率也必定为高斯分布。这种先验概率与后验概率同属于同一种概率分布的特性叫作“共轭先验”（Conjugate Prior）。对于非线性系统，哪怕系统状态在 t 时刻的先验概率分布 $p(\boldsymbol{x}_t \mid \boldsymbol{y}_{1:t})$ 符合高斯分布，在大多数情况下也无法保证“共轭先验”的特性；因此，我们无法得知联合分布的概率密度函数 $p(\boldsymbol{x}_t, \boldsymbol{x}_{t+1} \mid \boldsymbol{y}_{1:t})$ 关于 $\boldsymbol{x}_t$ 的积分的解析表达形式（即使可以知道，计算也非常复杂；对于每一个时刻 t 来说，解析计算式可能都不一样）。

针对以上问题，蒙特 - 卡洛马尔科夫链（Monte-Carlo Markov Chain）通过数值近似的方法，在每一步近似计算非线性表达式中的积分，本书不作讨论。

而另一种近似方法是，通过对系统动态线性化来对系统动态进行近似，然后把该问题转换到经典 Kalman 滤波器的框架下解决。

在 t 时刻，我们把非线性项 $f_t(\boldsymbol{x}_t, \boldsymbol{u}_t)$ 和 $h_t(\boldsymbol{x}_t)$ 对 $\boldsymbol{x}_t$ 在当前所能获得的最优估计 $\hat{\boldsymbol{x}}_{t|t}$ 和 $\hat{\boldsymbol{x}}_{t|t-1}$ 处进行一阶泰勒展开（由于 $\boldsymbol{u}_t$ 已知，所以不需要在 $\boldsymbol{u}_t$ 处一阶泰勒展开），即

$$\begin{cases} f_t(\boldsymbol{x}_t,\boldsymbol{u}_t) \approx f_t(\hat{\boldsymbol{x}}_{t|t,\boldsymbol{u}_t}) + \boldsymbol{F}_t(\hat{\boldsymbol{x}}_{t|t,}\boldsymbol{u}_t)(\boldsymbol{x}_t - \hat{\boldsymbol{x}}_{t|t}) \\ h_t(\boldsymbol{x}_t) \approx h_t(\hat{\boldsymbol{x}}_{t|t}) + H_t(\hat{\boldsymbol{x}}_{t|t})(\boldsymbol{x}_t - \hat{\boldsymbol{x}}_{t|t-1}) \end{cases}$$

其中

$$\boldsymbol{F}_t(\hat{\boldsymbol{x}}_{t|t,\boldsymbol{u}_t}) = \frac{\partial f_t(\boldsymbol{x},\boldsymbol{u}_t)}{\partial \boldsymbol{x}}\bigg|_{\boldsymbol{x}=\hat{\boldsymbol{x}}_{t|t}} = \begin{pmatrix} \dfrac{\partial f_t^1}{\partial \boldsymbol{x}^1} & \cdots & \dfrac{\partial f_t^1}{\partial \boldsymbol{x}^n} \\ \vdots & & \vdots \\ \dfrac{\partial f_t^n}{\partial \boldsymbol{x}^1} & \cdots & \dfrac{\partial f_t^n}{\partial \boldsymbol{x}^n} \end{pmatrix}\Bigg|_{\boldsymbol{x}=\hat{\boldsymbol{x}}_{t|t}}$$

$$\boldsymbol{H}_t(\hat{\boldsymbol{x}}_{t|t}) = \frac{\partial h_t(\boldsymbol{x})}{\partial \boldsymbol{x}}\bigg|_{\boldsymbol{x}=\hat{\boldsymbol{x}}_{t|t-1}} = \begin{pmatrix} \dfrac{\partial h_t^1}{\partial \boldsymbol{x}^1} & \cdots & \dfrac{\partial h_t^1}{\partial \boldsymbol{x}^n} \\ \vdots & & \vdots \\ \dfrac{\partial h_t^p}{\partial \boldsymbol{x}^1} & \cdots & \dfrac{\partial h_t^p}{\partial \boldsymbol{x}^n} \end{pmatrix}\Bigg|_{\boldsymbol{x}=\hat{\boldsymbol{x}}_{t|t-1}}$$

式中，$\dfrac{\partial f_t^i}{\partial \boldsymbol{x}^j}$表示$f_t$的第$i$个分量对$\boldsymbol{x}$的第$j$个分量求导。

这么做的假设是：对于当前时刻的状态$\boldsymbol{x}_t$的估计是准确的，而这些非线性项在$\hat{\boldsymbol{x}}_{t|t}$的邻域内的行为与线性一阶泰勒展开项差不多。

综上，经过线性化近似的系统变为

$$\begin{cases} \boldsymbol{x}_{t+1} \approx \boldsymbol{F}_t\boldsymbol{x}_t + \tilde{f}_t(\boldsymbol{x}_t,\boldsymbol{u}_t) + \boldsymbol{w}_t \\ \boldsymbol{y}_t \approx \boldsymbol{H}_t\boldsymbol{x}_t + \tilde{h}_t(\boldsymbol{x}_t) + \boldsymbol{v}_t \end{cases}$$

其中

$$\tilde{f}_t(\boldsymbol{x}_t,\boldsymbol{u}_t) = f_t(\hat{\boldsymbol{x}}_{t|t,\boldsymbol{u}_t}) - \boldsymbol{F}_t\hat{\boldsymbol{x}}_{t|t}$$

$$\tilde{h}_t(\boldsymbol{x}_t) = h(\hat{\boldsymbol{x}}_{t|t-1}) - \boldsymbol{H}_t\hat{\boldsymbol{x}}_{t|t-1}$$

然后对上述模型进行卡尔曼滤波，将$\tilde{f}_t(\boldsymbol{x}_t,\boldsymbol{u}_t)$和$\tilde{h}_t$视为已知的函数，可以得到预测步骤为

$$\begin{cases} \hat{\boldsymbol{x}}_{t+1|t} = \boldsymbol{F}_t\hat{\boldsymbol{x}}_{t|t} + \tilde{f}_t(\hat{\boldsymbol{x}}_{t|t},\boldsymbol{u}_t) = f_t(\hat{\boldsymbol{x}}_{t|t},\boldsymbol{u}_t) \\ \boldsymbol{P}_{t+1|t} = \boldsymbol{F}_t\boldsymbol{P}_{t|t}\boldsymbol{F}_t^{\mathrm{T}} + \boldsymbol{Q} \end{cases}$$

更新步骤为

$$\begin{cases} \hat{\boldsymbol{x}}_{t+1|t+1} = \hat{\boldsymbol{x}}_{t+1|t} + \boldsymbol{P}_{t+1|t}\boldsymbol{H}_{t+1}^{\mathrm{T}}(\boldsymbol{H}_{t+1}\boldsymbol{P}_{t+1|t}\boldsymbol{H}_{t+1}^{\mathrm{T}} + \boldsymbol{R})^{-1}(\boldsymbol{y}_{t+1} - \boldsymbol{H}_{t+1}\hat{\boldsymbol{x}}_{t+1|t} - \tilde{h}_{t+1}(\hat{\boldsymbol{x}}_{t+1|t})) \\ \qquad\quad = \hat{\boldsymbol{x}}_{t+1|t} + \boldsymbol{P}_{t+1|t}\boldsymbol{H}_{t+1}^{\mathrm{T}}(\boldsymbol{H}_{t+1}\boldsymbol{P}_{t+1|t}\boldsymbol{H}_{t+1}^{\mathrm{T}} + \boldsymbol{R})^{-1}(\boldsymbol{y}_{t+1} - h_{t+1}(\hat{\boldsymbol{x}}_{t+1|t})) \\ \hat{\boldsymbol{P}}_{t+1|t+1} = \boldsymbol{P}_{t+1|t} - \boldsymbol{P}_{t+1|t}\boldsymbol{H}_{t+1}^{\mathrm{T}}(\boldsymbol{H}_{t+1}\boldsymbol{P}_{t+1|t}\boldsymbol{H}_{t+1}^{\mathrm{T}} + \boldsymbol{R})^{-1}\boldsymbol{H}_{t+1}\boldsymbol{P}_{t+1|t} \end{cases}$$

若在实际应用中出现传感器更新与系统动态更新失步的情况，对于系统的过程噪声、预测步骤、更新步骤的调整和之前线性模型的情况一致。

6.2.2　基于扩展卡尔曼滤波器的定位

相机与雷达是机器人感知世界最常用的两类传感器，而定位任务是机器人感知任务的基础。对于机器人定位任务而言，两者的观测数据（2D 光强度、3D 点坐标）与定位之间都不是线性关系，即观测模型都是非线性模型，那么要如何利用传感器的非线性观测模型实现定位？本小节将讲解扩展卡尔曼滤波器在非线性观测中的应用，以解决机器人的定位问题。

（1）观测模型

移动机器人的观测模型描述了传感器测量在物理世界中的形成过程。为了描述产生测量的过程，需要指定生成测量的环境。环境的地图是环境中的对象及其位置的列表，可以用下式表示：

$$m = \{m_1, m_2, \cdots, m_N\}$$

式中，N 代表环境中对象的总数；$m_n(1 \leqslant n \leqslant N)$ 代表该对象的性质。地图通常可分为两类：基于特征的地图和基于位置的地图。

1）基于特征的地图。n 表示特征索引，m_n 的值表示特征的笛卡儿坐标位置，此类型地图在处理路标点较稀疏的情况下效果比较好。例如，图 6-6 所示的环境中 4 个不同颜色的圆柱体可以表示为基于颜色特征的环境地图。

其中：

$n = \{1,2,3,4\}$ 分别表示红、蓝、绿、黄 4 个圆柱体的索引；

$m_1 = (0,0)$ 表示红色圆柱体的平面坐标；

$m_2 = (1,0)$ 表示蓝色圆柱体的平面坐标；

$m_3 = (0,1)$ 表示绿色圆柱体的平面坐标；

$m_4 = (1,1)$ 表示黄色圆柱体的平面坐标；

$m = \{(0,0),(1,0),(0,1),(1,1)\}$ 即为整个地图。

2）基于位置的地图。n 表示特征位置，m_n 的值表示该位置对象的属性，与基于特征的地图相比，基于位置的地图更适合处理路标点较稠密的情况。在平面地图中，通常用 $m_{x,y}$ 而不是 m_n 来表示地图元素，以明确表示 $m_{x,y}$ 是特定世界坐标（x，y）的属性。例如，图 6-7 所示栅格地图是一种基于位置的地图。

其中：

$n = (0,0)$ 表示第一个栅格的索引，也可以进一步根据栅格地图与现实世界的放缩比转化为现实的世界坐标；$m_1 = m_{0,0} = 0$ 表示第一个栅格未被占用（即不存在障碍物）。

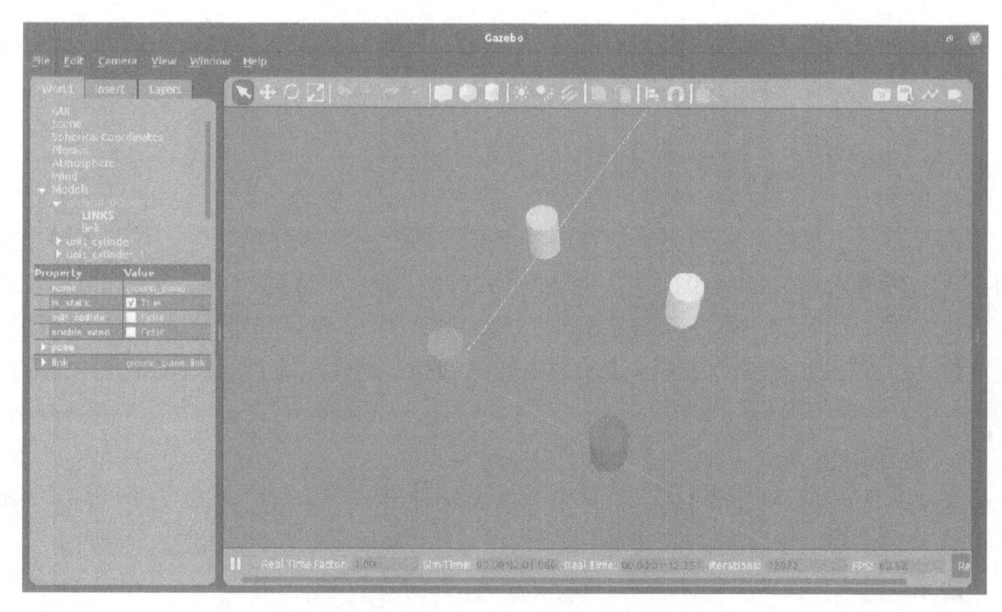

图 6-6　环境中 4 个不同颜色的圆柱体，作为地图中的特征

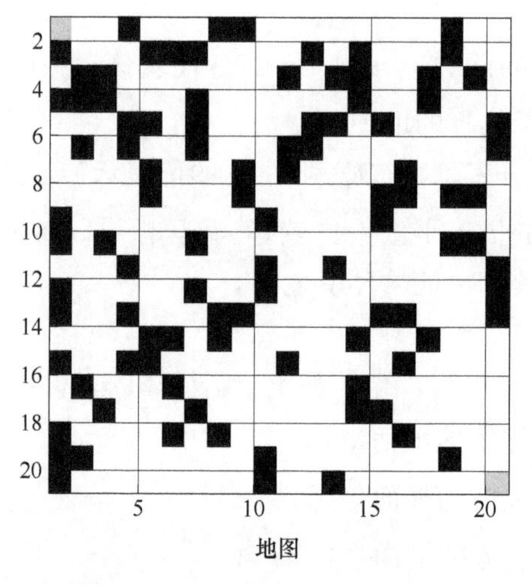

图 6-7　占据栅格地图

以相机为例，我们使用图 6-6 所示特征地图说明扩展卡尔曼滤波器的应用。相机可以测量特征（或地标）相对于机器人局部坐标系的距离和方位。这类传感器被称为距离和方位传感器。在特征地图中，这类观测模型是很常用的。

现在我们对于 t 时刻第 i 个特征对应地图上第 j 个地标而言，建立测量模型。对于第 5 章中介绍的双轮差速运动学模型而言，其位姿（状态）由 $\boldsymbol{p}_t=(x_t\ y_t\ \theta_t)^{\mathrm{T}}$ 表示。假设传感器安装在独轮车（unicycle）机器人的中心，其观测模型的数学表达式（极坐标系）为

$$\begin{pmatrix} r_t^i \\ \phi_t^i \end{pmatrix}=\begin{pmatrix} \sqrt{(m_{j,x}-x_t)^2+(m_{j,y}-y_t)^2} \\ \operatorname{arctan2}(m_{j,y}-y_t,m_{j,x}-x_t)-\theta_t \end{pmatrix}+\begin{pmatrix} v_{t,1}^i \\ v_{t,2}^i \end{pmatrix}$$

式中，$(v_{t,1}^i\ v_{t,2}^i)^{\mathrm{T}}$ 为对第 i 个地标观测的噪声。假设其分布为白噪声，即其期望与方差满足：

$$\begin{cases}\mathbb{E}(v_{t,1}^i\ v_{t,2}^i)^{\mathrm{T}} = \mathbf{0} \\ \operatorname{cov}((v_{t,1}^i\ v_{t,2}^i),(v_{s,1}^i\ v_{s,2}^i)^{\mathrm{T}}) = \delta(t-s)\boldsymbol{R}\end{cases}$$

假设对不同的地标 i 的观测噪声相互独立，由此可实现相对于初始零状态下的定位。

（2）扩展卡尔曼滤波器下的定位

对于所建地图是由“路标点”构成的特征地图，我们期望使用扩展卡尔曼滤波器同时估计机器人的位姿和地图上路标点的位置。扩展卡尔曼滤波器 SLAM 的整体流程与定位基本相同，只是会有一些由状态向量扩维引起的变化。

具体地，对于由 n 个路标点表示的地图，其状态向量可以表示为

$$\boldsymbol{z}_t = (\underbrace{x_t, y_t, \theta_t}_{\text{robot's pose}}, \underbrace{m_{1,t}^x, m_{1,t}^y}_{\text{landmark 1}}, \cdots, \underbrace{m_{n,t}^x, m_{n,t}^y}_{\text{landmark } n})^{\mathrm{T}} = (\boldsymbol{p}_{r,t}^{\mathrm{T}}, \boldsymbol{m}_{1,t}^{\mathrm{T}}, \cdots, \boldsymbol{m}_{n,t}^{\mathrm{T}})^{\mathrm{T}}$$

其状态空间表达式为

$$\boldsymbol{z}_{t+1} = \begin{pmatrix} x_{t+1} \\ y_{t+1} \\ \theta_{t+1} \\ \boldsymbol{m}_{1,t+1} \\ \vdots \\ \boldsymbol{m}_{n,t+1} \end{pmatrix}$$

$$= \underbrace{\begin{pmatrix} 1 & & & & & \\ & 1 & & & & \\ & & 1 & & & \\ & & & I_2 & & \\ & & & & \ddots & \\ & & & & & I_2 \end{pmatrix}\begin{pmatrix} x_t \\ y_t \\ \theta_t \\ \boldsymbol{m}_{1,t} \\ \vdots \\ \boldsymbol{m}_{n,t} \end{pmatrix} + \Delta t \begin{pmatrix} \cos\theta_t & 0 \\ \sin\theta_t & 0 \\ 0 & 1 \\ 0 & 0 \\ \vdots & \vdots \\ 0 & 0 \end{pmatrix}\underbrace{\begin{pmatrix} v_t \\ \omega_t \end{pmatrix}}_{\boldsymbol{u}_t}}_{f(X_t,\boldsymbol{u}_t)} + \underbrace{\underbrace{\begin{pmatrix} 1 & 0 & 0 \\ 0 & 1 & 0 \\ 0 & 0 & 1 \\ 0 & 0 & 0 \\ 0 & 0 & 0 \\ 0 & 0 & 0 \end{pmatrix}}_{G}\tilde{\boldsymbol{w}}_t}_{\omega_t}$$

$$\boldsymbol{y}_{i,t} = \underbrace{\begin{pmatrix} \sqrt{(m_{k_i,t}^x - x_t)^2 + (m_{k_i,t}^y - y_t)^2} \\ \operatorname{arctan2}(m_{k_i,t}^y - y_t, m_{k_i,t}^x - x_t) - \theta_t \end{pmatrix}}_{h_{i,t}(X_t)} + \boldsymbol{v}_{i,t} \quad i = 1,\cdots,n_t, \quad k_i \in \{1,\cdots,n\}$$

式中 $\boldsymbol{z}_t \in \mathbb{R}^{2n+3}$；$\tilde{\boldsymbol{w}}_t \in \mathbb{R}^3$；$\operatorname{cov}(\boldsymbol{v}_{i,t}, \boldsymbol{v}_{i,t}) = \boldsymbol{R}$；$\operatorname{cov}(\tilde{\boldsymbol{w}}_t, \tilde{\boldsymbol{w}}_t) = \tilde{\boldsymbol{Q}}_t$，则有

$$\operatorname{cov}(\boldsymbol{w}_t, \boldsymbol{w}_t) = \boldsymbol{G}\tilde{\boldsymbol{Q}}_t\boldsymbol{G}^{\mathrm{T}} = \begin{pmatrix} \tilde{\boldsymbol{Q}}_t & 0 \\ 0 & 0 \end{pmatrix} := \boldsymbol{Q}_t$$

这里需要注意的是，t 时刻的观测模型 $h_{i,t}(\boldsymbol{X}_t)$ 的维数是时变的，会随着当前 t 时刻观测到的路标点数目的变化而变化。假设第 t 时刻机器人观测到了 n_t 个路标点，则 $\boldsymbol{y}_t \in \mathbb{R}^{2n_t}$。除此之外，第 t 时刻观测到的第 i 个观测 $\boldsymbol{y}_{i,t}$ 所对应的路标点 $\boldsymbol{m}_{k_i,t}$ 不一定是第 i 个路标点，在实现（尤其是计算雅可比矩阵）时，需要尤其注意。

下面将对扩展卡尔曼滤波器 SLAM 的算法进行具体说明。

1）预测步骤（Prediction step）。在预测步骤中，我们的目标仍是基于系统的动态来预测状态向量和协方差。数学表达为

$$\begin{cases}\hat{z}_{t+1|t} = f(\hat{z}_{t|t,u_t}) \\ \boldsymbol{P}_{t+1|t} = \boldsymbol{F}_t \boldsymbol{P}_{t|t} \boldsymbol{F}_t^{\mathrm{T}} + \boldsymbol{Q}_t\end{cases}$$

式中

$$\boldsymbol{F}_t = \frac{\partial f}{\partial z}\Big|_{z=\hat{z}_{t|t}} = \begin{pmatrix}\boldsymbol{F}_t^{\mathrm{r}} & \boldsymbol{0}_{3\times 2n} \\ \boldsymbol{0}_{3\times 2n} & \boldsymbol{I}_{2n\times 2n}\end{pmatrix}$$

式中，$\boldsymbol{F}_t^{\mathrm{r}}$ 是机器人双轮差速运动学模型的雅可比矩阵，为

$$\boldsymbol{F}_t^{\mathrm{r}} = \begin{pmatrix}1 & 0 & -v_t \sin\hat{\theta}_{t|t}\Delta t \\ 0 & 1 & v_t \cos\hat{\theta}_{t|t}\Delta t \\ 0 & 0 & 1\end{pmatrix}$$

最终，协方差的预测公式为

$$\boldsymbol{P}_{t+1|t} = \boldsymbol{F}_t \boldsymbol{P}_{t|t} \boldsymbol{F}_t^{\mathrm{T}} + \boldsymbol{Q}_t = \begin{pmatrix}\boldsymbol{F}_t^{\mathrm{r}} & \boldsymbol{0}_{3\times 2n} \\ \boldsymbol{0}_{3\times 2n} & \boldsymbol{I}_{2n\times 2n}\end{pmatrix}\begin{pmatrix}\boldsymbol{\Sigma}_{\mathrm{rr}} & \boldsymbol{\Sigma}_{\mathrm{rm}} \\ \boldsymbol{\Sigma}_{\mathrm{mr}} & \boldsymbol{\Sigma}_{\mathrm{mm}}\end{pmatrix}\begin{pmatrix}\boldsymbol{F}_t^{\mathrm{rT}} & \boldsymbol{0}_{3\times 2n} \\ \boldsymbol{0}_{3\times 2n} & \boldsymbol{I}_{2n\times 2n}\end{pmatrix} + \begin{pmatrix}\boldsymbol{Q}_t & \boldsymbol{0} \\ \boldsymbol{0} & \boldsymbol{0}\end{pmatrix}$$

$$= \begin{pmatrix}\boldsymbol{F}_t^{\mathrm{r}} \boldsymbol{\Sigma}_{\mathrm{rr}} \boldsymbol{F}_t^{\mathrm{rT}} + \tilde{\boldsymbol{Q}}_t & \boldsymbol{F}_t^{\mathrm{r}} \\ (\boldsymbol{F}_t^{\mathrm{r}} \boldsymbol{\Sigma}_{\mathrm{rm}})^{\mathrm{T}} & \boldsymbol{\Sigma}_{\mathrm{mm}}\end{pmatrix}$$

从最终的协方差预测公式也可看出，与机器人位姿相关的部分 $\boldsymbol{\Sigma}_{\mathrm{rr}}$、$\boldsymbol{\Sigma}_{\mathrm{rm}}$、$\boldsymbol{\Sigma}_{\mathrm{mr}}$ 有所变化，而与位姿无关的部分 $\boldsymbol{\Sigma}_{\mathrm{mm}}$ 保持不变。

2）更新步骤（Correction step）。在更新步骤中，我们的目标仍是基于观测信息来更新状态向量和协方差。数学表达为

$$\begin{cases}\hat{\boldsymbol{y}}_{t+1|t} = h_t(\hat{z}_{t+1|t}) \\ \boldsymbol{K}_t = \boldsymbol{P}_{t+1|t} \boldsymbol{H}_t^{\mathrm{T}} (\boldsymbol{H}_t \boldsymbol{P}_{t+1|t} \boldsymbol{H}_t^{\mathrm{T}} + \boldsymbol{R}_t)^{-1} \\ \hat{z}_{t+1|t+1} = \hat{z}_{t+1|t} + \boldsymbol{K}_t (\boldsymbol{y}_{t+1} - \hat{\boldsymbol{y}}_{t+1|t}) \\ \boldsymbol{P}_{t+1|t+1} = \boldsymbol{P}_{t+1|t} - \boldsymbol{K}_t \boldsymbol{H}_t \boldsymbol{P}_{t+1|t}\end{cases}$$

这里的观测噪声的协方差矩阵 $\boldsymbol{R}_t$ 是时变的，会随着 t 时刻观测到的路标点的个数的变化而变化。

随后计算预期观测，预期观测是指把当前的最佳估计 $\hat{z}_{t+1|t}$ 代入观测方程所得到的在当前最优估计下期望的观测量。这里的最佳估计，不仅包括机器人位姿的最佳估计，也包括地图路标点位置的最佳估计（注意与扩展卡尔曼滤波器定位中地图路标点位置已知的情况的区别），即

$$\hat{z}_{t+1|t} = (\hat{x}_{t+1|t}, \hat{y}_{t+1|t}, \hat{\theta}_{t+1|t}, \hat{\boldsymbol{m}}_{1,t+1}^{\mathrm{T}}, \cdots, \hat{\boldsymbol{m}}_{n,t+1|t}^{\mathrm{T}})^{\mathrm{T}}$$

对于观测到的第 $i(i=1,\cdots,n_t)$ 个路标点，其预期观测为

$$\hat{\boldsymbol{y}}_{i,t+1} = h_{i,t}(\hat{z}_{t+1|t}) = \begin{pmatrix} \sqrt{(\hat{m}_{k_j,t+1|t}^{x} - \hat{x}_{t+1|t})^2 + (\hat{m}_{k_j,t+1|t}^{y} - \hat{y}_{t+1|t})^2} \\ \arctan 2(\hat{m}_{k_j,t+1|t}^{y} - \hat{y}_{t+1|t}, \hat{m}_{k_j,t+1|t}^{x} - \hat{x}_{t+1|t}) - \hat{\theta}_{t+1|t} \end{pmatrix}$$

我们还需要计算雅可比矩阵 $\boldsymbol{H}_t$ 。如上文中提到，第 t 时刻观测到的第 i 个观测 $\boldsymbol{y}_{i,t}$ 所对应的路标点 $\boldsymbol{m}_{k_i,t}$ 不一定是第 i 个路标点；所以在计算雅可比矩阵时，需要尤其注意，对状态向量 z_t 的元素进行求导时，哪些元素是 0，哪些元素不是 0。

有趣的是，如果机器人在 $t+1$ 时刻发现之前从未观测过的路标点 $\boldsymbol{m}_{n+1,t+1}$ ，会造成整个离散时间隐 Markov 链的状态维数发生变化，新的状态 z'_{t+1} 变为

$$z'_{t+1} = \begin{pmatrix} z_{t+1} \\ \boldsymbol{m}_{n+1,t+1} \end{pmatrix}$$

此时，从数学上严格地来说，之前设定的卡尔曼滤波器模型已经不再适用，因为根本的隐 Markov 链模型的维数已经发生了改变。但幸运的是，我们可以在 $t+1$ 时刻重新开始一个卡尔曼滤波器，模型与之前类似，但状态的维数增加了一维。其状态空间表达式为

$$\begin{cases} z'_{t+2} = \underbrace{\begin{pmatrix} f(z_{t+1}, \boldsymbol{u}_{t+1}) \\ \boldsymbol{m}_{n+1,t+1} \end{pmatrix}}_{f'(z'_{t+1}, \boldsymbol{u}_{t+1})} + \underbrace{\underbrace{\begin{pmatrix} 0 & \boldsymbol{G} & 0 \\ 0 & 0 & 0 \end{pmatrix}}_{G'} \tilde{\boldsymbol{w}}_t}_{w'_t} \\ \boldsymbol{y}_{t+1} = h_t(z'_{t+1}, \boldsymbol{u}_{t+1}) + \boldsymbol{v}_t \end{cases}$$

式中，观测模型 $h_t(z'_{t+1}, \boldsymbol{u}_{t+1})$ 的形式与之前保持不变；新的过程噪声的协方差相比于先前的 $\boldsymbol{Q}_t$ ，变为

$$\operatorname{cov}(\boldsymbol{w}'_t, \boldsymbol{w}'_t) = \begin{pmatrix} \boldsymbol{Q}_t & 0 \\ 0 & 0 \end{pmatrix} := \boldsymbol{Q}'_T$$

不失一般性，我们假设 $t+1$ 时刻观测到的新的路标点序号为 n_{t+1} ，即

$$\begin{cases} y_{n_{t+1},1,t+1} = \sqrt{(m_{n+1,t}^{x} - x_t)^2 + (m_{n+1,t}^{y} - y_t)^2} \\ y_{n_{t+1},2,t+1} = \arctan 2(m_{n+1,t}^{y} - y_t, m_{n+1,t}^{x} - x_t) - \theta_t \end{cases}$$

利用之前 t 时刻对 $t+1$ 时刻的估计，结合传感器观测，对这个新的卡尔曼滤波器初始化为

$$\begin{cases} \hat{z}'_{t+1|t} = \begin{pmatrix} \hat{z}_{t+1|t} \\ \hat{m}^{x}_{n+1,t+1|t} := \hat{x}_{t+1|t} + y_{n_{t+1},1,t+1}\cos(y_{n_{t+1},2,t+1} + \hat{\theta}_{t+1|t}) \\ \hat{m}^{y}_{n+1,t+1|t} := \hat{y}_{t+1|t} + y_{n_{t+1},1,t+1}\sin(y_{n_{t+1},2,t+1} + \hat{\theta}_{t+1|t}) \end{pmatrix} \\ \boldsymbol{P}'_{t+1|t} = \begin{pmatrix} \boldsymbol{P}_{t+1|t} & 0 \\ 0 & \tilde{P} \end{pmatrix} \end{cases}$$

式中，$\tilde{P}$ 可以取一个不太离谱的值。这里对 $\hat{z}'_{t+1|t}$ 和 $\boldsymbol{P}'_{t+1|t}$ 的选择方式不够严谨，但可以满足工程上的需求。

本章小结

本章探讨了移动机器人在复杂环境中实现精准导航与自主作业的关键——环境感知及定位技术。通过综合运用传感器与外部世界交互，以及采用非线性滤波算法处理这些数据，构建了机器人强大的环境感知与定位系统，为后续章节的路径规划与跟踪奠定了基础。

在 6.1 节中，我们聚焦于测距雷达中的激光雷达技术，这一技术以其高精度、高分辨率的特点，在机器人领域占据核心地位。通过详细阐述激光雷达的工作原理、技术特点及发展趋势，揭示了其在障碍物检测、环境建模中的重要作用。进一步地，根据激光雷达的采集方式，将其细分为机械旋转式、全固态和半固态三种类型，并逐一分析了它们的运作原理、优势与局限性，为选择适合特定应用场景的激光雷达提供了理论依据。

面对机器人定位过程中的非线性挑战，本章 6.2 节引入了扩展卡尔曼滤波器（EKF）这一工具。通过回顾线性卡尔曼滤波器的基础知识，逐步推导并讲解了 EKF 如何有效处理非线性观测模型，从而实现对机器人位置与姿态的精确估计。结合机器人地图的构建与应用，展示了 EKF 如何融合多源传感器数据（如激光雷达扫描信息），在动态环境中实现机器人的自定位与状态更新。这一过程不仅加深了对非线性滤波算法的理解，也凸显了其在提升机器人智能化水平中的关键作用。

综上所述，本章通过对环境感知技术的全面解析与非线性定位算法的深入探讨，为移动机器人构建了一个高效、可靠的外部环境认知与自我定位框架，为后续章节中复杂路径规划与精确跟踪控制策略的实施提供了支撑。

第 7 章　移动机器人的路径规划与轨迹跟踪

移动机器人在当今社会中的应用至关重要。随着技术的不断进步，移动机器人已能够胜任从物料搬运、生产线自动化到医疗服务和仓储物流等多个领域的复杂任务。它不仅提高了生产效率，降低了人力成本，还优化了物流仓储流程，改善了医疗服务质量。此外，移动机器人的应用还有助于企业实现数字化转型，提升整体运营效率。而在这一过程中，移动机器人的路径规划与控制技术尤为关键。本章内容将围绕移动机器人的路径规划和轨迹跟踪展开介绍。

7.1　移动机器人的路径规划

目前已经有许多高效的移动机器人的路径规划方法，并在实际应用中发挥着作用。随着智能技术的不断发展，可以适应各种复杂环境的路径规划方法还在不断涌现。本节将介绍传统路径规划和智能路径规划算法。

7.1.1　传统路径规划算法

传统路径规划算法分为全局路径规划算法和局部路径规划算法两大类。其中全局路径规划算法是适用于静态环境中的算法，在针对动态环境时并不适用；而局部路径规划算法则更适用于动态环境中的路径规划，能够快速应对环境变化，但可能会导致局部最优解，路径质量可能较低。全局路径规划算法包括 A* 算法、Dijkstra 算法以及禁忌搜索算法等。

A* 算法是一种静态路网中求解最短路径最有效的直接搜索方法，也是解决许多搜索问题的有效算法，广泛应用于室内机器人路径搜索、游戏动画路径搜索等。它是图搜索算法的一种。A* 算法是一种启发式的搜索算法，用于找到图中从一个起始节点到目标节点的最短路径。它综合了 Dijkstra 算法的可靠性（确保找到最短路径）和贪心算法的高效性（迅速朝着目标前进）。

启发式搜索算法是指从起点出发，先寻找起点相邻的栅格，判断它是否是最好的位置，基于这个最好的栅格再往外向其相邻的栅格扩展，找到一个此时最好的位置，通过这样一步一步逼近目标点，减少盲目的搜索，提高了可行性和搜索效率。A* 算法基于启发式函数构建了代价函数，既考虑了新节点距离初始点的代价，又考虑了新节点与目标点距离的代价。

A* 算法使用一个路径优劣评价函数：

$$f(n) = g(n) + h(n) \tag{7-1}$$

式中，$f(n)$ 是从初始状态经由状态 n 到目标状态的代价估计；$g(n)$ 是从初始状态到状态 n 的实际代价；$h(n)$ 是从状态 n 到目标状态的最佳路径的估计代价。通常，$h(n)$ 由启发式函数计算，该函数应反映实际环境特征，但不应高估实际成本。A* 算法应保证在理想情况下找到最小成本路径。

A* 算法需要维护两个状态表，分别称为 openlist（待检查的列表）和 closelist（已检查的列表）。其中 openlist 由待检查的节点组成，closelist 由已经检查过的节点组成。

A* 算法的原理如下：

1）初始化 openlist 和 closelist，初始化列表如图 7-1 所示。将起点（Start，图 7-1 中 S）加入 openlist 中，并找出 S 周围可移动的栅格（八叉树），计算 S 到这些周围点的欧式距离 g，并将 S 设置为父节点。图 7-1 中 D 表示目的点（Destination），黑色栅格表示障碍物，距离 g 值在栅格中显示。

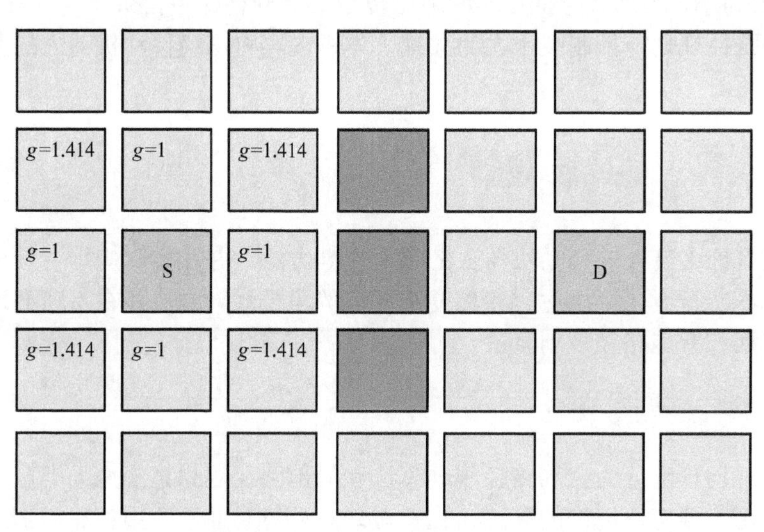

图 7-1 初始化列表

2）在完成了对起点 S 的检查之后，把 S 的周围点加入到 openlist 中，同时把 S 从 openlist 中删除，并加入到 closelist 中。

3）这时 openlist 中存放的是 S 的周围点，计算每个周围点的 $f=g+h$，其中 g 是起点到当前节点的距离，h 是当前节点到终点的距离（曼哈顿距离），找出周围点中 f 最小的节点 n，并对它执行前面同样的检查。如图 7-2 所示，图中 S 表示起点（Start），D 表示目的点（Destination），黑色栅格表示障碍物，距离 g、h、f 值在栅格中显示。

在搜索 n 的周围点时注意：

① 如果周围点在 closelist 中，忽略此周围点。

② 如果周围点既不在 closelist 中，也不在 openlist 中，则计算 g、h 和 f，设置当前节点 n 为父节点，并将新的周围点加入到 openlist 中。

③ 如果周围点在 openlist 中（表面该邻居已有父节点），计算该父节点经过当前点 n

再到周围点是否使其能够得到更小的 g，如果可以，则将该周围点的父节点设置为当前点 n，并更新其 g 和 h 值。

完成对当前点 n 的检查之后，将其从 openlist 中删除，并加入到 closelist 中。

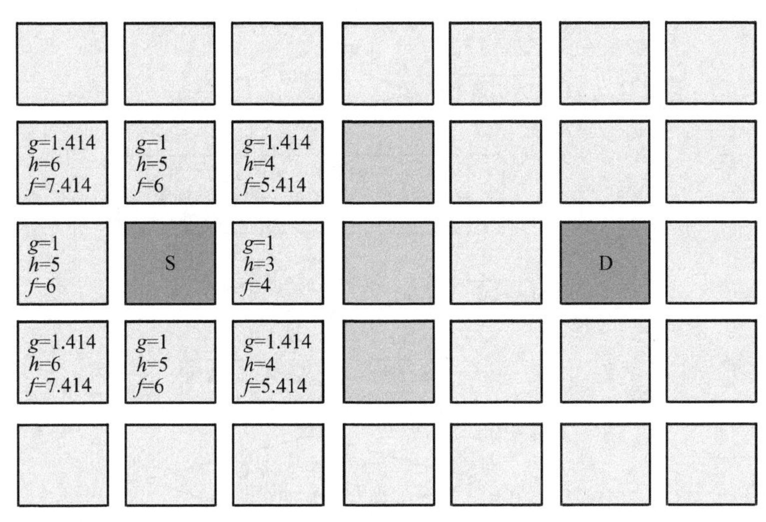

图 7-2　计算每个周围点的 f 值

4）当 openlist 中出现目标点时，找到路径；当 openlist 中为空时，则无法找到。如图 7-3 所示，图中 S 表示起点（Start），D 表示目的点（Destination），黑色栅格表示障碍物，距离 g、h、f 值在栅格中显示。

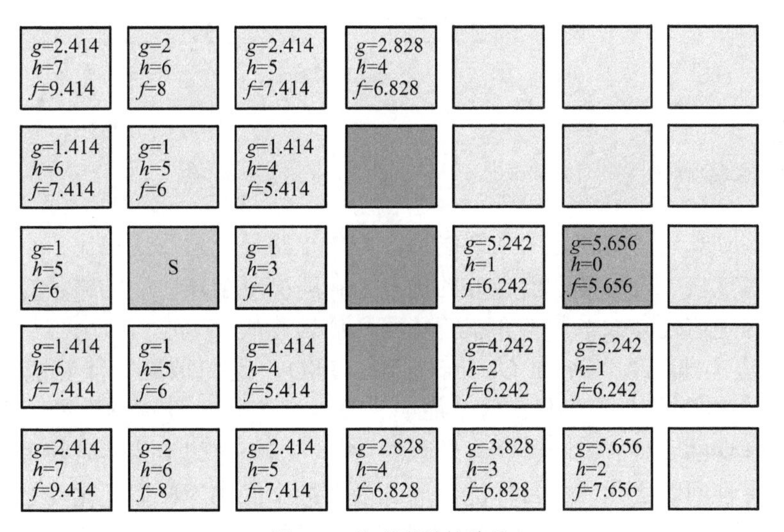

图 7-3　找到所需的路径

A* 算法流程图如图 7-4 所示。

在实践中，A* 算法广泛应用于各种路径规划问题，如机器人导航、地图服务和游戏 AI 路径寻找。通过适当调整启发式函数，A* 算法能够在复杂环境中高效地找到最短路径，同时保持计算效率。在本书第 9 章会具体说明 A* 算法在路径规划中的应用。

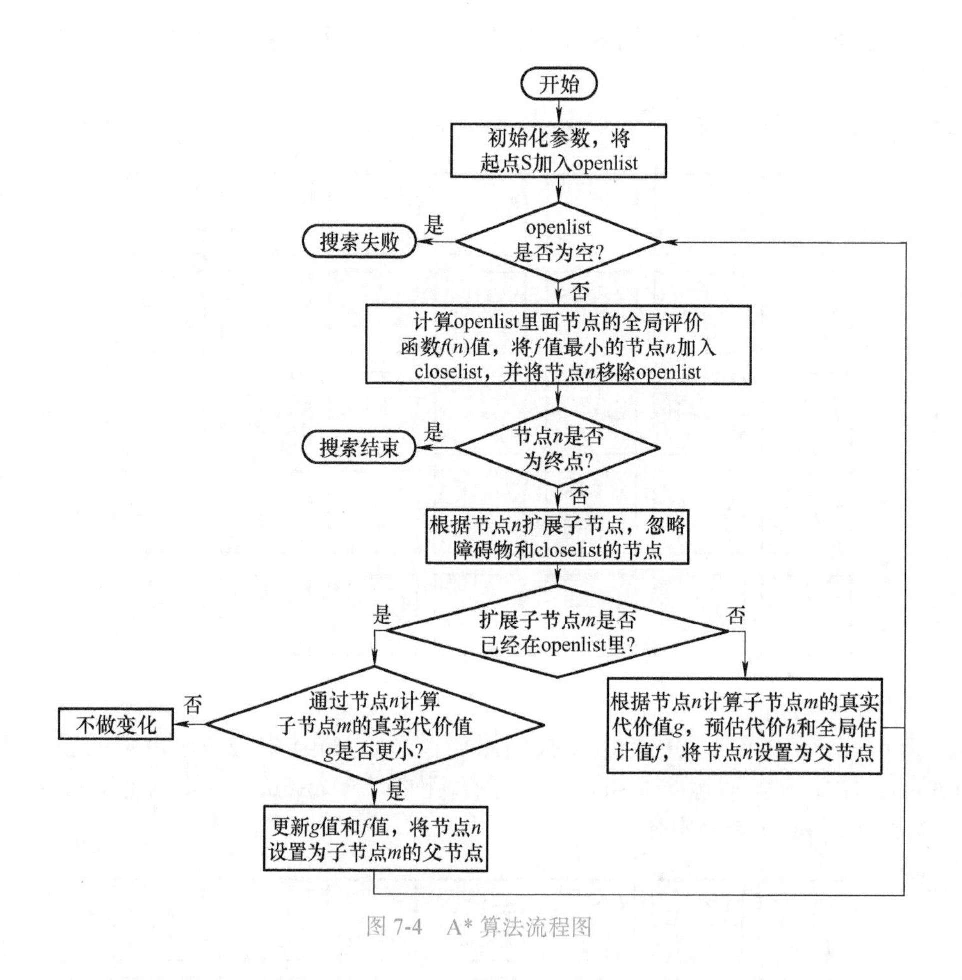

图 7-4　A* 算法流程图

7.1.2　智能路径规划算法

智能路径规划算法具有较好的求解能力，与传统路径规划算法相比，在求解函数最小化问题时具有速度快、全局搜索能力好的优点，在解决复杂环境下的路径规划问题时具有较好的可塑性和适应性，故本节将介绍智能路径规划算法。

粒子群算法（Particle Swarm Optimization，PSO）是一种群智能算法，其基本思想源于对鸟群捕食的行为模拟。PSO 概念简明，收敛速度快，设置参数少，实现简单，近年来受到很多学者的重视。由于其具有较强的优越性，短短的十几年时间里，已被应用于函数优化、约束性问题优化、多目标优化以及最大最小优化等典型优化问题的求解中，并在很多领域得到应用，如航空、通信、机器人、交通运输、电力系统优化和工业生产优化等。

粒子群算法是一种有效的全局寻优算法，通过模拟鸟群的捕食行为发展而来。设想这样一个场景：一群鸟在某一空间里随机地寻找食物，在这个空间里仅有一块食物且所有鸟都不知道食物在何处，但它们知道目前所处位置距离食物有多远，因此，寻找到这块食物的最好办法就是搜索目前距离食物最近的区域。在 PSO 算法中，解群相当于鸟群，鸟群寻觅食物的这个过程相当于解群的不断进化，鸟群时刻传递的食物消息相当于解群每次进化中的最优解，食源相当于全局最优解。PSO 算法保留了基于种群的全局搜索策略，采用的“速度 - 位置”模型操作简单，避免了复杂的遗传操作，它独特的记忆方式使其可实时跟踪当前的搜索情况并及时调整搜索策略。

在粒子群算法中，每个优化问题产生的解都是搜索区域内鸟群的一只鸟，即“粒子”，种群中所有粒子都有一个被目标函数决定的适应度值（Fitness Value）。PSO 用随机解初始化种群粒子，通过多次迭代后找到最优解。每次迭代过程中，每个粒子通过跟踪两个“极值”来更新自身位置，一个是其本身所找到的最优解。称为个体极值 p_{best}；另一个是群体目前为止所找到的最优解，称为全局极值 g_{best}。同时，每个粒子通过速度迭代公式不断优化其在解空间中的速度，以决定粒子的方向及飞行距离，并尽量朝个体极值 p_{best} 和全局极值 g_{best} 所指向的区域“飞”去。其中，个体极值 p_{best} 和全局极值 g_{best} 主要依赖于粒子的适应度值 $f(\boldsymbol{x}_{i,t})$，其中 $\boldsymbol{x}$ 表示粒子在搜索空间中的位置向量。如果当前粒子的适应度值 $f(\boldsymbol{x}_{i,t})$ 比历史上最好位置的适应度值 $f(p_{\mathrm{best}_i})$ 更好，则更新个体极值。同样，如果当前粒子的个体极值 p_{best_i} 比全局极值 g_{best} 更好，则更新全局极值。

粒子群算法常规的数学描述为：设粒子群的搜索区域为一个 N 维空间，由 M 个粒子组成一个群体，其中第 i 个粒子所处的位置 $\boldsymbol{x}=\{x_1,x_2,\cdots,x_N\}$ 表示优化问题的其中一个解。粒子通过不断调整自身位置 $\boldsymbol{x}$ 来寻找新的最优解，在 N 维空间里第 d 维分量 $(1 \leqslant d \leqslant N)$ 中，每个粒子都有一个自己搜索到的个体最优解 $\boldsymbol{p}_{id}$，以及整个粒子群所遍历过的最佳位置，即目前搜索到的全局最优解 $\boldsymbol{g}_{id}$。此外，第 i 个粒子的运动速度 $\boldsymbol{v}=\{v_{i1},v_{i2},\cdots,v_{iN}\}$，则第 i 个粒子在 N 维空间里 d 维分量的速度和位置变化公式分别为

$$\boldsymbol{v}_{id}^{k+1}=w\boldsymbol{v}_{id}^{k}+c_1r_1(\boldsymbol{p}_{id}^{k}-\boldsymbol{x}_{id}^{k})+c_2r_2(\boldsymbol{g}_{id}^{k}-\boldsymbol{x}_{id}^{k}) \tag{7-2}$$

$$\boldsymbol{x}_{id}^{k+1}=\boldsymbol{x}_{id}^{k}+\boldsymbol{v}_{id}^{k+1} \tag{7-3}$$

式中，$\boldsymbol{v}_{id}^{k}$ 表示迭代第 k 次时粒子 i 飞行速度矢量的 d 维分量；$\boldsymbol{x}_{id}^{k}$ 表示迭代第 k 次时粒子 i 位置矢量的 d 维分量；$\boldsymbol{p}_{id}^{k}$ 表示迭代第 k 次时粒子 i 个体最优位置的 d 维分量；$\boldsymbol{g}_{id}^{k}$ 表示迭代第 k 次时粒子群全局最优位置的 d 维分量；c_1 和 c_2 为非负常数的加速因子；r_1 和 r_2 为介于 $[0,1]$ 之间的随机数；w 为惯性权重，通过调整 w 可增强粒子局部搜索的能力，克服粒子滋生存在局部搜索能力差的缺陷。以二维空间为例描述粒子从位置 $\boldsymbol{x}^k$ 到 $\boldsymbol{x}^{k+1}$ 移动的原理，如图 7-5 所示。

粒子群算法的基本流程为：

1）初始化粒子种群。随机均匀设定种群中各粒子的初始位置 $\boldsymbol{x}_i$ 和初始速度 $\boldsymbol{v}_i$。

2）计算种群中各粒子的适应度值。

3）更新个体极值 p_{best}。比较每个粒子的适应度值和它所经历过的最好位置的适应度值，如果比 $f(p_{\mathrm{best}})$ 好，则更新个体 p_{best}。

4）更新全局极值 g_{best}。比较每个粒子所经历过的最好位置的适应度值和粒子群体所

经历过的最好位置的适应度值，如果比 g_{best} 好，则更新全局极值 g_{best}。

5）速度 – 位置模型操作算子。按照式（7-2）和式（7-3）对种群中每个粒子的速度和位置进行更新。

6）如果达到算法的结束条件（最大迭代次数或足够好的最优位置），则结束，否则转至步骤 2）。

粒子群优化算法的基本流程如图 7-6 所示。

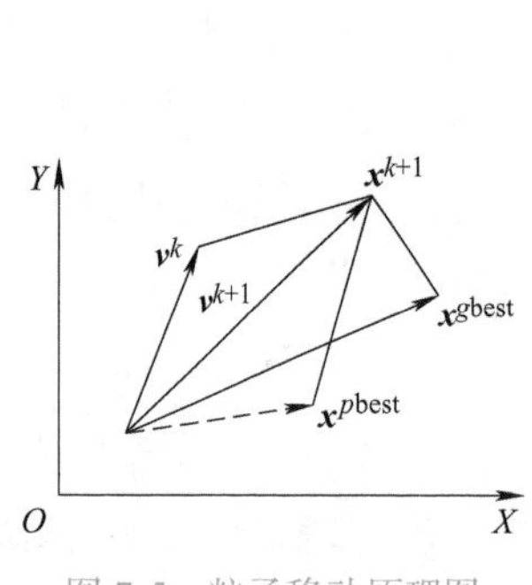

图 7-5　粒子移动原理图

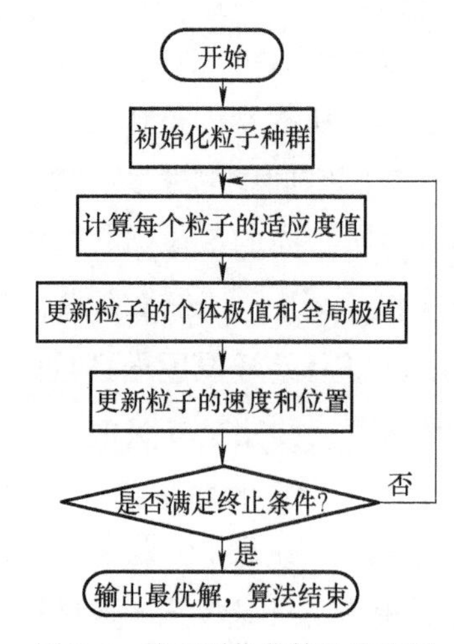

图 7-6　粒子群优化算法流程图

7.2　移动机器人的轨迹生成和跟踪

在 7.1 节中介绍了如何使用 A* 算法实现移动机器人的路径规划，由地图、起点和终点通过 A* 算法生成路径点。但在实际跟踪这条路径时，由于种种约束的存在，并不能保证移动机器人能够完美地规划出一条带有时刻、控制量和坐标的轨迹序列并完成实际跟踪。与路径相比，多了时刻和控制量信息的轨迹才是控制器真正输出到受控对象上的内容。为了在已有路径的基础上得到机器人能够实际运行的轨迹，移动机器人的轨迹跟踪可以分为两步，第一步是生成符合运动学约束的坐标点路径，然后根据坐标点路径和轨迹约束生成带有时刻和对应控制量的参考轨迹；第二步是控制移动机器人沿着规划好的轨迹从起点跟踪到终点。本节将以双轮差速机器人为例讲解一些对应的路径跟踪算法。

机器人轨迹跟踪的运行效率和实际跟踪的平滑程度可以很大程度上衡量机器人路径跟踪的好坏。运行效率可以理解为相同路径点、相同终止条件下的运行时长，一般时长越短，效率越高，算法越好；平滑程度既包括实际运行轨迹的曲率大小，还包括速度变化的快慢，一般最大曲率越小，速度变化越慢，机器人状态变化的剧烈程度越低，对于载人机器人来说越舒适，对应的算法也越好。

对于双轮差速机器人，一个简单的做法是只考虑机器人运动学模型的直线跟踪 + 双环 PID 控制，每两个路径点之间走一段直线，然后转向下一个路径点。但是这种算法的运行效率会随着路径点密度的增多而不断降低，因为每两个路径点之间都需要经历一次加速、减速、转向的过程，现实中很难实现运行路径的平滑程度与运行效率之间的平衡。因此更常见的做法是根据规划好的参考轨迹，使用反馈线性化、弹性带算法（Time-Elastic-Band Algorithm，TEB）和滑模控制等非线性控制方法生成轨迹跟踪的控制序列。

7.2.1　移动机器人的轨迹生成

1. 机器人模型的运动学约束

首先介绍机器人的运动学约束，假设一个机器人的广义坐标被表示为

$$\boldsymbol{\epsilon} = (\epsilon_1 \epsilon_2 \cdots \epsilon_n)^{\mathrm{T}}$$

其中广义坐标是用来描述系统位形所需要的独立参数，或者最少参数。那么依赖于这些广义坐标及其变化率（这里指速度）的约束被称为运动学约束，并表示为

$$a_i(\boldsymbol{\epsilon}, \dot{\boldsymbol{\epsilon}}) = 0 \quad (i = 1, 2, \cdots, k < n)$$

式中，a_i 可以是线性的也可以是非线性的；k 代表有 k 个约束。相对于广义速度而言，当 a_i 是线性约束时，该约束又被称为 Pfaffian 约束，可以表示为

$$a_i^{\mathrm{T}}(\boldsymbol{\epsilon})\dot{\boldsymbol{\epsilon}} = 0 \quad (i = 1, 2, \cdots, k < n)$$

写成矩阵形式为

$$\boldsymbol{A}^{\mathrm{T}}(\boldsymbol{\epsilon})\dot{\boldsymbol{\epsilon}} = 0, \quad \boldsymbol{A}(\boldsymbol{\epsilon}) \in \mathbb{R}^{n \times k}$$

除此之外，根据约束是否依赖广义速度，可以将约束分为完整约束（Holonomic Constraints）和非完整约束（Nonholonomic Constraints）。完整约束可以表示为只有广义坐标的函数，形为

$$h_i(\boldsymbol{\epsilon}) = 0 \quad (i = 1, 2, \cdots, k < n)$$

式中，h_i 可以为任意线性非线性的函数，但其中不包含广义速度项。把只受完整约束的系统称为完整系统。可以证明：完整约束可以等价的表示为 Pfaffian 约束，即

$$\frac{\mathrm{d}h_i(\boldsymbol{\epsilon})}{\mathrm{d}t} = \frac{\mathrm{d}h_i(\boldsymbol{\epsilon})}{\mathrm{d}\epsilon}\dot{\boldsymbol{\epsilon}} = a_i^{\mathrm{T}}(\boldsymbol{\epsilon})\dot{\boldsymbol{\epsilon}} = 0 \quad (i = 1, 2, \cdots, k < n)$$

但 Pfaffian 约束不一定为完整约束，Pfaffian 约束只有在它可积到 $h_i(\boldsymbol{\epsilon}) = 0$ 时才是完整约束。与完整约束相对应，把这类不能积分到 $h_i(\boldsymbol{\epsilon}) = 0$ 的 Pfaffian 约束称为非完整约束。把至少受一个非完整约束的系统称为非完整系统。

以双轮差速运动学的机器人为例，在 5.1 节中，我们已经得到了双轮差速机器人的运动学模型为

$$\dot{\boldsymbol{p}} = \begin{pmatrix} \dot{x} \\ \dot{y} \\ \dot{\theta} \end{pmatrix} = \begin{pmatrix} v_c \cos(\theta) \\ v_c \sin(\theta) \\ \omega_c \end{pmatrix} = \begin{pmatrix} \cos(\theta) & 0 \\ \sin(\theta) & 0 \\ 0 & 1 \end{pmatrix} \begin{pmatrix} v_c \\ \omega_c \end{pmatrix}$$

式中，$\boldsymbol{p}$代表系统状态，包含x、y、θ三个变量，分别表示机器人的二维坐标和朝向信息，其广义坐标数量为3。机器人的控制量为

$$\boldsymbol{u}=\begin{pmatrix} v_c \\ \omega_c \end{pmatrix}$$

代表机器人前进的线速度与自身旋转的角速度，控制自由度为2。对于这个系统而言，假设在移动过程中机器人不发生侧滑，一定有

$$\dot{x}\sin(\theta)-\dot{y}\cos(\theta)=0$$

这是一个运动学约束，且对于广义速度$\boldsymbol{v}=(\dot{x}\ \dot{y})^{\mathrm{T}}$而言是线性的，因此是一个Pfaffian约束。该约束无法写成$h_i(\boldsymbol{p})=0$的形式，因此它是一个非完整约束，该系统是一个非完整系统。

双轮差速系统的非完整约束来自不发生侧滑的假设，为了更好地理解完整与非完整系统的区别，现假设拿掉这个约束，改为可以控制模型垂直于朝向的速度v_d，那么系统运动学模型将变为

$$\dot{\boldsymbol{p}}=\begin{pmatrix} \dot{x} \\ \dot{y} \\ \dot{\theta} \end{pmatrix}=\begin{pmatrix} v_c\cos(\theta)+v_d\sin(\theta) \\ v_c\sin(\theta)+v_d\cos(\theta) \\ \omega_c \end{pmatrix}=\begin{pmatrix} \cos(\theta) & \sin(\theta) & 0 \\ \sin(\theta) & \cos(\theta) & 0 \\ 0 & 0 & 1 \end{pmatrix}\begin{pmatrix} v_c \\ v_d \\ \omega_c \end{pmatrix}$$

系统在平面上的运动轨迹将完全可控，对于如图7-7所示的规划出的路径点，该系统能实现最短路径的轨迹跟踪，如图7-7a所示；但对于带有非完整约束的双轮差速模型，只能实现图7-7b所示的轨迹跟踪。

a) 没有非完整约束的轨迹跟踪　　b) 非完整约束下的轨迹跟踪

图7-7　有无非完整约束的轨迹跟踪效果

很多时候我们使用A*算法等路径规划方法得到的轨迹会存在很多角度的突变，很难在有限速的条件下满足图7-7a所示的轨迹跟踪。为了解决这个问题，常用的做法是将A*算法与轨迹平滑算法相结合，在原有离散轨迹的基础上构建出符合双轮差速模型的非完整约束的平滑轨迹。

2. 基于贝塞尔曲线的路径平滑算法

贝塞尔曲线（Bezier Curves）是1962年由法国工程师皮埃尔·贝塞尔发明的，用于设计汽车车身。如今，贝塞尔曲线被广泛应用于计算机图形学和动画中。n次贝塞尔曲线可以表示为

$$P_{[t_0,t_1]}(t)=\sum_{i=0}^{n}B_i^n(t)P_i$$

式中，P_i 是满足 $P(t_0)=P_0$ 和 $P(t_1)=P_n$ 的控制点，因为 p 已在 5.1 节中用于表示机器人的位姿信息，后续使用 P 代表控制点坐标向量；$B_i^n(t)$ 是伯恩斯坦多项式（Bernstein polynomial），其定义如下：

$$B_i^n(t)=\binom{n}{i}\left(\frac{t_1-t}{t_1-t_0}\right)^{n-i}\left(\frac{t-t_0}{t_1-t_0}\right)^{i},i=0,1,\cdots,n$$

贝塞尔曲线一定满足以下条件：

1）曲线总是经过 P_0 和 P_n。

2）连接 P_0 到 P_1 一直到 P_{n-1} 到 P_n 的曲线总是依次相切的。

3）曲线总是位于由控制点组成的凸包内。

依据控制点的数量可以将贝塞尔曲线划分为不同阶数，一般把拥有 n 个控制点的贝塞尔曲线叫作 $n-1$ 阶贝塞尔曲线。如图 7-8 所示的曲线就被称为三阶贝塞尔曲线。

下面以带有四个路径点的一段路径为例说明如何使用贝塞尔曲线平滑路径。如果直接将四个路径点作为控制点使用贝塞尔曲线做平滑，可能会出现平滑后的路径点与原路径点之间距离过大的问题，如图 7-8 所示，控制点 P_1 和 P_2 与平滑后的路径相距甚远。因此在使用贝塞尔曲线平滑时需要先对路径点增加一个走廊约束（Corridor Constraints），限制可通行区域为先前规划出的路径附近的走廊区域内，同时对其中的一些参数进行说明，如图 7-9 所示。

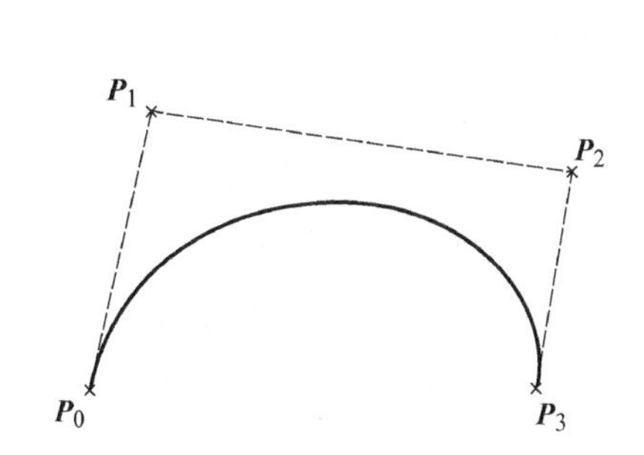

图 7-8　有四个控制点的三阶贝塞尔曲线

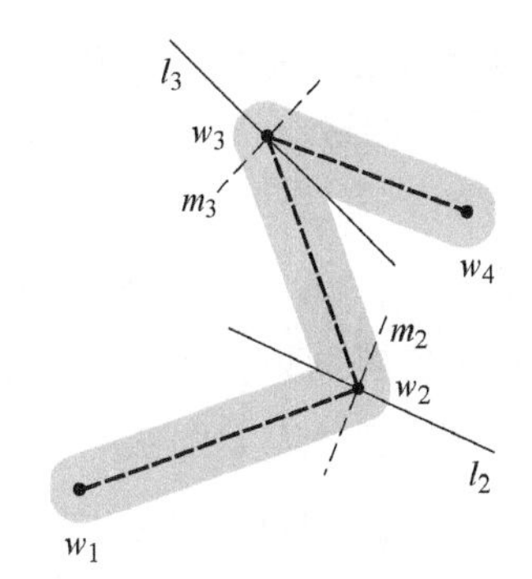

图 7-9　带有走廊约束的路径

图中，灰色区域为可通行区域，$w_i\in\mathbb{R}^2$ 代表路径点，l_i 和 m_i 分别代表路径点 w_i 与前后路径点形成的角平分线方向和与之垂直的方向上的直线。

为了减小带急转弯的路径点附近的位置误差，在横向运动中假定车辆的滑移角为零的情况下，由于弯道的曲率半径为常数，因此通过弯道的理想轨迹为圆弧，且圆弧的圆心在 l_i 上。如图 7-10 所示，无论圆弧曲率多大，当机器人通过 l_i 直线时，机器人的朝向与 m_i 保持一致。

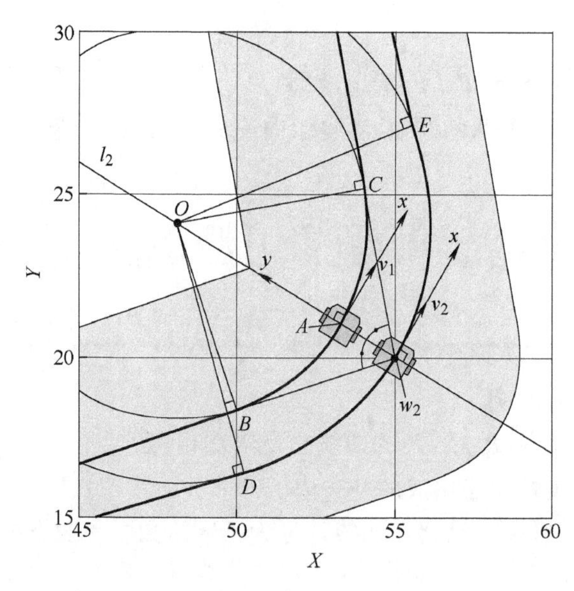

图 7-10 不同半径下使用圆弧规划出的路径

根据已有的证明，当控制点数量很大时，它们构成的贝塞尔曲线在数值上是不稳定的，因此，一般做法是将低阶贝塞尔曲线以平滑的方式连接在一起进行规划。每一段的贝塞尔曲线需要满足起点和终点位置约束，而且两端都要约束方向，根据贝塞尔曲线的性质，达到这个要求的贝塞尔曲线最小阶数为三，对应的控制点数量为四。

常用的方法是将前后两个路径点中间的一段轨迹对应一个三阶贝塞尔曲线。如对于 $\boldsymbol{w}_1$、$\boldsymbol{w}_2$、$\boldsymbol{w}_3$ 之间的轨迹，第一段起点设置在 $\boldsymbol{w}_1$，方向为直线 $\boldsymbol{w}_1\boldsymbol{w}_2$ 方向，终点在 $\boldsymbol{w}_2$，方向为直线 m_2 方向；第二段起点设置在 $\boldsymbol{w}_2$，方向为直线 m_2 方向，终点在 $\boldsymbol{w}_3$，方向为直线 m_3 方向。以第一段为例，为了满足这些约束，需要设计四个控制点 $\boldsymbol{P}_{0,1}$、$\boldsymbol{P}_{1,1}$、$\boldsymbol{P}_{2,1}$、$\boldsymbol{P}_{3,1}$ 的位置。为了满足位置约束，$\boldsymbol{P}_{0,1}$、$\boldsymbol{P}_{3,1}$ 分别选在起点和终点，为了满足方向约束，$\boldsymbol{P}_{1,1}$ 一定要位于起点方向的延长线上，$\boldsymbol{P}_{2,1}$ 一定要位于终点方向的反向延长线上。以此类推设计出每段路径对应的贝塞尔曲线，结果如图 7-11 所示。

图中 $\boldsymbol{P}_{0\sim3,1}$ 到 $\boldsymbol{P}_{0\sim3,3}$ 代表三段不同的三阶贝塞尔曲线，$\boldsymbol{P}_{i,j}$ 中的 i 代表第 j 段轨迹中的第 i 个控制点。

使用这种方式规划的路径可以在运行效率和平滑程度之间找到很好的平衡。而且贝塞尔曲线总是位于由控制点组成的凸包内，只要控制点在走廊约束的区域内，得到的曲线也一定会满足走廊约束，在此基础上，控制点两两之间的距离越远，曲线的平滑程度越好，但曲线的长度会变大，因此要根据机器人的使用场景对运行效率和平滑程度的要求，调整控制点间的距离。

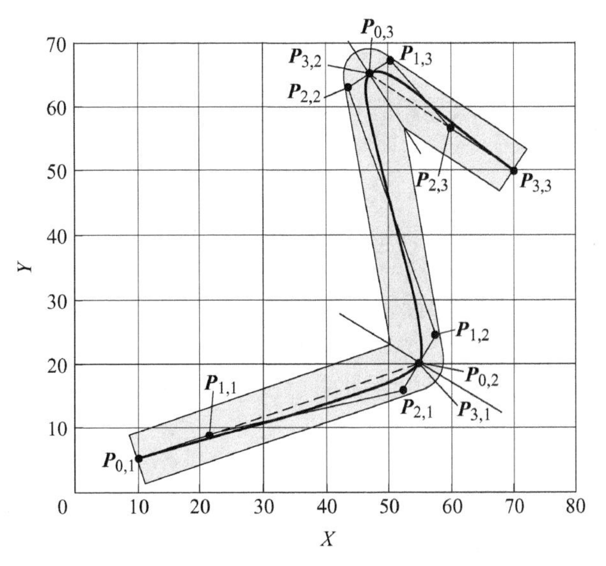

图 7-11　分段使用三阶贝塞尔曲线实现路径平滑

7.2.2　移动机器人轨迹跟踪

在实际运行时，因为控制信号的发出在时间上都是离散的，在两次控制之间会保持上一次的控制量不变，因此只能根据控制频率对时间采样，根据控制量和时间预测出下一时刻的广义坐标，然后根据轨迹给出下一段时间的控制量，以此类推得到一个与规划的轨迹相适应的轨迹控制序列。该序列包括时间戳和控制量，将其与广义坐标相结合，就得到了带有时间戳、参考控制量、参考广义坐标的参考轨迹。

当然，实际运行中由于噪声的存在，真实轨迹和参考轨迹之间一定会有偏差，因此需要构建对轨迹跟踪的观测器，然后根据观测结果与参考轨迹的误差设计控制器，实现轨迹跟踪。

假设当前需要跟踪的参考轨迹为

$$\begin{cases} x_d(t) = p(t) \\ y_d(t) = q(t) \end{cases} \quad (0 \leqslant t \leqslant T)$$

式中，$p(t)$ 和 $q(t)$ 代表 t 时刻参考轨迹在 x 和 y 轴上的坐标，是已知量。为了设计的控制器在计算时不出错，我们加入一个在跟踪过程中机器人速度不会为 0 的假设，即 $\dot{p}(t)^2 + \dot{q}(t)^2 \neq 0, t \in [0,T]$，这在真实世界里意味着机器人在跟踪时不会出现停车或前后变向的情况。为了跟踪轨迹，令

$$\begin{cases} \dot{x}_d = v_d \cos\theta_d \\ \dot{y}_d = v_d \sin\theta_d \end{cases}$$

把 $p(t)$，$q(t)$ 代入其中可得

$$\begin{cases} v_d(t) = \sqrt{\dot{p}(t)^2 + \dot{q}(t)^2} \\ \theta_d(t) = \text{atan}(\dot{p}(t), \dot{q}(t)) \end{cases}$$

其中 θ_d 不是控制量，因此对其求导得到控制量 ω_d 为

$$\omega_d(t) = \dot{\theta}_d(t) = \frac{\ddot{q}(t)\dot{p}(t) - \ddot{p}(t)\dot{q}(t)}{v_d(t)^2}$$

通过这种方式可得到轨迹跟踪的开环控制量 $v_d(t)$、$\omega_d(t)$，但其无法对控制过程中的扰动或者测量误差做出调整，因此设计以下带有反馈的非线性控制器。

设计思路是在轨迹外选择一个新的点作为参考点，一般是由误差和偏移量导致的测量到的原参考轨迹外的点，设该点与当前点距离为 L，记为 (x_L, y_L)，与当前实际位置 (x, y) 连线的角度值为 ϕ，因此有

$$\begin{cases} x_L = x + L\cos\phi \\ y_L = y + L\sin\phi \end{cases}$$

式中，x_L、y_L 代表参考点平面坐标；x、y 代表当前状态中的平面坐标。对时间 t 求导，并代入 $\dot{x}_d = v_d\cos\theta_d$、$\dot{y}_d = v_d\sin\theta_d$ 得

$$\begin{pmatrix} \dot{x}_L \\ \dot{y}_L \end{pmatrix} = \underbrace{\begin{pmatrix} \cos\phi & -L\sin\phi \\ \sin\phi & L\cos\phi \end{pmatrix}}_{\boldsymbol{A}} \begin{pmatrix} v \\ \omega \end{pmatrix}$$

通过这种方式我们能实现系统动态的反馈线性化。因为矩阵 $\boldsymbol{A}$ 是非奇异的，可以得到新的控制量为

$$\begin{pmatrix} v \\ \omega \end{pmatrix} = \begin{pmatrix} \cos\phi & \sin\phi \\ -\dfrac{1}{L}\sin\phi & \dfrac{1}{L}\cos\phi \end{pmatrix} \begin{pmatrix} \dot{x}_L \\ \dot{y}_L \end{pmatrix} \tag{7-4}$$

随后加入对偏移量的修正部分，选择 $\dot{x}_L$、$\dot{y}_L$ 如下：

$$\begin{cases} \dot{x}_L = -k[x_L - x_d(t)] + \dot{x}_d \\ \dot{y}_L = -k[y_L - y_d(t)] + \dot{y}_d \end{cases}$$

式中，k 代表对方向的修正程度，这样可以让偏移出去的点 (x_L, y_L) 都朝向 (x_d, y_d)，以达到修正偏移的效果。

将上式代入到式（7-4）中得到

$$\begin{cases} v = -k(L - \rho\cos(\Delta\phi) + v_d\cos(\theta_d - \phi) \\ \omega = \dfrac{k\rho}{L}\sin((\Delta\phi) + \dfrac{v_d}{L}\sin(\theta_d - \phi) \end{cases}$$

式中，$\Delta\phi$ 表示车辆测量到的相对于轨迹参考点的角度；ρ 表示车辆位置 (x,y) 到参考点 (x_d, y_d) 的距离。需要注意的是，看起来 L 越短，跟踪精度就越高，但是仿真和实验表明，

较短的 L 需要更多的计算，并且对干扰和噪声更为敏感。因此，在确定合适的 L 时必须进行权衡。

本章小结

本章在第 5 章介绍的移动机器人运动学模型基础上，考虑移动机器人实际应用需求，从移动机器人的相关规划与控制方法原理入手，介绍了移动机器人的路径规划、轨迹跟踪等相关算法。7.1 节介绍了移动机器人的路径规划算法，从传统路径规划算法到智能路径规划算法，从中可以了解到路径规划算法在移动机器人应用中的发展。

在 7.2 节中，介绍了基于模型的轨迹跟踪方法。从移动机器人的运动学模型入手，介绍了基于贝塞尔曲线的路径平滑算法，将 A* 算法等路径规划方法规划出的路径进行平滑处理，以便移动机器人的跟踪控制。随后，介绍了如何从规划的轨迹中获得带有时间戳、参考控制量、参考广义坐标的参考轨迹，如何构建轨迹跟踪的观测器，最后根据观测结果与参考轨迹的误差设计控制器，实现最终的轨迹跟踪控制。

第 3 部分

运动控制实践

第 8 章　基于 STM32 的直流电机控制实现

8.1　电机辨识与控制系统介绍

通过前面几章的学习，我们已经掌握了直流电机的电气与力学模型辨识方法，以及直流电机的二次型最优控制方法，本章将搭建一套电机辨识与控制系统，将前面提到的方法进行实践。

首先需要搭建一套硬件平台，该平台需要满足直流电机的辨识和控制要求，如图 8-1 所示。

在进行电机辨识时，如图 8-1a 所示，PC 按照一定规律向 STM32 开发板发送目标电压 u_i^*，STM32 开发板将目标电压换算为占空比，再以 PWM 信号的形式转发给功率放大器，功率放大器输出 u_i 拖动直流 24V 有刷电机，此时 STM32 开发板通过采集编码器输出的脉冲信号进而计算出电机转速 ω_i，通过采集电流传感器的模拟量信号进而计算出 i 时刻的电枢电流 $i_{d,i}$，并反馈至 PC，用于进行电机辨识。

在进行电机控制时，如图 8-1b 所示，PC 下发控制目标 $\bar{x}_i$ 指令，包含目标电流、目标速度及目标位置，此时电机控制包括位置闭环控制、位置闭环跟踪以及速度闭环跟踪。STM32 开发板将输入的 $\bar{x}_i$ 分别通过 4.2.1 节有限时域 LQG 方法、4.2.2 节无限时域 LQG 方法以及 4.2.3 节无限时域 LQG 方法计算出对应的 u_i^*，再以 PWM 信号的形式发送给功率放大器，拖动直流 24V 有刷电机，此过程中 STM32 开发板实时采集 $i_{d,i}$ 和 ω_i 的反馈值，分别进行直流电机位置闭环控制、位置闭环跟踪以及速度闭环跟踪。

根据图 8-1 所示的数据传输示意图，设计如图 8-2 所示的硬件连线图。STM32 开发板由 PC 的 USB 供电，并通过 USB 与 PC 进行数据通信；STM32 开发板输入接口可接收的最大电压为 3.3V，而电流传感器的信号输出接口的模拟量范围为 0 ～ 5V，因此电流传感器的输出信号需要使用 5V–3.3V 转换模块降压后，再发送给 STM32 开发板的模拟量输入接口，以免过高电压信号损坏 STM32 开发板，并且需要将稳压模块与 STM32 开发板共地，以保证检测值的准确性。

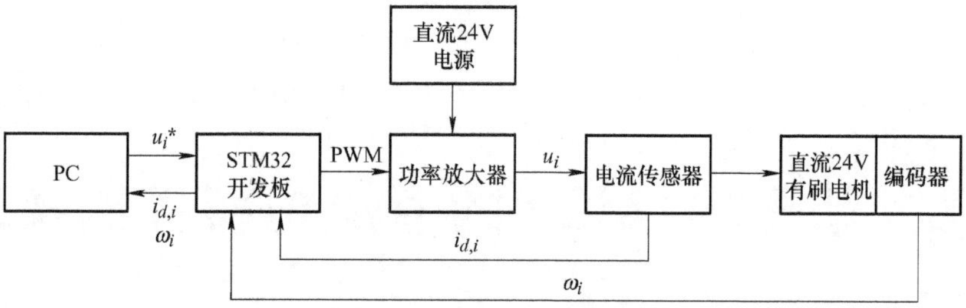

直流24V
电源
PC
u_i^*
STM32
开发板
PWM
功率放大器
u_i
电流传感器
直流24V
有刷电机
编码器
$i_{d,i}$
ω_i
$i_{d,i}$
ω_i

a) 电机辨识数据传输示意

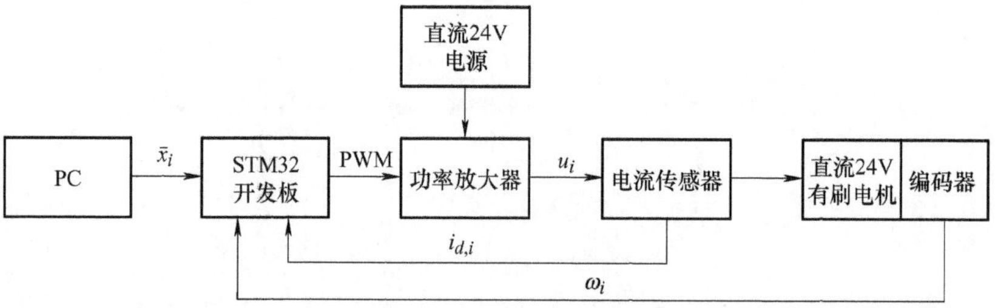

直流24V
电源
PC
$\bar{x}_i$
STM32
开发板
PWM
功率放大器
u_i
电流传感器
直流24V
有刷电机
编码器
$i_{d,i}$
ω_i

b) 电机控制数据传输示意

图 8-1　电机辨识及控制数据传输示意图

直流24V电源
开关
PWM
输入
接口
方向
输入
接口1
功率放大器
方向
输入
接口2
功率
输出
接口1
功率
输出
接口2
PC
USB供电
与通信
PWM
输出
接口
方向
输出
接口1
方向
输出
接口2
5V
STM32开发板
GND
脉冲输入
接口1
脉冲输入
接口2
模拟量
输入接口
电压输出
接口
GND
5V转3.3V
稳压模块
电压输入
接口
5V
电流
输入接口
GND
电流传感器
传感器信号
输出接口
电流
输出接口
A相
编码器
B相
直流24V
有刷电机

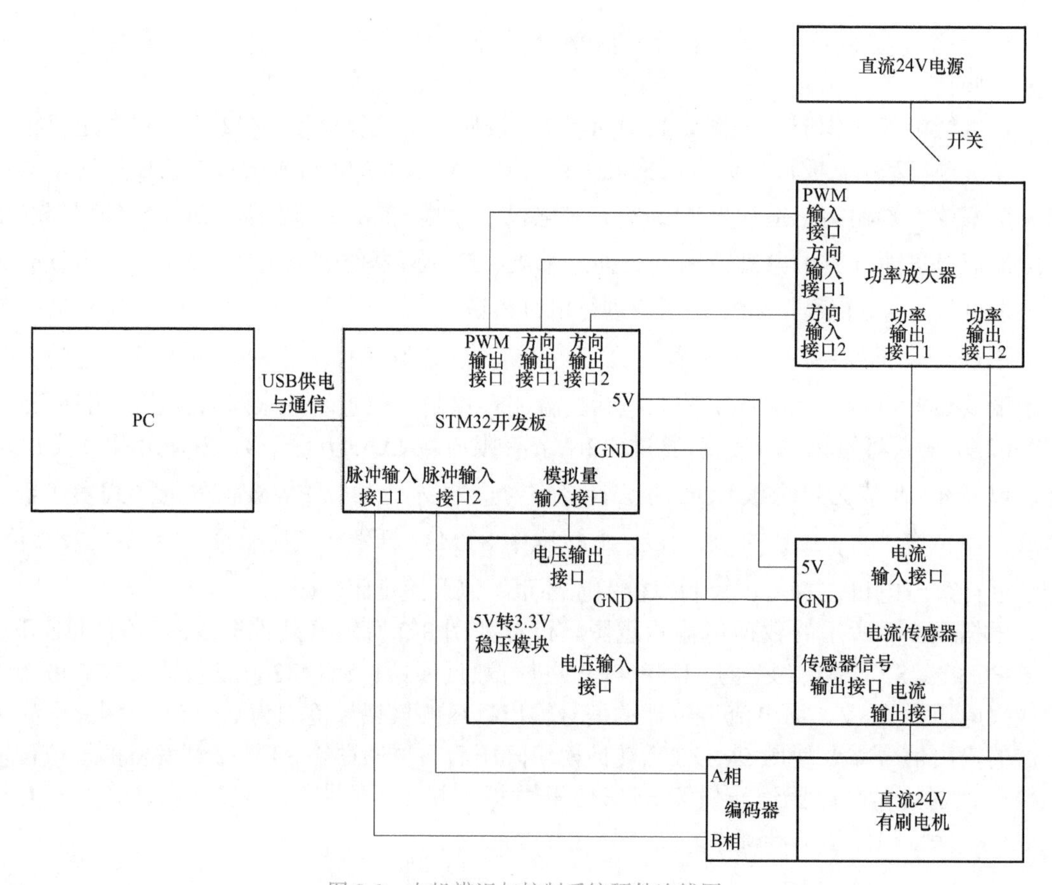

图 8-2　电机辨识与控制系统硬件连线图

8.1.1　中断中如何实现编码器采样

在本章中，编码器将电机转子的角位移转换为电信号输出，转子每旋转一周将输出 2000 个脉冲信号，我们可以通过读取每个采样周期内采集到的脉冲数，计算得到电机的转速 ω_i。

那么该如何获取一个采样周期内的编码器输出脉冲数呢？此处需要使用 STM32 的定时器中断机制。定时器中断是指将 CPU 此时正在进行的运算暂停，转而进行中断要求的运算，运算完成后 CPU 再继续进行之前被暂停的运算。得益于 STM32 极高的时钟频率（如本章使用的 STM32 开发板，APB1 总线时钟频率为 168MHz，APB2 总线时钟频率为 84MHz），我们可以进行极高频率的脉冲数信号采集，示例代码如下：

```
int Read_Encoder ( u8 TIMX )
{
    // 获取 TIM5 定时器中断时的计数值，编码器每输出一个脉冲，计数加 1 或减 1，这取决于电
    // 机的旋转方向
    __disable_irq ();
    int16_t t5cnt = TIM_GetCounter ( TIM5);
    __enable_irq ();
    // 将 TIM5 计数重置为 0x8000，此举为了防止 TIM5 计数超出上限 0xFFFF，造成计数值骤变
    TIM_SetCounter ( TIM5,  0x8000);
    //TIM5 累计脉冲数 -0x8000，获取此采样周期内脉冲数
    t5cnt = t5cnt - 0x8000;
    // 返回此采样周期内脉冲数，带符号，+ 为电机正转，- 为电机反转
    return t5cnt;
}
```


本文使用的 STM32 开发板具有多个 TIMx 定时器，本章使用 TIM5 作为采集编码器脉冲的定时器，使用引脚 PA0 和 PA1 作为编码器 A 相、B 相信号的接收引脚，每当编码器输出一次脉冲，就触发一次 TIM5 定时器的中断，TIM5 计数加 1。而 Read_Encoder () 函数每被调用一次，就可以获取上次调用本函数到这次调用本函数之间（即一个周期）的编码器脉冲数，同时 TIM5 计数归零。TIM5 定时器初始化示例代码如下：

```
void TIM5_Init ( void )
{
  TIM_TimeBaseInitTypeDef TIM_TimeBaseStructure;
  TIM_ICInitTypeDef TIM_ICInitStructure;
  GPIO_InitTypeDef GPIO_InitStructure;
  // 使能 TIM5 的时钟
  RCC_APB1PeriphClockCmd ( RCC_APB1Periph_TIM5,  ENABLE );
  // 使能 PA 端口时钟
  RCC_AHB1PeriphClockCmd ( RCC_AHB1Periph_GPIOA,  ENABLE );
  // 端口配置
  GPIO_InitStructure.GPIO_Pin = GPIO_Pin_0 | GPIO_Pin_1;
  // 速度 100MHz
  GPIO_InitStructure.GPIO_Speed = GPIO_Speed_100MHz;
```

```
    // 复用功能
    GPIO_InitStructure.GPIO_Mode = GPIO_Mode_AF;
    // 开漏复用输出
    GPIO_InitStructure.GPIO_OType = GPIO_OType_OD;
    // 上拉
    GPIO_InitStructure.GPIO_PuPd = GPIO_PuPd_UP;
    // 根据设定参数初始化 GPIOA
    GPIO_Init（GPIOA， &GPIO_InitStructure）;
    // 复用为 TIM5 编码器接口
    GPIO_PinAFConfig（GPIOA，GPIO_PinSource0，GPIO_AF_TIM5）;
    // 复用为 TIM5 编码器接口
    GPIO_PinAFConfig（GPIOA，GPIO_PinSource1，GPIO_AF_TIM5）;

    TIM_TimeBaseStructInit（&TIM_TimeBaseStructure）;
    // 设置用来作为 TIMx 时钟频率除数的预分频值
    TIM_TimeBaseStructure.TIM_Prescaler = 0x0;
    // 设定计数器自动重装值
    TIM_TimeBaseStructure.TIM_Period = 65535;
    // 选择时钟分频：不分频
    TIM_TimeBaseStructure.TIM_ClockDivision = TIM_CKD_DIV1;
    //TIM 向上计数
    TIM_TimeBaseStructure.TIM_CounterMode = TIM_CounterMode_Up;
    TIM_TimeBaseInit（TIM5， &TIM_TimeBaseStructure）;
    // 使用编码器模式 3
    TIM_EncoderInterfaceConfig（TIM5， TIM_EncoderMode_TI12， TIM_ICPolarity_Rising，
    TIM_ICPolarity_Rising）;
    TIM_ICStructInit（&TIM_ICInitStructure）;
    TIM_ICInitStructure.TIM_ICFilter = 0;
    TIM_ICInit（TIM5， &TIM_ICInitStructure）;

    TIM_ClearFlag（TIM5， TIM_FLAG_Update）;
    TIM_ITConfig（TIM5， TIM_IT_Update， ENABLE）;
    TIM_SetCounter（TIM5，0）;
    // 使能 TIM5
    TIM_Cmd（TIM5， ENABLE）;
}
```


上述两段示例代码展示了如何获取一个采样周期内编码器输出的脉冲数。那么如何设置采样周期呢？需要使用一个固定频率的定时器中断来不断循环执行 Read_Encoder（）函数实现。这里以 TIM7 为例，示例代码如下：

```
void TIM7_Init（u16 arr， u16 psc）
{
    TIM_TimeBaseInitTypeDef TIM_TimeBaseStructure;
    // 使能 TIM7 的 RCC 时钟
    RCC_APB1PeriphClockCmd（RCC_APB1Periph_TIM7，ENABLE）;
```

```
    // 设置在下一个更新事件装入活动的自动重载寄存器的值
    TIM_TimeBaseStructure.TIM_Period = arr;
    // 设置用来作为 TIM7 时钟频率除数的预分频值
    TIM_TimeBaseStructure.TIM_Prescaler = psc;
    // 根据 TIM_TimeBaseInitStruct 中指定的参数初始化 TIM7 的时间基数单位
    TIM_TimeBaseInit（TIM7， &TIM_TimeBaseStructure）;
    // 清除更新中断标志
    TIM_ClearFlag（TIM7，TIM_FLAG_Update）;
    // 允许 TIM7 更新中断使能
    TIM_ITConfig（TIM7，TIM_IT_Update， ENABLE）;
    // 中断优先级设置
    NVIC_InitTypeDef NVIC_InitStructure;
    //TIM7 中断
    NVIC_InitStructure.NVIC_IRQChannel =TIM7_IRQn;
    // 占先式优先级设置为 0
    NVIC_InitStructure.NVIC_IRQChannelPreemptionPriority = 1;
    // 副优先级设置为 0
    NVIC_InitStructure.NVIC_IRQChannelSubPriority = 0;
    // 中断使能
    NVIC_InitStructure.NVIC_IRQChannelCmd = ENABLE;
    // 中断初始化
    NVIC_Init（&NVIC_InitStructure）;
    // 使能 TIM7
    TIM_Cmd（TIM7， ENABLE）;
}
```


上述代码展示了如何初始化一个定时器，本章使用 TIM7 定时中断进行采样，上述初始化设置选项中，与定时器中断频率设置有关的设置有两项，分别是 TIM_TimeBaseInitTypeDef.TIM_Period 和 TIM_TimeBaseInitTypeDef.TIM_Prescaler（其中"TIM_TimeBaseInitTypeDef"是类名，而示例代码中的"TIM_TimeBaseStructure"是该类的一个实例，是类的一个具体对象），前者是当定时器的计数值达到这个值时，定时器产生一个中断，后者是控制定时器每计一次数所需的对应时钟振荡次数，二者共同控制定时器的中断频率，中断频率的计算方式为

频率（Hz）= 所在时钟频率 /[（TIM_Period+1）*（TIM_Prescaler+1）]

TIM7 所在的时钟 APB2 总线时钟频率为 84MHz，因此，若要将 TIM7 的中断频率设置为 1000Hz，只需调用 TIM7 初始化程序时使用如下参数：

```
// 调用 TIM7 初始化程序，中断频率为 84M/（（999+1）*（83+1））=1000Hz
TIM7_Init（999，83）;
```

经过以上设置，我们就能以 1000Hz 的采样频率对编码器的脉冲数进行采样，当然也可以将 TIM_Period 和 TIM_Prescaler 分别设置为 99 和 839 达到同样的目的，这取决于你的计算习惯。采样的具体过程需要在中断函数内实现，也就是当中断发生时，程序会执行中断函数内的代码。中断函数如下所示：

```
void TIM7_IRQHandler(void){
    // 读取编码器 1ms 输出的脉冲数
    float Encoder_pr = Read_Encoder();
}
```

8.1.2 中断中如何实现 PWM 输出

同样使用中断机制输出 PWM 信号给功率放大器，从而拖动电机运转。本章以 TIM8 为例，初始化示例代码如下：

```
void TIM8_Init(u16 arr, u16 psc)
{
    GPIO_InitTypeDef GPIO_InitStructure;
    TIM_TimeBaseInitTypeDef  TIM_TimeBaseStructure;
    TIM_OCInitTypeDef  TIM_OCInitStructure;
    //TIM8 时钟使能
    RCC_APB2PeriphClockCmd(RCC_APB2Periph_TIM8, ENABLE);
    // 使能 PORTC 时钟
    RCC_AHB1PeriphClockCmd(RCC_AHB1Periph_GPIOC, ENABLE);
    // 定义 PC9 引脚功能作为 TIM8 复用
    GPIO_PinAFConfig(GPIOC, GPIO_PinSource9, GPIO_AF_TIM8);

    // 定义 GPIO 引脚
    GPIO_InitStructure.GPIO_Pin = GPIO_Pin_9;
    // 复用功能
    GPIO_InitStructure.GPIO_Mode = GPIO_Mode_AF;
    // 速度 100MHz
    GPIO_InitStructure.GPIO_Speed = GPIO_Speed_100MHz;
    // 推挽复用输出
    GPIO_InitStructure.GPIO_OType = GPIO_OType_PP;
    // 上拉
    GPIO_InitStructure.GPIO_PuPd = GPIO_PuPd_UP;
    // 初始化 PC 口
    GPIO_Init(GPIOC, &GPIO_InitStructure);

    // 设置在下一个更新事件装入活动的自动重装载寄存器周期的值
    TIM_TimeBaseStructure.TIM_Period = arr;
    // 设置用来作为 TIM8 时钟频率除数的预分频值
    TIM_TimeBaseStructure.TIM_Prescaler =psc;
    // 设置时钟分割：TDTS = Tck_tim
    TIM_TimeBaseStructure.TIM_ClockDivision = 1;
    // 向上计数模式
    TIM_TimeBaseStructure.TIM_CounterMode = TIM_CounterMode_Up;
    // 根据 TIM_TimeBaseInitStruct 中指定的参数初始化 TIM8 的时间基数单位
    TIM_TimeBaseInit(TIM8, &TIM_TimeBaseStructure);
```

```
    // 选择定时器模式：TIM 脉冲宽度调制模式 1
    TIM_OCInitStructure.TIM_OCMode = TIM_OCMode_PWM1;
    // 比较输出使能
    TIM_OCInitStructure.TIM_OutputState = TIM_OutputState_Enable;
    // 输出极性：TIM 输出比较极性高
    TIM_OCInitStructure.TIM_OCPolarity = TIM_OCPolarity_High;
    // 根据 TIM_OCInitStruct 中指定的参数初始化外设 TIM8
    TIM_OC4Init（TIM8， &TIM_OCInitStructure）;

    // 高级定时器输出使能
    TIM_CtrlPWMOutputs（TIM8，ENABLE）;
    //CH1 预装载使能
    TIM_OC4PreloadConfig（TIM8， TIM_OCPreload_Enable）;
    // 使能 TIM8 在 ARR 上的预装载寄存器
    TIM_ARRPreloadConfig（TIM8， ENABLE）;
    //TIM8 的 CCR4 寄存器初始值设为 0
    TIM8->CCR4=0;
    // 使能 TIM8
    TIM_Cmd（TIM8， ENABLE）;
}
```

上述代码与 TIM7 初始化类似，同样需要设置 TIM8 的中断频率，不同的是，TIM7 中断用于采集编码器的脉冲，而 TIM8 中断则用于输出 PWM 信号，输出引脚为 PC9。在直流电机控制系统中，PWM 波形频率通常设置为 10kHz，而 TIM8 所在的 APB1 总线时钟频率为 168MHz，因此，设置 TIM8 中断频率的方法如下：


```
// 调用 TIM8 初始化程序，中断频率为 168M/（（16799+1）*（0+1））=10kHz
TIM8_Init（16799，0）;
```

上述初始化设置中设置的“16799”为 TIM8 定时器的自动重载周期值，同时也可以视为输出 PWM 信号的上限值减 1。例如，本章使用的驱动器可接受的 PWM 占空比范围为 0～1，当需要输出一个占空比为 0.5 的 PWM 信号时，TIM8 实际输出的值 =（16799+1）*0.5=8400，然后使用如下 TIM_SetCompare4（）函数输出 PWM 信号：

```
// 输出 PWM 信号
TIM_SetCompare4（TIM8， 8400）;
```

显然，电机控制不仅要让电机正转，还需要控制电机进行反转，这就需要通过控制另外两个引脚的电平高低来实现。以 PB12、PB13 为例，两个引脚的初始化程序如下：

```
void Motor_direction_Init（void）
{
  GPIO_InitTypeDef   GPIO_InitStructure;
  // 使能 GPIOB 时钟
  RCC_AHB1PeriphClockCmd（RCC_AHB1Periph_GPIOB， ENABLE）;
  // 对应 IO 口
  GPIO_InitStructure.GPIO_Pin =   GPIO_Pin_12|GPIO_Pin_13;
```

```
    // 推挽输出
    GPIO_InitStructure.GPIO_OType = GPIO_OType_PP;
    // 普通输出模式
    GPIO_InitStructure.GPIO_Mode = GPIO_Mode_OUT;
    // 速度 2MHz
    GPIO_InitStructure.GPIO_Speed = GPIO_Speed_2MHz;
    // 上拉
    GPIO_InitStructure.GPIO_PuPd = GPIO_PuPd_UP;
    // 初始化 GPIO
    GPIO_Init(GPIOB, &GPIO_InitStructure);
    //PB12、PB13 初始置低电平
    GPIO_ResetBits(GPIOB, GPIO_Pin_12|GPIO_Pin_13);
}
```

然后只需要分别控制 PB12、PB13 的电平高低就可以控制电机的旋转方向。示例代码如下：

```
//PB12 置高电平，PB13 置低电平，电机正转
//PB12 置低电平，PB13 置高电平，电机反转
// 其他情况，电机停转
// 以下代码将电机旋转方向设置为正转
GPIO_SetBits(GPIOB, GPIO_Pin_12);            //PB12 置高电平
GPIO_ResetBits(GPIOB, GPIO_Pin_13);          //PB13 置低电平
```


当然，也可以将输出 PWM 信号和控制电机旋转方向的功能组合成一个函数，将电机旋转方向以占空比的符号来表示，这样占空比的范围可以拓展至 -1 ～ 1，占空比为正时，电机正转，占空比为负时，电机反转，如此便可提高电机控制程序的复用性。示例代码如下：

```
// 参数说明：motor- 占空比，可带符号
void Set_Pwm(float motor)
{
    // 将占空比转换成 TIM8 实际输出的值
    motor*=16800;
    // 电机正反转控制
    if(motor>0){
        GPIO_SetBits(GPIOB, GPIO_Pin_12);        //PB12 置高电平
        GPIO_ResetBits(GPIOB, GPIO_Pin_13);      //PB13 置低电平
    }
    else
    {
        GPIO_ResetBits(GPIOB, GPIO_Pin_12);      //PB12 置低电平
        GPIO_SetBits(GPIOB, GPIO_Pin_13);        //PB13 置高电平
    }
    // 输出 PWM 信号，输出 motor 绝对值
    TIM_SetCompare4(TIM8, myabs(motor));
}
```

8.2　电机参数辨识实践

在搭建好实际的电机参数辨识控制平台后，我们便可以采集真实数据，依据第 3 章中给出的电机参数辨识方法对电机的相关参数进行辨识。

8.2.1　测定转动惯量

依据 3.2 节的转动惯量实验测定方法，采集实际电机在不同电压下的稳态转速与电流数据。绘制角速度 - 负载转矩关系图如图 8-3a 所示。

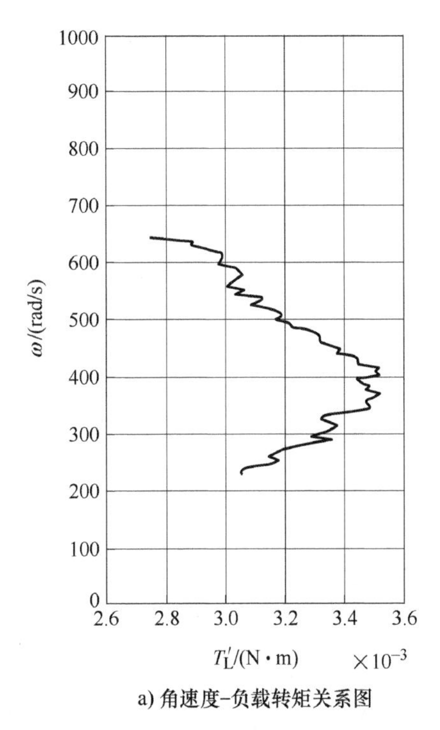

a) 角速度-负载转矩关系图

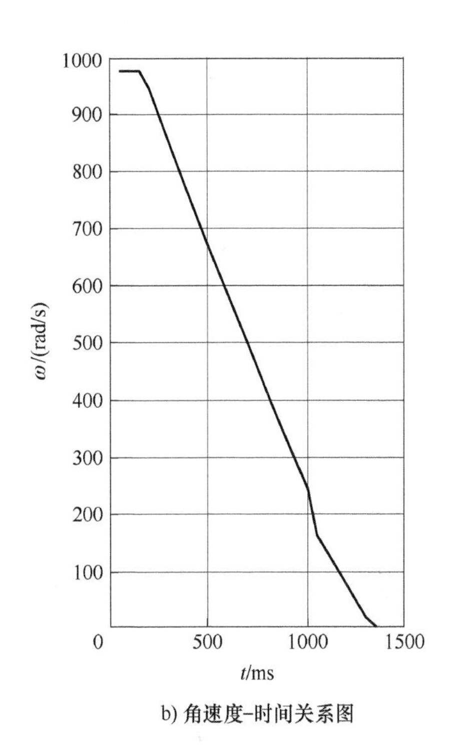

b) 角速度-时间关系图

图 8-3　角速度与负载转矩和时间的关系

可以看出，图 8-3a 中实际的角速度 - 负载转矩曲线与图 3-3 左侧曲线具有相一致的趋势走向。依据 3.2 节的测量方法，计算出拐点处的负载转矩 $T_L' = P_L' / \omega = 0.003601693\text{N} \cdot \text{m}$。

接下来进行空载实验。给定电机输入电压 $U = 23.407\text{V}$，让电机稳态运行一段时间。从某一时刻开始完全关断驱动电源，令电机通过损失转矩减速。其减速的角速度 - 时间关系图如图 8-3b 所示。

可以看出，实际的角速度 - 时间关系图与图 3-3 的右侧曲线相匹配。依据 3.2 节的测量方法，计算出滑行曲线的斜率为：$\dfrac{\text{d}\omega}{\text{d}t}(\omega) = -828.3496255\text{rad/s}$。

因此，依据 3.2 节给出的转动惯量测定方法，我们得到通过实验测定的转动惯量为

$$J \approx \frac{-T_{\mathrm{L}}'(\omega_1)}{\left.\frac{\mathrm{d}\omega}{\mathrm{d}t}\right|_{\omega_1}} = 4.34803 \times 10^{-6} \mathrm{kg} \cdot \mathrm{m}^2$$

至此，我们便完成了电机转动惯量的实验测定。

8.2.2 测定 C_{e} 与 R

依据 3.3 节给出的实验测定方法，采集实际电机在不同电压下稳态运行时的转速与电流信息。其中电压－电流关系可以直接使用测定转动惯量时的近似线性部分，而对应的电压－转速关系如图 8-4 所示。

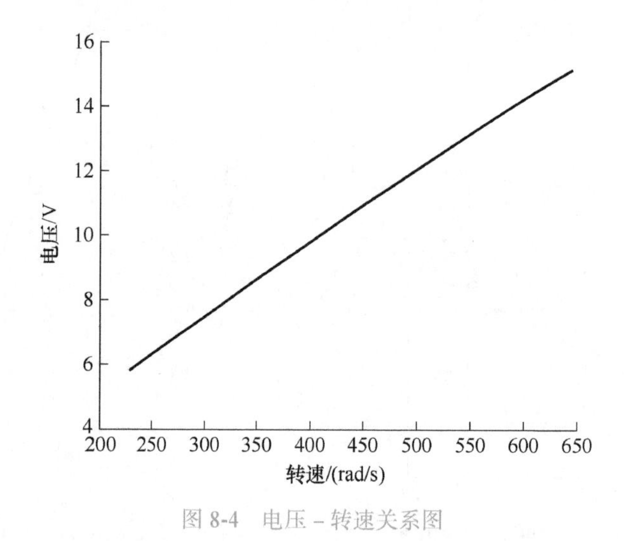

图 8-4 电压－转速关系图

容易看出，电压－转速关系和电压－电流关系都呈现高度的线性。依据 3.3 节，它们应该满足如下的关系：

$$U_{\mathrm{d}} = (C_{\mathrm{e}} \quad R)\begin{bmatrix} x_2 \\ x_3 \end{bmatrix}$$

因此，对上述记录的数据运用最小二乘法，可以计算出 $C_{\mathrm{e}} = 0.002402\mathrm{V}/(\mathrm{rad}/\mathrm{s})$，$R = 5.414577\Omega$。至此，我们便完成了对 C_{e} 和 R 的实验测定。

8.2.3 电机参数辨识

依据 3.4 节给出的预报误差极小化方法的 Matlab 实现，对真实电机的参数进行辨识。

在完成了 8.2.1 节与 8.2.2 节之后，我们得到了 J、C_e、R 的实验测定。为了辨识其余参数，构建如图 8-5 所示的梯形电压输入波形，并测量对应的转速和电流变化情况，分别如图 8-6 和图 8-7 所示。

将输入电压以及所测得的数据输入 3.4 节给出的预报误差模型辨识方法中，最终得到其他参数的模型辨识结果，如图 8-8 所示。

可以看出，我们的辨识模型对于速度的预测十分吻合真实数据，但电流的预测与真实数据差异较大。这可能是因为电机运行时的电流噪声不符合白噪声假设等原因。那么，如何获得更精确的模型呢？感兴趣的同学可以自行探索。

至此，我们便获得了对于真实电机的所有参数的实验测定与估计，后续章节将介绍基于电机辨识模型的控制实验。

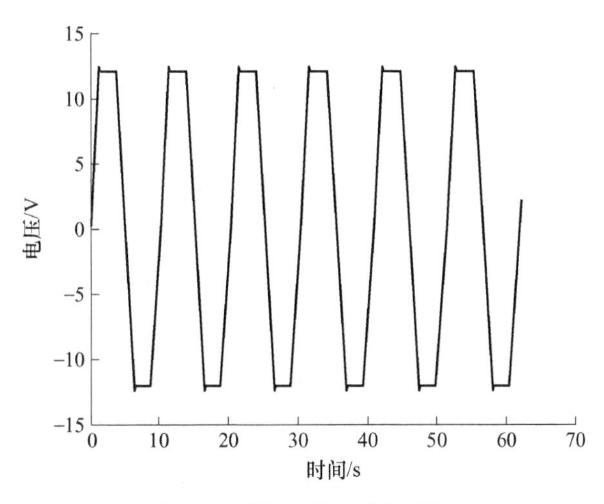

图 8-5　梯形电压输入波形图

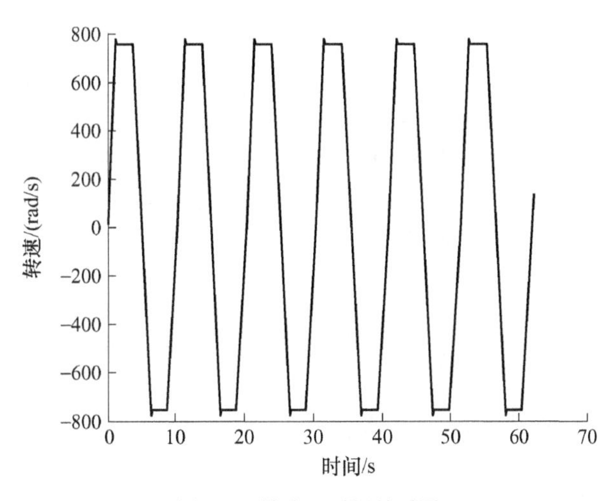

图 8-6　转速 – 时间关系图

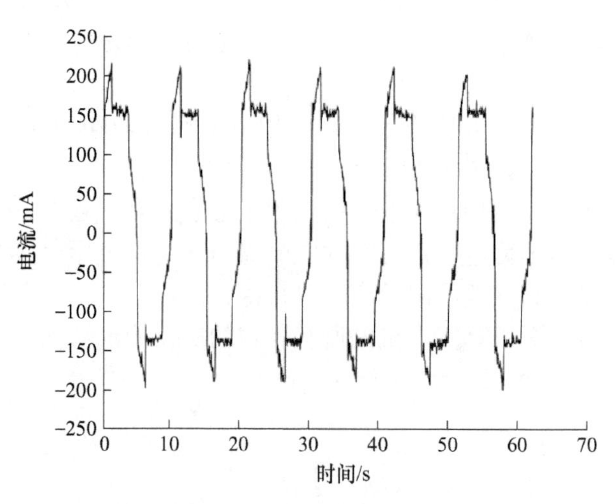

图 8-7　电流 – 时间关系图

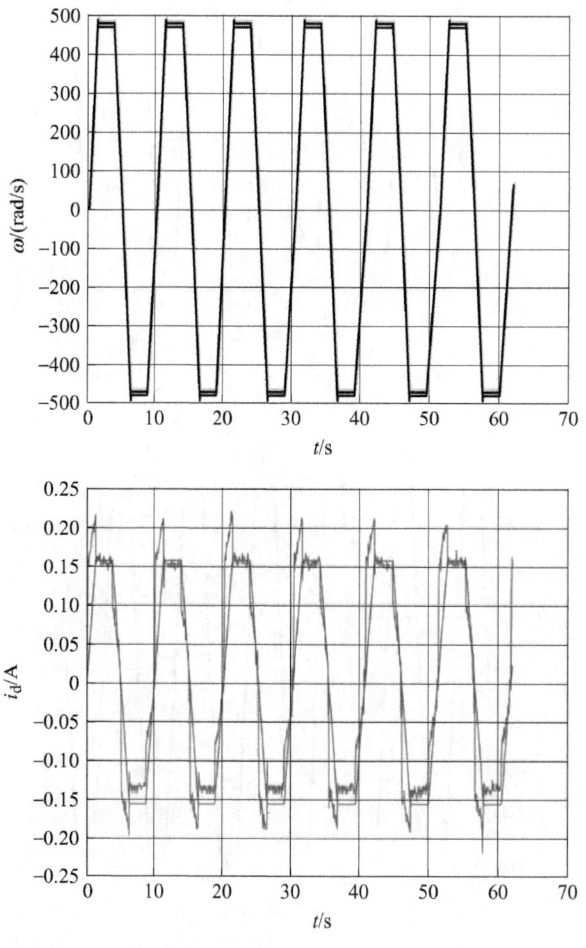

图 8-8　电机辨识模型预测输出与实际输出比较

8.3　电机控制实践

8.3.1　电机的位置控制与跟踪实践

当完成电机参数的辨识后，就可以利用这些参数对电机实现控制任务。由于在闭环控制中，需要进行高频率的采样和控制以提高控制精度，因此，将 TIM7 中断频率设置为 1000Hz，使用 TIM7 定时器中断同时进行采样和控制，避免了两者因时间不同步而导致的控制滞后。

对于位置控制实验，按照 4.2.1 所述方法给出 TIM7 中断函数示例代码如下：

```
void TIM7_IRQHandler（void）{
    if（TIM_GetITStatus（TIM7， TIM_IT_Update））            // 判断是否产生中断
    {
        TIM_ClearITPendingBit（TIM7，TIM_IT_Update）;       // 清除中断标志位
    }
    // 读取编码器信息
    Encoder_pr = Read_Encoder（）;
    // 根据编码器信息计算转速，单位为弧度制（rad）
    // 编码器一圈含 2000 个脉冲，TIM7 的采样频率为 1000Hz，因此实际转速 ang_vel= 单周期
    // 内编码器脉冲数 /2000*2π/ 采样周期，单位为 rad/s
    float ang_vel = Encoder_pr / 2000 * 2 * PI / 0.001;

    // 获取电流值，单位为 mA
    float current=Get_Current（）;

    // 位置控制任务
    // 基于 4.1.4 节 Ricatti 方程求解稳态解 P 和最优控制系数 K 部分，计算最优控制系数 K 的值
    // 在位置控制部分，K 是一个三维向量
    // 下列代码中，变量中的数字代表元素在向量 K 中对应的位置
    double K1 = 0.243159734856279，K2 = 3.02627515846528e-05，K3 = 0.00208008999022621;
    // 观测误差，基于观测计算
    // x_bar 为目标位置，通过串口发送；cur_path 为当前位置，通过读取编码器的位移信息实时
    // 估计
    cur_path += Encoder_pr / 2000 * 2 * PI;
    e1_obs = cur_path-x_bar;
    e2_obs = -ang_vel;
    e3_obs = -current;
    // 更新对误差的估计，基于 4.1.4 节卡尔曼滤波更新步骤部分，计算对误差的估计值，数值通
    // 过 Matlab 离线求解
    // 下列数值分别代表两个矩阵，其中 A 矩阵对应 4.1.4 节中的（A+BK），B 矩阵对应 4.1.4 节
    // 中的 ΣC^T N^-1
    double A11 = 1.29448596431836, A12 = 0.000155162066221079, A13 = 0.0105627171574441,
    A21 = 335.570972199751， A22 = 0.0402699068172674， A23 = 2.74223008222625， A31 =
    0.107456782482927， A32 = 1.27540607483518e-05， A33 = 0.000865985313702026;
    double B11 = 0.791287847458929, B12 = 1.97951228172973e-10, B13 = 1.34756121795617e-08,
```

```
    B21 = 1.97951228172973e-05, B22 = 2.99991001860828e-05, B23 = 1.19757881224222e-11,
    B31 = 0.00134756121795617, B32 = 1.19757881224222e-11, B33 = 3.00000137692759e-05;
        // 卡尔曼滤波器更新对当前误差的估计
    e1_update = A11 * e1_last + A12 * e2_last + A13 * e3_last + B11 * (e1_obs - (A11 * e1_last +
    A12 * e2_last + A13 * e3_last)) + B12 * (e2_obs - (A21 * e1_last + A22 * e2_last + A23 *
    e3_last)) + B13 * (e3_obs - (A31 * e1_last + A32 * e2_last + A33 * e3_last));
    e2_update = A21 * e1_last + A22 * e2_last + A23 * e3_last + B21 * (e1_obs - (A11 * e1_last +
    A12 * e2_last + A13 * e3_last)) + B22 * (e2_obs - (A21 * e1_last + A22 * e2_last + A23 *
    e3_last)) + B23 * (e3_obs - (A31 * e1_last + A32 * e2_last + A33 * e3_last));
    e3_update = A31 * e1_last + A32 * e2_last + A33 * e3_last + B31 * (e1_obs - (A11 * e1_last +
    A12 * e2_last + A13 * e3_last)) + B32 * (e2_obs - (A21 * e1_last + A22 * e2_last + A23 *
    e3_last)) + B33 * (e3_obs - (A31 * e1_last + A32 * e2_last + A33 * e3_last));
    // 基于 4.2.1 节叠加原理求解原模型的控制信号
    current_input = -K1 * e1_update - K2 * e2_update - K3 * e3_update;
    // 本实验中最大输出电压绝对值为 24V
    current_input = current_input > 24 ? 23.99: current_input;
    current_input = current_input < -24 ? -23.99: current_input;
    // 记录上一时刻的误差估计，用作下一次误差估计
    e1_last = e1_update;
    e2_last = e2_update;
    e3_last = e3_update;

    // 将控制电压转换为 PWM 信号占空比，因使用的电源电压为 24V，因此占空比 = 目标电压 /
    // 电源电压
    MOTOR.Motor_Pwm = current_input/24;
    Set_Pwm (MOTOR.Motor_Pwm);
}
```


本实验通过上位机发送的目标位置为 608 rad，实验结果曲线如图 8-9 所示，电机到达目标位置，证明了 4.2.1 节所述控制方法的可行性。

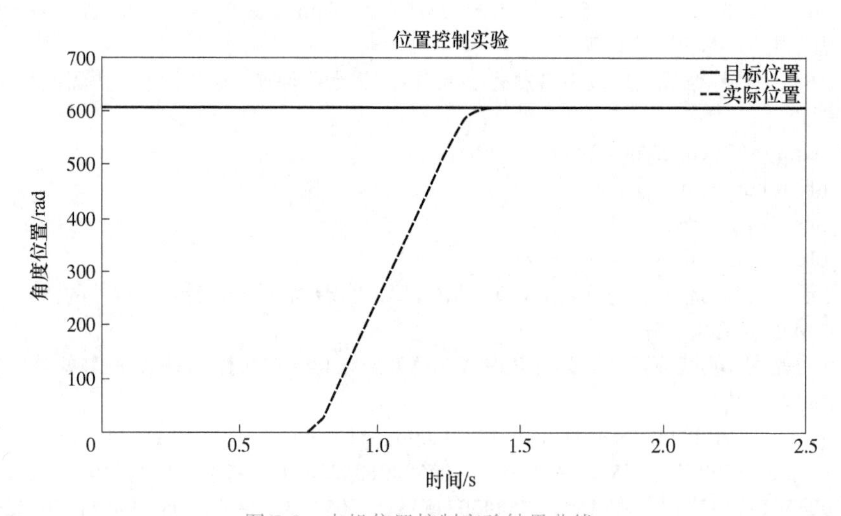

图 8-9　电机位置控制实验结果曲线

在位置跟踪实验中，我们通过串口发送一段待跟踪位置，并通过读取编码器脉冲并累加的方式记录电机实际到达的位置。位置跟踪任务可以看作是以固定时间为间隔连续进行的位置控制任务，位置跟踪实验的代码与位置控制实验的代码一致。实验结果曲线如图 8-10 所示，PC 以 20ms 为通信周期，连续发送目标位置，而电机控制周期为 1ms，在一个通信周期内，可以对电机进行 20 次控制，因此，电机实际位置可以快速到达目标位置，目标位置与实际位置的曲线几乎一致。图中电机实际位置与目标位置存在微小的误差，这是因为实际的电机存在控制死区，当位置误差小于某个阈值时，计算得到的控制电压的值很小，处于驱动器死区之中，无法控制电机转动。

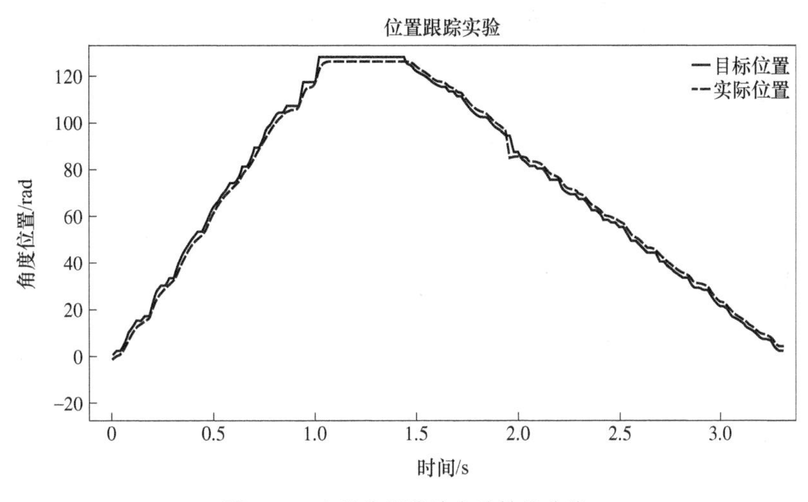

图 8-10　电机位置跟踪实验结果曲线

8.3.2　电机的速度控制与跟踪实践

本书速度控制与跟踪实验的实验设置和位置控制与跟踪实验的实验设置一致，将 TIM7 的中断频率设置为 1000Hz，使用 TIM7 定时器中断同时进行采样和控制。

速度控制任务是指给定一个固定的速度，控制电机以该速度运行，对本书的电机而言，电机的速度与输入电压之间有极快的响应关系，所以速度控制任务可以看作跟踪固定速度值的情况。对于速度控制实验，我们按照 4.2.3 节所述方法给出 TIM7 中断函数示例代码如下：

```
void TIM7_IRQHandler（void）{

    if（TIM_GetITStatus（TIM7， TIM_IT_Update））            // 判断是否产生中断
    {
        TIM_ClearITPendingBit（TIM7，TIM_IT_Update）；      // 清除中断标志位
    }
    // 读取编码器信息
    Encoder_pr = Read_Encoder（）；
    // 根据编码器信息计算转速，单位为弧度制
    // 编码器一圈含 2000 个脉冲，TIM7 的采样频率为 1000Hz，因此实际转速 ang_vel= 单周期
```

```
// 内编码器脉冲数 /2000*2π/ 采样周期，单位为 rad/s
float ang_vel = Encoder_pr / 2000 * 2 * PI / 0.001;

// 获取电流值，单位为 mA
float current=Get_Current ();

// 速度控制任务
// 基于 4.2.3 节辨识得到的参数，首先对原 A、B 矩阵降维，然后根据离散时间进行矩阵离散
// 化，计算得到离散化后的 A、B 矩阵的值
// 下列代码中，变量中的数字代表元素在矩阵中对应的位置
double A11 = 4.62541121078383e-05, A12 = 0.00397476037893237, A21 =
-1.263867798517295e-07, A22 = -1.08608109005349e-05;
double B1 = 40.8343945645642, B2 = 0.0130881764986849;
// 基于 4.2.3 节求稳态解部分，根据稳态时的状态空间方程计算稳态电流 i_s 和稳态电压 u_s
// 的值
double u_s = ((1-A11) * (A22-1) *v_bar+A12*A21*v_bar) / (B1* (A22-1) -A12*B2);
double i_s = (B2* (1-A11) +B1*A21) *v_bar / (A12*B2-B1* (A22-1));
// 基于 4.1.4 节 Ricatti 方程求解稳态解 P 和最优控制系数 K 部分，计算最优控制系数 K
// 的值
// 在速度控制部分，K 是一个二维向量
// 下列代码中，变量中的数字代表元素在向量 K 中对应的位置
double K1 = 1.13204431036487e-06, K2 = 9.72801047771438e-05;
// 观测误差，基于观测计算
e1_obs = ang_vel-v_bar;
e2_obs = current-i_s;
u_e = -K1 * e1_obs - K2 * e2_obs;
// 更新对误差的估计，基于 3.1.3 节卡尔曼滤波更新步骤部分，计算对误差的估计值，数值
// 通过 Matlab 离线求解
// 下列数值分别代表两个矩阵，其中 C 矩阵对应 4.1.4 节中的 (A+BK), D 矩阵对应 4.1.4
// 节中的 ΣC^T N^-1
double C11 = 9.25081789828241e-05, C12 = 0.00794951687004320, C21 =
-1.11575268681516e-07, C22 = -9.58801146592329e-06;
double D11 = 0.00990099011977654, D12 = 1.63853439541767e-09, D21 =
1.63853439541767e-10, D22 = 0.909090922019311;
// 卡尔曼滤波器更新对当前误差的估计
e1_update = C11 * e1_last + C12 * e2_last + D11 * (e1_obs - (C11 * e1_last + C12 * e2_
last)) + D12 * (e2_obs - (C21 * e1_last + C22 * e2_last));
e2_update = C21 * e1_last + C22 * e2_last + D21 * (e1_obs - (C11 * e1_last + C12 * e2_
last)) D22 * (e2_obs - (C21 * e1_last + C22 * e2_last));
// 保存更新步骤计算得到的误差估计值，用于下一次控制过程中的预测误差计算
e1_obs = e1_update;
e2_obs = e2_update;
// 基于 4.2.3 节叠加原理求解原模型的控制信号
current_input = -K1 * e1_obs - K2 * e2_obs + u_s;
current_input = current_input > 24 ? 23.99: current_input;
```

```
        current_input = current_input < -24 ?  -23.99: current_input;
        // 将控制电压转化为 PWM 信号占空比，因使用的电源电压为 24V，因此占空比 = 目标电压 /
        // 电源电压
        MOTOR.Motor_Pwm = current_input / 24;
        Set_Pwm ( MOTOR.Motor_Pwm );
    }
```

本实验通过上位机发送的目标转速为 608 rad/s，实验结果曲线如图 8-11 所示，电机达到目标转速，证明了 4.2.3 节所述控制方法的正确性。

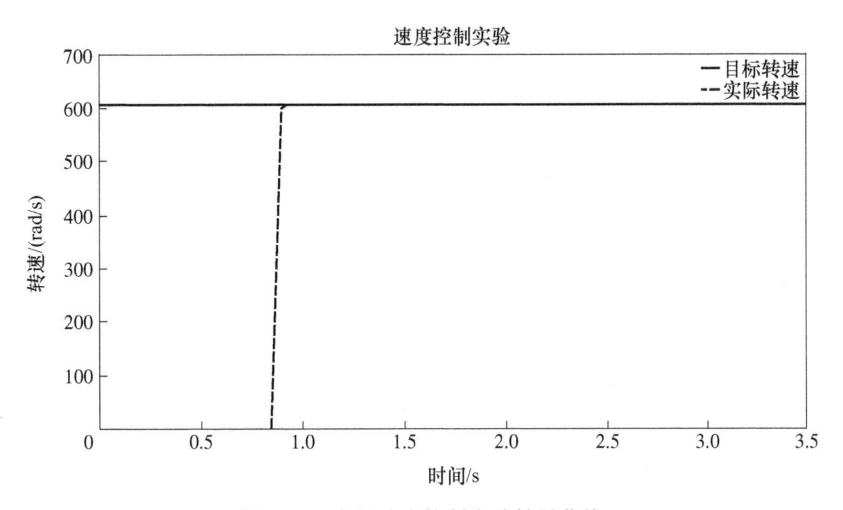

图 8-11 电机速度控制实验结果曲线

在速度跟踪实验中，我们通过串口发送一段待跟踪速度，并通过读取编码器脉冲的方式记录电机实际转动速度。与位置跟踪实验相同，速度跟踪试验可以看作是以固定时间为间隔，连续进行的速度控制任务，速度跟踪实验的代码与速度控制实验的代码一致。实验结果曲线如图 8-12 所示，PC 以 20ms 为间隔，连续发送目标转速，而电机控制周期为 1ms，电机实际转速同样可以快速到达目标转速，目标转速与实际转速的曲线几乎一致。

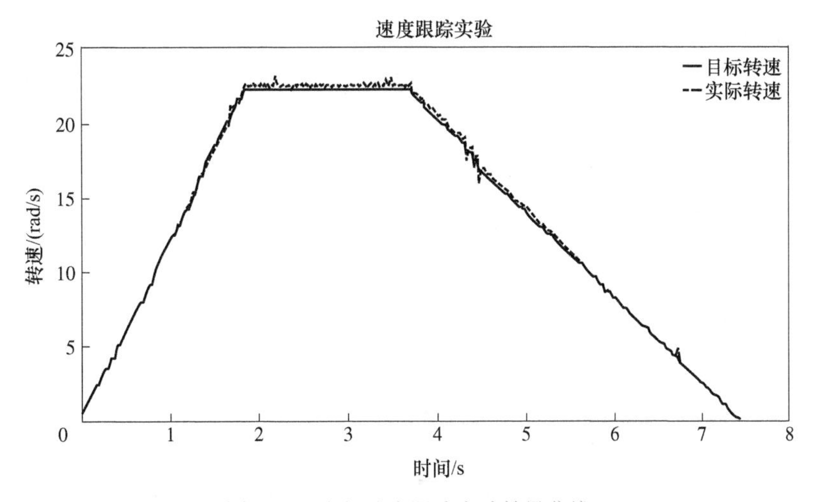

图 8-12 电机速度跟踪实验结果曲线

带负载的速度控制与跟踪实验本书不再赘述，对实际实验与实验结果感兴趣的读者可以自行探索。

本章小结

本章搭建了一套基于 STM32 的直流电机控制系统，结合前几章的理论知识，详细介绍了如何利用 STM32 开发板来实现直流电机的控制，涵盖了电机辨识、参数测定以及控制实践等多个方面，为读者提供了全面的理论和实践指导。

首先，8.1 节介绍了电机辨识与控制系统的基本概念和实现方法。在这一部分，读者将学习到如何通过中断实现编码器采样，以及如何通过中断实现 PWM 输出。通过这些基础知识的讲解，读者能够理解 STM32 在电机控制中的核心作用，以及如何利用 STM32 进行高效的电机控制。

进一步，8.2 节讨论了电机参数辨识的具体实践，包括转动惯量的测定和电机常数 C_e 与 R 的测定。这部分内容为读者提供了详细的实验步骤和方法，通过实际操作测定电机的关键参数，从而为电机控制系统的设计和优化提供准确的数据支持。

最后，本章介绍了电机控制的实际应用，具体包括电机的位置控制与跟踪实践以及电机的速度控制与跟踪实践。通过这些具体的应用实例，读者可以学习如何将理论知识应用于实际项目中，实现对电机位置和速度的精确控制，从而提高电机控制系统的性能。

总的来说，本章通过对电机辨识、参数测定和控制算法的实践展示，为读者提供了一个全面的视角，帮助他们理解和掌握基于 STM32 的直流电机控制技术。参考这些实践知识，读者可以自行设计和实现高效、稳定的电机控制系统。

第 9 章　智能移动机器人运动控制实践

9.1　ROS 与 Gazebo 仿真环境简介

机器人操作系统（Robot Operating System，ROS）是一个适用于机器人的开源的元操作系统。它提供了操作系统应有的服务，包括硬件抽象、底层设备控制、常用函数的实现、进程间消息传递以及包管理。它也提供了用于获取、编译、编写和跨计算机运行代码所需的工具和库函数。

ROS 就是一套通信机制、一套开发工具、一系列应用工具和一个庞大的生态系统组成的集合，目标是提高机器人研发中的软件复用率。针对这样的目标，ROS 设计了通信机制 + 开发工具 + 应用功能 + 生态系统的架构，如图 9-1 所示。

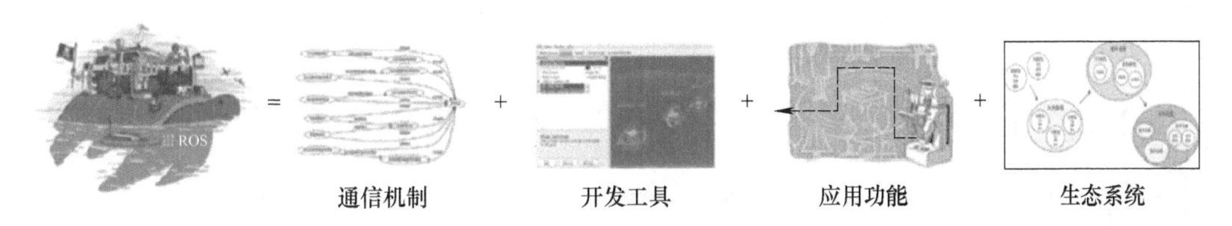

图 9-1　ROS 系统架构

除此之外，ROS 还提供了很多开发工具，目的是提高机器人的开发效率。例如，命令行工具可以直接在终端内进行操作；TF 工具可以帮助进行坐标变换；QT 工具箱提供很多可视化的工具；三维可视化工具 RVIZ 可以显示机器人的全部数据；三维仿真平台 Gazebo 可以进行机器人仿真。

Gazebo 是一个功能强大的三维物理仿真平台，具备强大的物理引擎、高质量的图形渲染、方便的编程与图形接口，最重要的还有其具备开源免费的特性。虽然 Gazebo 中的机器人模型与 RVIZ 使用的模型相同，但是需要在模型中加入机器人和周围环境的物理属性，如质量、摩擦系数、弹性系数等。机器人的传感器信息也可以通过插件的形式加入仿真环境，以可视化的方式进行显示。

在仿真之前需要构建一个仿真环境，Gazebo 中有两种创建仿真环境的方法。

1. 直接插入模型

在 Gazebo 左侧的 Insert 选项卡中罗列了所有可使用的模型。选择需要使用的模型，放置在主显示区中（见图 9-2），就可以在仿真环境中添加机器人和外部物体等仿真实例。

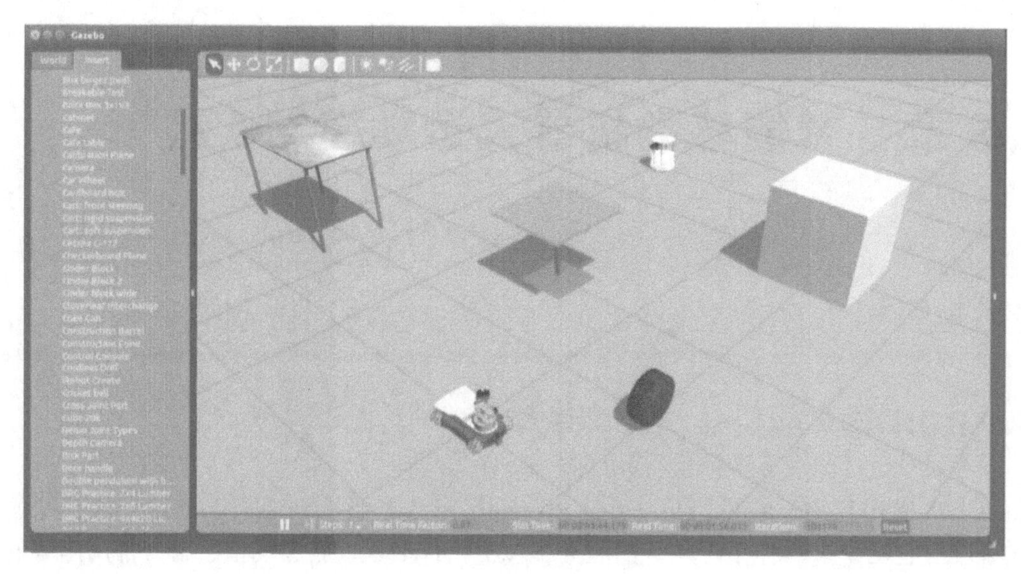

图 9-2　在 Gazebo 中直接插入仿真模型

2. 手动绘制地图

第二种方法是使用 Gazebo 提供的 Building Editor 工具手动绘制地图。在 Gazebo 菜单栏中选择 Edit → Building Editor，可以打开如图 9-3 所示的 Building Editor 界面。选择左侧的绘制选项，然后在上侧窗口中使用鼠标绘制，下侧窗口中即可实时显示绘制的仿真环境。

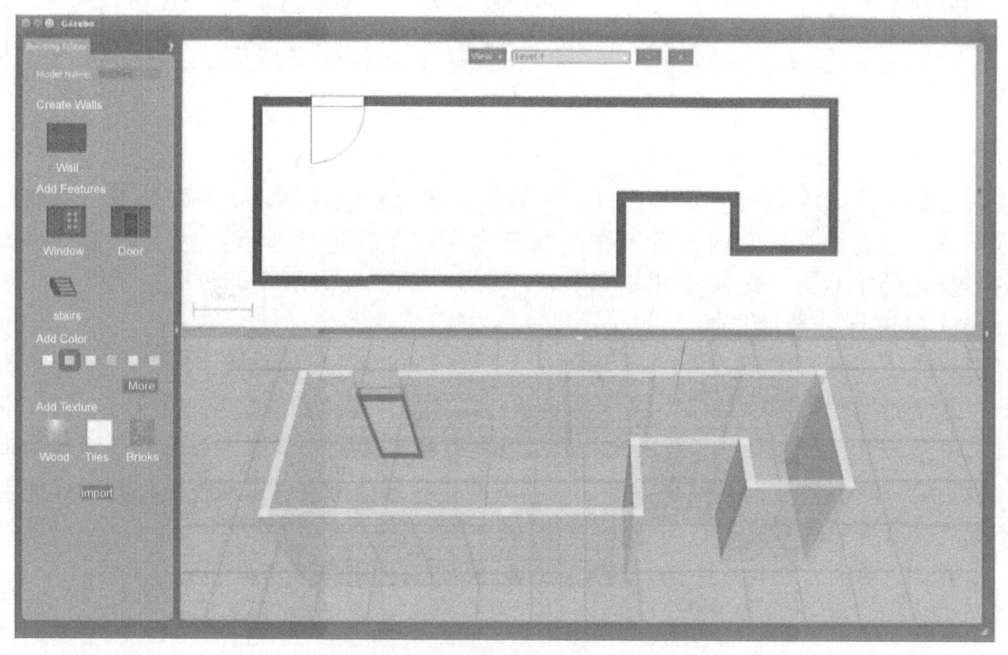

图 9-3　使用 Building Editor 工具创建仿真环境

9.2　ROS 下的运动控制实践

本章关于 ROS 的第一个例程是可爱的小海龟例程，通过该例程一方面可以验证 ROS 是否安装成功，另一方面也可以对 ROS 有一个初步的认识。

9.2.1　turtlesim 功能包

在小海龟例程中，用户可以通过键盘控制一只小海龟在界面中移动，而且会接触到第一个 ROS 功能包——turtlesim。该功能包的核心是 turtlesim_node 节点，它提供了一个可视化的海龟仿真器，可以实现很多 ROS 基础功能的测试。

每一个 ROS 功能包都有一个独立的功能，其中可能包含一个或者多个节点，这些功能对外使用话题、服务、参数等作为接口。其他开发者在使用这个功能包时，可以不用关注内部的代码实现，只需要知道这些接口的类型和作用，就可以集成到自己的系统中。下面介绍 turtlesim 功能包的接口。

1. 话题与服务

表 9-1 是 turtlesim 功能包中的话题和服务。

表 9-1　turtlesim 功能包中的话题和服务

	名称	类型	描述
话题订阅	turtleX/cmd_vel	geometry_msgs/Twist	控制海龟角速度与线速度的输入指令
话题发布	turtleX/pose	turtlesim/Pose	海龟的姿态信息，包括 x 与 y 的坐标位置、角度、线速度和角速度
服务	clear	std_srvs/Empty	清除仿真器中的背景颜色
	reset	std_srvs/Empty	复位仿真器到初始配置
	kill	turtlesim/Kill	删除一只海龟
	spawn	turtlesim/Spawn	新生一只海龟
	turtleX/set_pen	turtlesim/SetPen	设置画笔的颜色和线宽
	turtleX/teleport_absolute	turtlesim/ TeleportAbsolute	移动海龟到指定姿态
	turtleX/teleport_relative	turtlesim/TeleportRelative	移动海龟到指定的角度和距离

2. 参数

表 9-2 是 turtlesim 功能包中的参数，开发者可以通过命令、程序等方式来获取这些参数并进行修改。

表 9-2　turtlesim 功能包中的参数

参数	类型	默认值	描述
~ background_b	int	255	设置背景蓝色通道颜色值
~ background_g	int	86	设置背景绿色通道颜色值
~ background_r	int	69	设置背景红色通道颜色值

turtlesim 功能包订阅速度控制指令，实现海龟在仿真器中的移动，同时发布海龟的实时位姿信息，更新仿真器中的海龟状态。也可以通过服务调用实现删除、新生海龟等功能。

在正式开始运行海龟例程之前，需要使用如下命令安装 turtlesim 功能包：

```
$ sudo apt-get install ros-neotic-turtlesim
```

9.2.2 控制小海龟运动

在 Ubuntu 系统中打开一个终端，输入以下命令运行 ROS 的节点管理器——ROS Master，这是 ROS 必须运行的管理器节点。

```
$ roscore
```

如果 ROS 安装成功，则可以在终端中看到如图 9-4 所示的日志信息。

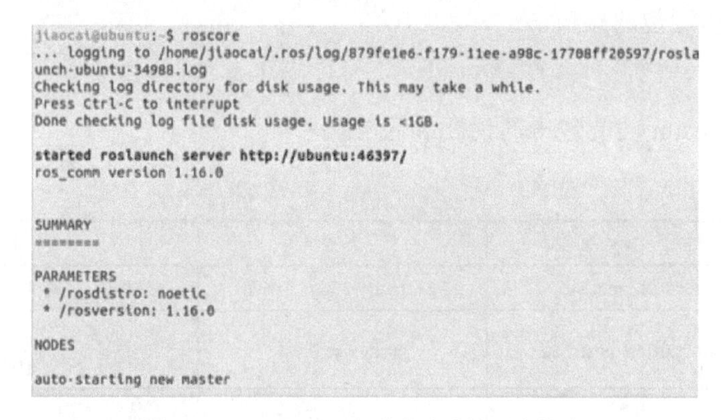

图 9-4　Ros Master 启动成功后的日志信息

然后打开一个新终端，使用 rosrun 命令启动 turtlesim 仿真器节点：

```
$ rosrun turtlesim turtlesim_node
```

命令运行成功后，会出现一个如图 9-5 所示的小海龟仿真器的启动界面。

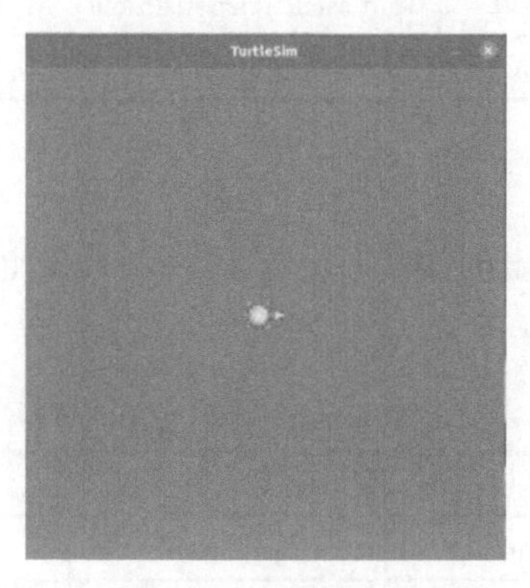

图 9-5　小海龟仿真器的启动界面

第一个例程会通过键盘控制小海龟在界面中的移动，启动小海龟仿真界面后，还需要打开一个新终端，运行键盘控制的节点：

```
$ rosrun turtlesim turtle_teleop_key
```

命令运行成功后，终端会出现一些键盘控制的信息提示，如图 9-6 所示。

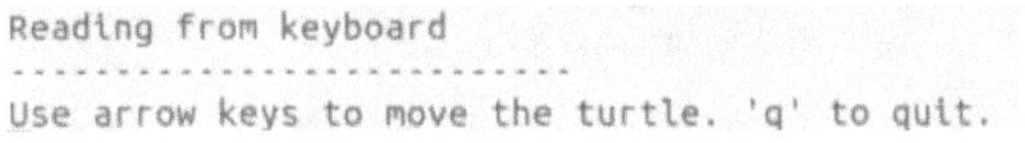

```
Reading from keyboard
---------------------------
Use arrow keys to move the turtle. 'q' to quit.
```

图 9-6　键盘控制终端的信息提示

此时，在保证键盘控制终端激活的前提下，按下键盘上的方向键，仿真器中的小海龟应该就可以按照控制的方向开始移动，而且在小海龟的尾部会显示移动轨迹，如图 9-7 所示。

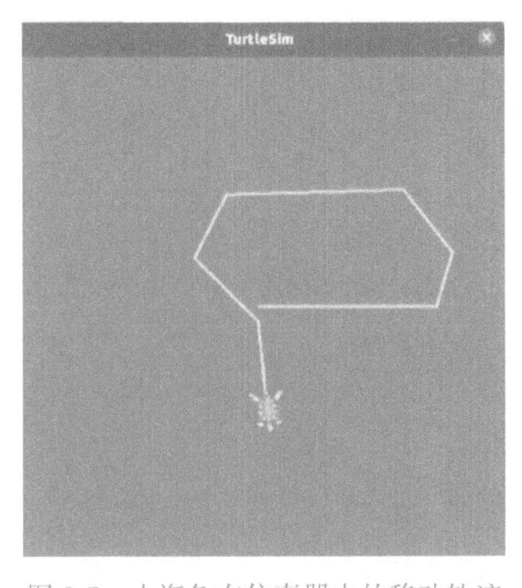

图 9-7　小海龟在仿真器中的移动轨迹

9.2.3　创建工作空间

使用 ROS 实现机器人开发的主要手段是写代码，那么这些代码文件就需要放置到一个固定的空间内，也就是工作空间。

工作空间（Workspace）是一个存放工程开发相关文件的文件夹。Fuerte 版本之后的 ROS 默认使用的是 Catkin 编译系统，一个典型 Catkin 编译系统下的工作空间结构如图 9-8 所示。

1. 工作空间结构

典型的工作空间中一般包括以下四个目录空间。

1）src：源代码空间（Source Space），开发过程中最常用的文件夹，用来存储所有 ROS 功能包的源代码文件。

2）build：编译空间（Build Space），用来存储工作空间编译过程中产生的缓存信息和中间文件。

3）devel：开发空间（Development Space），用来放置编译生成的可执行文件。

4）install：安装空间（Install Space），编译成功后，可以使用 make install 命令将可

执行文件安装到该空间中，运行该空间中的环境变量脚本，即可在终端中运行这些可执行文件。安装空间并不是必需的，很多工作空间中可能并没有该文件夹。

```
workspace_folder/                 ---工作空间
    src/                          ---源代码空间
        CMakeLists.txt            ---最顶层的CMake编译文件
        package_1/
            CMakeLists.txt        ---功能包1的CMake编译文件
            package.xml           ---功能包1的配置文件
            ...
        package_n/
            CMakeLists.txt        ---功能包n的CMake编译文件
            package.xml           ---功能包n的配置文件
            ...
    build/                        ---编译空间
        CATKIN_IGNORE             ---阻止Catkin进入该目录
    devel/                        ---开发空间
        bin/
        etc/
        include/
        lib/
        share/
        .catkin
        env.bash
        setup.bash
        setup.sh
        ...
    install/                      ---安装空间
        bin/
        etc/
        include/
        lib/
        share/
        .catkin
        env.bash
        setup.bash
        setup.sh
        ...
```

图 9-8　ROS 工作空间结构

2. 创建工作空间

创建工作空间的命令比较简单，首先使用系统命令创建工作空间目录，然后运行 ROS 的工作空间初始化命令即可完成创建过程：

```
$ mkdir -p ~ /catkin_ws/src
$ cd ~ /catkin_ws/src
$ catkin_init_workspace
```

创建完成后，可以在工作空间的根目录下使用 catkin_make 命令编译整个工作空间：

```
$ cd ~ /catkin_ws/
$ catkin_make
```

编译过程中，在工作空间的根目录中会自动产生 build 和 devel 两个文件夹及其中的文件。编译完成后，在 devel 文件夹中已经产生几个 setup.*sh 形式的环境变量设置脚本。使用 source 命令运行这些脚本文件，可以使工作空间中的环境变量生效。

```
$ source devel/setup.bash
```

为了确保环境变量已经生效，可以使用如下命令进行检查：

```
$ echo $ROS_PACKAGE_PATH
```

如果打印的路径中已经包含当前工作空间的路径，则说明环境变量设置成功：

```
/home/$USER/catkin_ws/src：/opt/ros/neotic/share
```

其中 $USER 是用户名。

在终端中使用 source 命令设置的环境变量只能在当前终端中生效，如果希望环境变量在所有终端中有效，则需要在终端的配置文件中加入环境变量的设置：

```
$ echo"source/WORKSPACE/devel/setup.bash">> ~ /.bashrc
```

请使用工作空间路径代替 WORKSPACE。

3. 创建功能包

ROS 中功能包的形式如下：

```
my_package/
CMakeLists.txt
package.xml
…
```

package.xml 文件提供了功能包的元信息，也就是描述功能包属性的信息。CMakeLists.txt 文件记录了功能包的编译规则。

ROS 不允许在某个功能包中嵌套其他功能包，多个功能包必须平行放置在代码空间中。

ROS 提供了直接创建功能包的命令 catkin_create_pkg，该命令的使用方法如下：

```
$ catkin_create_pkg <package_name> [depend1] [depend2] [depend3]
```

在运行 catkin_create_pkg 命令时，用户需要输入功能包的名称（package_name）和所依赖的其他功能包名称（depend1、depend2、depend3）。例如，用户需要创建一个 tutorials 功能包，该功能包依赖于 std_msgs、rospy。首先进入代码空间，使用 catkin_create_pkg 命令创建功能包：

```
$ cd ~ /catkin_ws/src
$ catkin_create_pkg tutorials std_msgs rospy
```

创建完成后，代码空间 src 中会生成一个 tutorials 功能包，其中已经包含 package.xml 和 CMakeLists.txt 文件。然后回到工作空间的根目录下进行编译，并且设置环境变量：

```
$ cd ~ /catkin_ws
$ catkin_make
$ source ~ /catkin_ws/devel/setup.bash
```

在同一个工作空间下，不允许存在同名功能包，否则编译时会报错。

9.2.4 小海龟例程中的 Publisher 与 Subscriber

按照 9.2.2 节的方法运行小海龟例程，然后使用如下命令查看例程的节点关系图：

```
$ rqt_graph
```

该命令可以查看系统中的节点关系图，小海龟例程中的节点关系如图 9-9 所示。

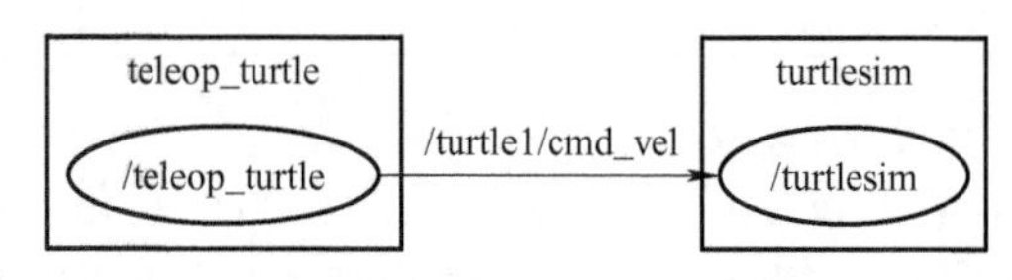

图 9-9 小海龟例程中的节点关系图

当前系统中存在两个节点：teleop_turtle 和 turtlesim，其中 teleop_turtle 节点创建了一个 Publisher，用于发布键盘控制的速度指令，turtlesim 节点创建了一个 Subscriber，用于订阅速度指令，实现小海龟在界面上的运动。这里的话题是 /turtle1/cmd_vel。Publisher 和 Subscriber 是 ROS 系统中最基本、最常用的通信方式，接下来以经典的"Hello World"例程为例介绍学习如何创建 Publisher 和 Subscriber。

（1）创建 Publisher

Publisher 的主要作用是针对指定话题发布特定数据类型的消息。尝试使用代码实现一个节点，节点中创建一个 Publisher 并发布字符串"Hello World"，源代码 src/tutorials/scripts/str_talker.py 的详细内容如下：


```
# 下面一行用于指定使用 Python 解释器执行脚本
#！ /usr/bin/env python
# -*- coding： utf-8 -*-
# license removed for brevity
import rospy
from std_msgs.msg import String
def talker ()：
    # 向名为 chatter 的 rostopic 发送 String 类型的消息，发布者在队列中保留的待发布消息的最
      大数量为 10
    pub = rospy.Publisher ( 'chatter'， String， queue_size=10）
    # 创建一个名为 talker 的节点，anonymous=True 时，会在节点名后添加一个唯一的标识符，
      保证节点的唯一性
    rospy.init_node ( 'talker'， anonymous=True )
    # 频率设置为 10Hz
    rate = rospy.Rate （10）
    while not rospy.is_shutdown ()：
        hello_str = "hello world %s"%rospy.get_time ()
        rospy.loginfo ( hello_str )
        pub.publish ( hello_str )
        # 控制循环频率，保证按照指定频率执行
        rate.sleep ()
# 作为主程序运行时，执行 if 内代码
```

```
if __name__ == '__main__':
    try:
        talker()
    except rospy.ROSInterruptException:
        pass
```

一个 Publisher 的所有流程：

1）初始化 ROS 节点。

2）向 ROS Master 注册节点信息，包括发布的话题名和话题中的消息类型。

3）按照一定频率循环发布消息。

（2）创建 Subscriber

接下来尝试创建一个 Subscriber 以订阅 Publisher 节点发布的“Hello World”字符串，实现源代码 src/tutorials/scripts/str_listener.py 的详细内容如下：

```
#! /usr/bin/env python
# -*- coding: utf-8 -*-

import rospy
from std_msgs.msg import String
def callback(data):
    rospy.loginfo(rospy.get_caller_id() + "I heard %s", data.data)

def listener():
    rospy.init_node('listener', anonymous=True)
    # 订阅来自名为 chatter 的 rostopic 上的 String 类型的信息，当收到信息后，执行回调函数
      callback
    rospy.Subscriber("chatter", String, callback)
    # 阻塞程序结束，使节点保持运行状态
    rospy.spin()

if __name__ == '__main__':
    listener()
```

一个 Subscriber 的简要流程：

1）初始化 ROS 节点。

2）订阅需要的话题。

3）循环等待话题消息，接收到消息后进入回调函数。

4）在回调函数中完成消息处理。

（3）运行 Publisher 与 Subscriber

在工作空间的根路径下开始编译：

```
$ cd ~/catkin_ws
$ catkin_make
```

编译完成后，即可运行 Publisher 和 Subscriber 节点。在运行节点之前，需要在终端设置环境变量，否则无法找到功能包最终编译生成的可执行文件：

```
$ cd ~ /catkin_ws
$ source ./devel/setup.bash
```

也可以将环境变量的配置脚本添加到终端的配置文件中：

```
$ echo "source ~ /catkin_ws/devel/setup.bash" >> ~ /.bashrc
$ source ~ /.bashrc
```

环境变量设置成功后，可以按照以下步骤启动例程：

```
$ roscore
$ rosrun tutorials str_talker.py
$ rosrun tutorials str_listener.py
```

如果 Publisher 和 Subscriber 节点运行正常，终端会出现如图 9-10 和图 9-11 所示的日志信息。

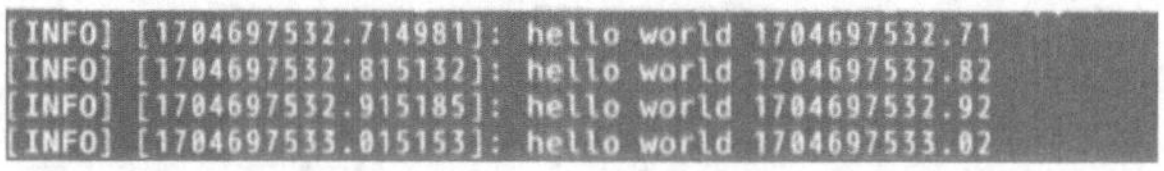

```
[INFO] [1704697532.714981]: hello world 1704697532.71
[INFO] [1704697532.815132]: hello world 1704697532.82
[INFO] [1704697532.915185]: hello world 1704697532.92
[INFO] [1704697533.015153]: hello world 1704697533.02
```

图 9-10　Publisher 节点的日志信息

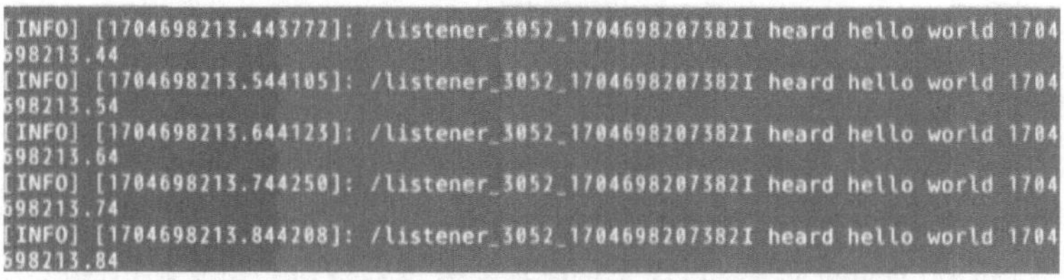

```
[INFO] [1704698213.443772]: /listener_3052_1704698207382I heard hello world 1704
698213.44
[INFO] [1704698213.544105]: /listener_3052_1704698207382I heard hello world 1704
698213.54
[INFO] [1704698213.644123]: /listener_3052_1704698207382I heard hello world 1704
698213.64
[INFO] [1704698213.744250]: /listener_3052_1704698207382I heard hello world 1704
698213.74
[INFO] [1704698213.844208]: /listener_3052_1704698207382I heard hello world 1704
698213.84
```

图 9-11　Subscriber 节点的日志信息

（4）控制小海龟进行圆周运动

进入 /catkin_ws/src 文件夹，并且在工作空间中创建功能包：

```
$ cd /home/headless/catkin_ws/src
$ catkin_create_pkg learning_topic roscpp rospy std_msgs geometry_msgs turtlesim
```

接下来尝试控制小海龟按照圆形运动，实现源代码 src/learning_topic/src/ velocity_publisher.py 的详细内容如下：

```
#！ /usr/bin/env python
# -*- coding： utf-8 -*-
# 该例程将发布 turtle1/cmd_vel 话题，消息类型为 geometry_msgs：：Twist
import rospy
from geometry_msgs.msg import Twist
def velocity_publisher（）：
    # ROS 节点初始化
    rospy.init_node（'velocity_publisher'， anonymous=True）
    # 创建一个 Publisher，发布名为 /turtle1/cmd_vel 的 topic，消息类型为 geometry_msgs：：
    Twist，队列长度 10
    turtle_vel_pub = rospy.Publisher（'/turtle1/cmd_vel'， Twist， queue_size=10）
```

```
        # 设置循环的频率
        rate = rospy.Rate（10）
        while not rospy.is_shutdown（）:
            # 初始化 geometry_msgs：：Twist 类型的消息
            vel_msg = Twist（）
            vel_msg.linear.x = 0.5
            vel_msg.angular.z = 0.2
            # 发布消息
            turtle_vel_pub.publish（vel_msg）
            rospy.loginfo（"Publsh turtle velocity command[%0.2f m/s， %0.2f rad/s]",
                    vel_msg.linear.x， vel_msg.angular.z）
            # 按照循环频率延时
            rate.sleep（）
if __name__ == '__main__':
    try:
        velocity_publisher（）
    except rospy.ROSInterruptException:
        pass
```

完成文件编写后，在文件夹 catkin_ws 中进行编译，并且运行如下命令：

```
$ cd catkin_ws
$ catkin_make
$ source devel/setup.bash
$ rosrun learning_topic velocity_publisher.py
```


另起一个终端，打开小海龟节点观察小海龟的运动轨迹：

```
$ source devel/setup.bash
$ rosrun turtlesim turtlesim_node
```

运行结果如图 9-12 所示，小海龟做圆周运动。

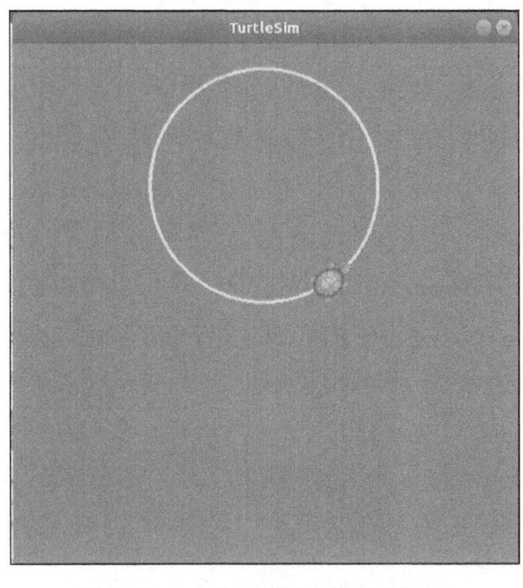

图 9-12　小海龟做圆周运动轨迹

当然，也可以控制小海龟做矩形运动。但值得注意的是，如果在矩形运动中采用与圆周运动一样的开环控制，会产生较差的效果，因此推荐读者使用闭环控制实现小海龟的矩形运动。

9.3 移动机器人定位实践

9.3.1 卡尔曼滤波器的 Python 实现

本节使用 Python 对机器人模型在设定环境中的运动过程进行建模。

建模过程如下：

1）设定机器人模型运动过程中的状态量，根据机器人的运动模型和传感器的观测模型计算状态量在各个时刻的预测值。

2）根据机器人运动的过程噪声模型产生随机噪声项，将其加到预测值上生成真实值，以此来模拟现实中机器人的运动过程。

3）根据传感器的观测噪声模型产生观测噪声项，将其加到真实值上产生观测值。

4）根据机器人的运动模型与传感器的观测模型，使用卡尔曼滤波器对机器人的状态量进行估计。将其与真实值对比即可看出卡尔曼滤波器输出的状态估计是否准确。

理想情况下，若采样时间恒定，控制与观测在同一时刻完成，则卡尔曼滤波器只需要在每个采样点执行预测步骤→更新步骤即可。在实际机器人实现中，不可能做到将控制周期与传感器观测完全同步，如图 9-13 所示，控制时刻与观测时刻的时间戳是不同步的。

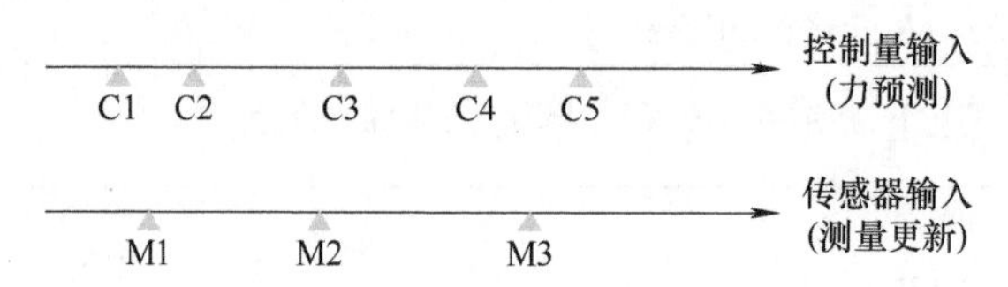

图 9-13 控制时刻与观测时刻的时间戳

实际机器人的控制频率可能非常快，一般在 50 ～ 100Hz，并且由于操作系统的指令周期、ROS 节点通信等问题（若不是实时操作系统），机器人的控制指令下发周期具有一定误差，并不完全均匀；以相机为例，通常其观测频率为 30Hz。这就会造成如图 9-13 所示的失步问题。若机器人的控制指令和传感器数据均由回调函数实现，则需要在实现时对卡尔曼滤波器做失步处理。

1）在 C2 时刻，计算 C2–M1 的时长，对过程噪声做相应的调整后，对 M1 时刻更新后的状态执行预测步骤，此时对状态的估计是在 C2 时刻的估计。

2）在 C3 时刻，计算 C3–C2 的时长，对过程噪声做相应的调整后，对 C2 的预测后状态继续执行预测步骤（因为没有观测的更新），此时对状态的估计是在 C3 时刻的估计。

3）在 M2 时刻获得了一帧传感器数据，计算 M2–C3 的时长，对过程噪声做相应的调整后，先在 M2 时刻对 C3 的预测后状态继续执行预测步骤，再依据 M2 时刻的传感器数据执行更新步骤；此时对状态的估计是在 M2 时刻的估计（为了要执行更新步骤，必须先执行预测步骤）。

4）在 C4 时刻，计算 C4–M2 的时长，对过程噪声做相应的调整后，对 M2 更新后的状态执行预测步骤，此时对状态的估计是在 C4 时刻的估计。

上述失步处理的 Python 代码如下：

```
#！ /usr/bin/env python
import numpy as np
from scipy import linalg as lnr
from matplotlib import pyplot as plt
import math

class KalmanFilter（object）:
    # 初始化卡尔曼滤波器
    #  x'（t）=Ax（t）+Bu（t）+w（t）
    #  y（t）=Cx（t）+v（t）
    #  x（0）～N（x_0，P_0）
    def __init__（self，mass，C，Sigma_w，Sigma_v，x_0，P_0）:
        self.mass = mass
        self.C = C
        self.m = 2
        self.Sigma_w = Sigma_w
        self.Sigma_v = Sigma_v
        self.t = 0
        self.x = x_0
        self.P = P_0
        self.u = np.zeros（[self.m，1]）

    # 给定时间步长 dt，返回离散化的 A、B、Sigma_w
    def _discretization_Func（self，dt）:
        Atilde = np.array（[
            [1，0，  0，  0]，
            [dt，1，  0，  0]，
            [0，0，  1，  0]，
            [0，0，  dt，1]
        ]）
        Btilde = np.array（[
            [dt/self.mass，       0]，
            [dt*dt/2/self.mass，0]，
            [0，        dt/self.mass]，
            [0，dt*dt/2/self.mass]
        ]）
        q1 = self.Sigma_w[0，0]
        q2 = self.Sigma_w[1，1]
        q3 = self.Sigma_w[2，2]
        q4 = self.Sigma_w[3，3]
        Sigma_w_tilde = np.array（[
            [dt*q1，        dt*dt/2*q1，                     0，             0]，
            [dt*dt/2*q1，  （dt*q2）+（dt*dt*dt/3*q1），0，             0]，
```

```
                [0,          0,                    dt*q3,          dt*dt/2*q3],
                [0,          0,                    dt*dt/2*q3,     (dt*q4)+(dt*dt*dt/3*q3)]
            ])
            return Atilde, Btilde, Sigma_w_tilde

    # 预测步骤
    def _predict_Step(self, ctrl_time):
        dt = ctrl_time - self.t
        self.t = ctrl_time
        At, Bt, Sigma = self._discretization_Func(dt)
        self.x = np.dot(At, self.x) + np.dot(Bt, self.u)
        self.P = np.dot(np.dot(At, self.P), At.T) + Sigma

    # 修正步骤
    def _correction_Step(self, y):
        innovation = y - self.C.dot(self.x)
        lambda_t = self.C.dot(self.P.dot(self.C.T)) + self.Sigma_v
        kalman_gain = self.P.dot(self.C.T.dot(np.linalg.inv(lambda_t)))
        self.x = self.x + kalman_gain.dot(innovation)
        self.P = self.P - kalman_gain.dot(self.C.dot(self.P))

    # 当获取控制信号时，执行预测步骤，更新控制信号
    def control_moment(self, u_new, time_now):
        self._predict_Step(time_now)
        self.u = u_new

    # 当获取观测信息时，执行预测步骤，然后执行修正步骤
    def observe_moment(self, y_new, time_now):
        self._predict_Step(time_now)
        self._correction_Step(y_new)

# 前向动力学函数
class Model(object):
    # 初始化卡尔曼滤波器
    #  x(k+1) =Ax(k) +Bu(k) +w(k)
    #  y(k) =Cx(k) +v(k)
    #  x(0) ~N(x_0, P_0)
    def __init__(self, mass, C, Sigma_w, Sigma_v, x_0, P_0):
        self.mass = mass
        self.C = C
        self.n = 4
        self.m = 2
        self.Sigma_w = Sigma_w
        self.Sigma_v = Sigma_v
        self.x = np.random.multivariate_normal(x_0.reshape([self.n]), P_0).reshape
```

```
        ([self.n, 1])
        self.u = np.zeros([self.m, 1])
        self.t = 0

    def _discretization_Func(self, dt):
        Atilde = np.array([
            [1, 0,  0,  0],
            [dt, 1, 0,  0],
            [0, 0,  1,  0],
            [0, 0,  dt, 1]
        ])
        Btilde = np.array([
            [dt/self.mass,         0],
            [dt*dt/2/self.mass, 0],
            [0,         dt/self.mass],
            [0, dt*dt/2/self.mass]
        ])
        q1 = self.Sigma_w[0, 0]
        q2 = self.Sigma_w[1, 1]
        q3 = self.Sigma_w[2, 2]
        q4 = self.Sigma_w[3, 3]
        Sigma_w_tilde = np.array([
            [dt*q1,       dt*dt/2*q1,                  0,            0],
            [dt*dt/2*q1, (dt*q2) + (dt*dt*dt/3*q1), 0,            0],
            [0,           0,                            dt*q3,        dt*dt/2*q3],
            [0,           0,                            dt*dt/2*q3, (dt*q4) + (dt*dt*dt/3*q3)]
        ])
        return Atilde, Btilde, Sigma_w_tilde

    # 系统前向动力学
    def control(self, u, time_now):
        dt = time_now - self.t
        self.t = time_now
        At, Bt, Sigma = self._discretization_Func(dt)
        w = np.random.multivariate_normal(np.zeros([self.n]), Sigma).reshape([self.n, 1])
        self.x = At.dot(self.x) + Bt.dot(self.u) + w
        self.u = u

    # 观测系统并返回 y 观测值
    def observe(self, time_now):
        self.control(self.u, time_now)
        v = np.random.multivariate_normal(np.zeros([self.C.shape[0]]), self.Sigma_v).reshape
        ([self.C.shape[0], 1])
        y = self.C.dot(self.x) + v
        return y
```

```
# 随机选择控制时间和观察时间，然后按时间排序，生成时间序列
def generateTimeSequence ():
    maxtime = 10
    ctrl_interval = 0.05
    ctrl_sigma = 0.01
    obs_interval = 0.1
    obs_sigma = 0.01
    t = 0
    ctrl_time_list = []
    while t < 10:
        dt = np.random.randn (1) *ctrl_sigma + ctrl_interval
        t = t + dt[0]
        if t >= 10:
            break
        ctrl_time_list.append ( [t,  0] )
    t = 0
    obs_time_list = []
    while t < 10:
        dt = np.random.randn (1) *obs_sigma + obs_interval
        t = t + dt[0]
        if t >= 10:
            break
        obs_time_list.append ( [t,  1] )
    time_seq = ctrl_time_list + obs_time_list
    time_seq.sort ( key=lambda x: x[0] )
    return time_seq

# 生成图形对象，准备绘制或保存
def generateFig ( x_save,  p_save,  time_seq ):
    time_seq = np.stack ( time_seq )
    x_save = np.concatenate ( x_save,  axis=1 )
    p_save = np.stack ( p_save,  axis=0 )
    fig_x = plt.figure (0,  figsize= (9,  7))
    ax = fig_x.subplots (2,  2)
    ax[0,  0].plot ( time_seq[: ,  0],  x_save[0,  : ].T,  label = "true" )
    ax[0,  0].plot ( time_seq[: ,  0],  x_save[4,  : ].T,  label = "est" )
    ax[0,  0].set_ylabel ( 'v/ ( m/s ) ' )
    ax[0,  0].legend ( bbox_to_anchor =  (0.0,  1.3),  loc='upper left' )
    ax[0,  0].set_title ( 'x' )
    ax[1,  0].plot ( time_seq[: ,  0],  x_save[1,  : ].T )
    ax[1,  0].plot ( time_seq[: ,  0],  x_save[5,  : ].T )
    ax[1,  0].set_xlabel ( 't/s' )
    ax[1,  0].set_ylabel ( 'p/m' )
    ax[0,  1].plot ( time_seq[: ,  0],  x_save[2,  : ].T )
```

```
        ax[0, 1].plot(time_seq[:, 0], x_save[6, :].T)
        ax[0, 1].set_title('y')
        ax[1, 1].plot(time_seq[:, 0], x_save[3, :].T)
        ax[1, 1].plot(time_seq[:, 0], x_save[7, :].T)
        ax[1, 1].set_xlabel('t/s')
        plt.suptitle("Velocity and Position In Simulation")
        ctrl_mmt = np.nonzero(1 - time_seq[:, 1])
        obs_mmt  = np.nonzero(time_seq[:, 1])
        fig_p = plt.figure(1, figsize=(9, 7))
        ax = fig_p.subplots(2, 2)
        ax[0, 0].plot(time_seq[ctrl_mmt, :][0, :, 0], p_save[ctrl_mmt, 0, 0][0, :],
        label='predict')
        ax[0, 0].plot(time_seq[obs_mmt, :][0, :, 0], p_save[obs_mmt, 0, 0][0, :],
        label='correct')
        ax[0, 0].legend(bbox_to_anchor=(0.0, 1.3), loc='upper left')
        ax[0, 0].set_ylabel('P[0, ]')
        ax[0, 0].set_title('P[ , 0]')
        ax[0, 1].plot(time_seq[ctrl_mmt, :][0, :, 0], p_save[ctrl_mmt, 1, 1][0, :],
        label='predict')
        ax[0, 1].plot(time_seq[obs_mmt, :][0, :, 0], p_save[obs_mmt, 1, 1][0, :],
        label='correct')
        ax[0, 1].set_title('P[ , 1]')
        ax[1, 0].plot(time_seq[ctrl_mmt, :][0, :, 0], p_save[ctrl_mmt, 2, 2][0, :],
        label='predict')
        ax[1, 0].plot(time_seq[obs_mmt, :][0, :, 0], p_save[obs_mmt, 2, 2][0, :],
        label='correct')
        ax[1, 0].set_xlabel('t/s')
        ax[1, 0].set_ylabel('P[1, ]')
        ax[1, 1].plot(time_seq[ctrl_mmt, :][0, :, 0], p_save[ctrl_mmt, 3, 3][0, :],
        label='predict')
        ax[1, 1].plot(time_seq[obs_mmt, :][0, :, 0], p_save[obs_mmt, 3, 3][0, :],
        label='correct')
        ax[1, 1].set_xlabel('t/s')
        plt.suptitle("Kalman Filter's Noise Filtering Effect")
        fig_t = plt.figure(2, figsize=(9, 7))
        ax = fig_t.subplots(1, 1)
        ax.plot(x_save[1, :].T, x_save[3, :].T, label='true')
        ax.plot(x_save[5, :].T, x_save[7, :].T, label='est')
        ax.legend(bbox_to_anchor=(0.0, 1.3), loc='upper left')
        plt.xlabel('px/m')
        plt.ylabel('py/m')
        plt.suptitle('Comparison of Filtered Results and Ground Truth Trajectory')
        return fig_x, fig_p, fig_t
if __name__ == "__main__":
        # 设置随机种子以重复结果
```

```
np.random.seed（1）
# 设置模型参数
mass = 1
C = np.array（[
    [0, 1, 0, 0],
    [0, 0, 0, 1]
]）
Sigma_w = np.diag（[2, 2, 1, 1]）/1000
Sigma_v = np.eye（2）/5000
x_0 = np.zeros（[4, 1]）
P_0 = np.eye（4）/500
# 初始化卡尔曼滤波器和前向动力学模型
kf = KalmanFilter（mass, C, Sigma_w, Sigma_v, x_0, P_0）
mdl = Model（mass, C, Sigma_w, Sigma_v, x_0, P_0）
# 控制信号生成器
u = lambda t: np.array（[[np.sin（1*t+（math.pi/2.0））], [np.cos（1*t）]]）
# 设置控制 / 观测时间序列
time_seq = generateTimeSequence（）
# 准备保存数据
x_save = []
p_save = []
# 开始仿真
t = 0
for iter in time_seq:
    t = iter[0]
    if iter[1] < 0.5:
        # 控制时刻
        mdl.control（u（t）, t）
        kf.control_moment（u（t）, t）
    else:
        # 观测时刻
        y = mdl.observe（t）
        kf.observe_moment（y, t）
    # 记录真实 / 估计数据
    x_save.append（ np.concatenate（[mdl.x, kf.x], axis=0） ）
    p_save.append（kf.P）
# 可视化
fig_x, fig_p, fig_t = generateFig（x_save, p_save, time_seq）
fig_x.savefig（'fig_x.png'）
fig_p.savefig（'fig_p.png'）
fig_t.savefig（'fig_t.png'）
```

运行完成后会生成如图 9-14 所示的 fig_x.png、fig_p.png、fig_t.png 三个图像，分别代表状态量、协方差阵、运动轨迹的估计值与真实值随时间变化的曲线。根据结果可以看出，滤波器有效降低了误差水平，提高了定位估计的准确性。

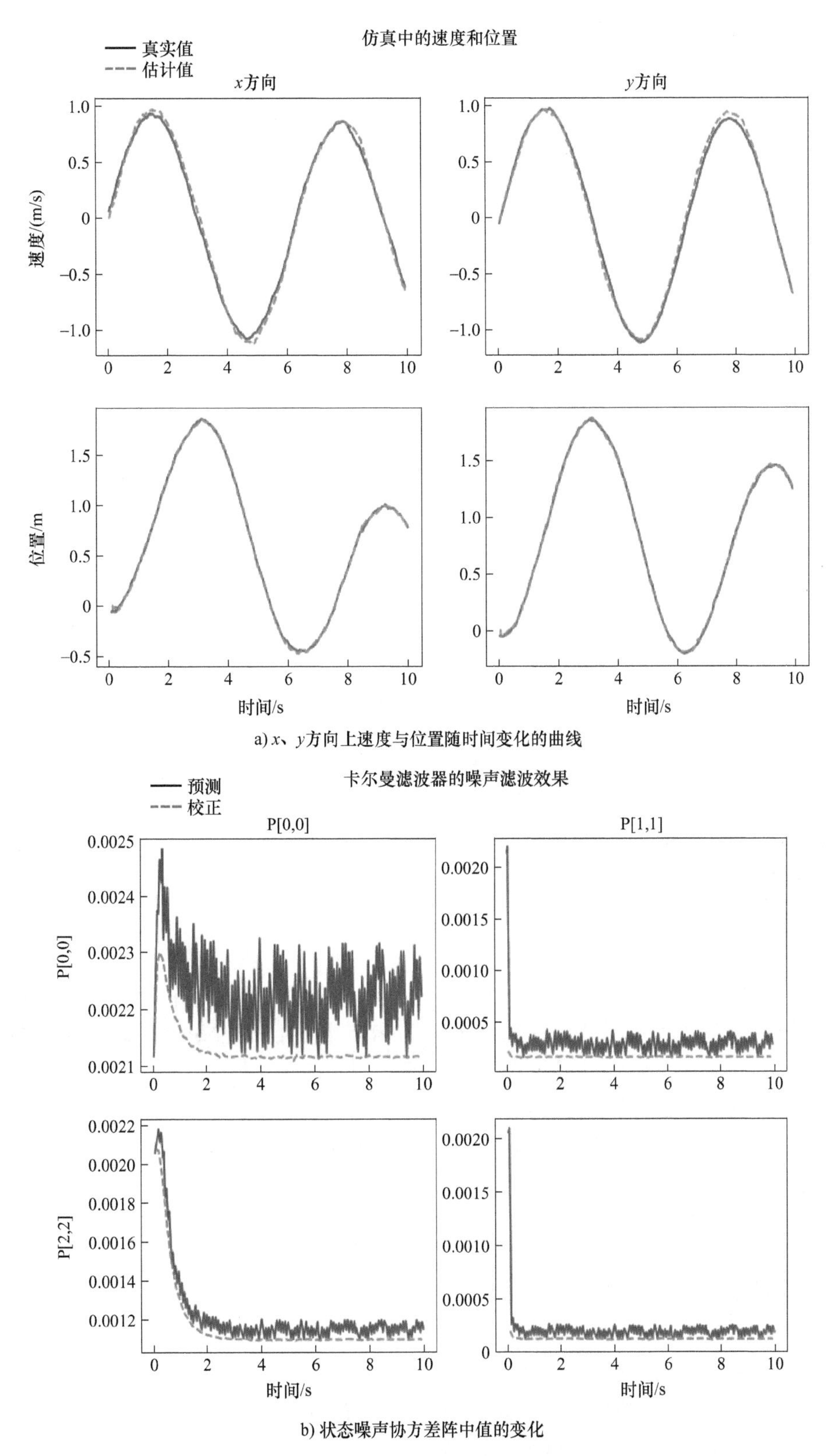

a) x、y方向上速度与位置随时间变化的曲线

b) 状态噪声协方差阵中值的变化

图 9-14　卡尔曼滤波器的 Python 仿真结果

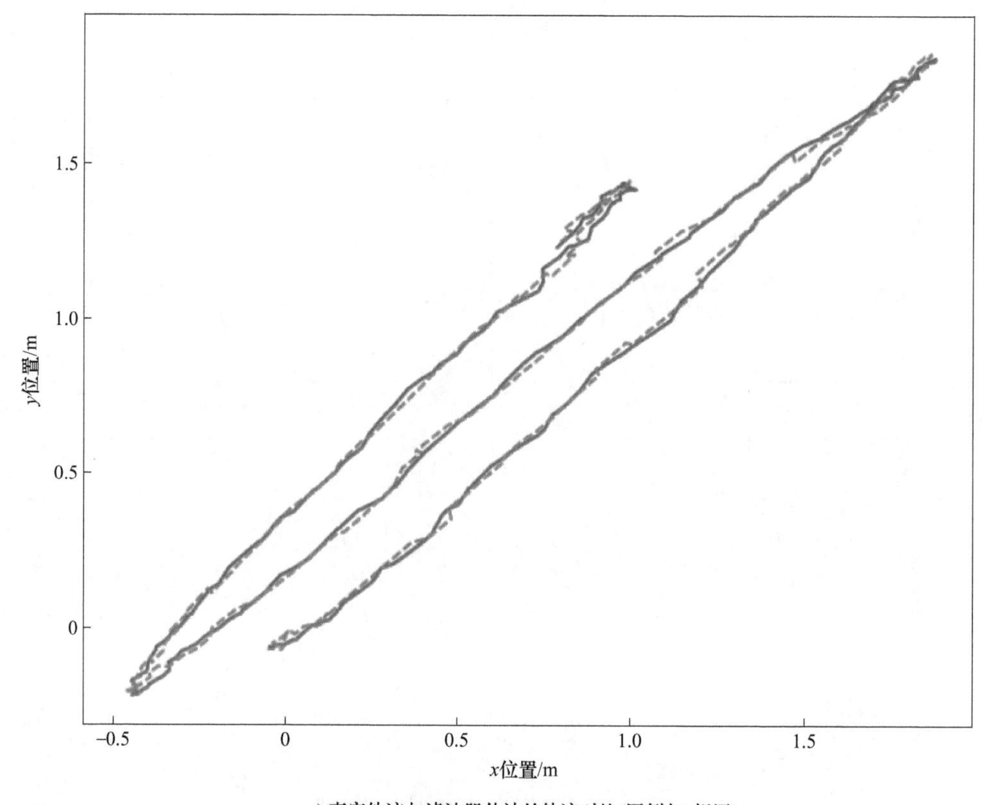

c) 真实轨迹与滤波器估计的轨迹对比(图例与a相同)

图 9-14　卡尔曼滤波器的 Python 仿真结果（续）

分析结果可知，卡尔曼滤波器的输出能够跟上真值且噪声小于测量值，验证了卡尔曼滤波器的降噪作用。

9.3.2　移动机器人观测模型

为方便理解，我们选择使用分别测距 x 与 y 正方向的激光雷达作为机器人传感器，创建一个带有该激光雷达的圆柱体作为机器人，名字为 cylinderRobot，其中几个主要的参数及含义如下：

1）pose：默认的空间位置及其姿态。

2）update_rate：传感器数据刷新频率，10 代表 10Hz。

3）观测噪声项，代码如下：

```
<noise>
    <type>gaussian</type>
    <mean>0</mean>
    <stddev>0.008</stddev>
</noise>
```

其中类型为高斯噪声，期望为 0，标准差为 0.008m。

4）samples：激光雷达线束数量，这里为 2。

5）min_angle max_angle：最小角度与最大角度，对应传感器范围，这里分别等于 0 和 π/2 对应的弧度，代表两束激光分别测量 x 与 y 正方向的距离，后续与环境配合实现定位。

6）转发传感器数据的插件，代码如下：

```
<plugin name="gazebo_ros_ray_controller" filename="libgazebo_ros_laser.so">
    <topicName>/robot/observe</topicName>
    <frameName>ray_sensor</frameName>
</plugin>
```

其中 topic 名称为 /robot/observe。

完整的机器人描述符文件如下：

```
<model name="cylinderRobot">
  <! -- Give the base link a unique name -->
  <link name="base">
    <! -- Offset the base by half the lenght of the cylinder -->
    <pose>0 0 0.029335 0 0 0</pose>
    <collision name="base_collision">
      <geometry>
        <cylinder>
          <! -- Radius and length provided by Velodyne -->
          <radius>.04267</radius>
          <length>.05867</length>
        </cylinder>
      </geometry>
    </collision>
    <inertial>
      <mass>1.2</mass>
      <inertia>
        <ixx>0.001087473</ixx>
        <iyy>0.001087473</iyy>
        <izz>0.001092437</izz>
        <ixy>0</ixy>
        <ixz>0</ixz>
        <iyz>0</iyz>
      </inertia>
    </inertial>
    <! -- The visual is mostly a copy of the collision -->
    <visual name="base_visual">
      <geometry>
        <cylinder>
          <radius>.04267</radius>
          <length>.05867</length>
        </cylinder>
      </geometry>
```

```
    </visual>
  </link>
  <! -- Give the base link a unique name -->
  <link name="top">
    <! -- Vertically offset the top cylinder by the length of the bottom
        cylinder and half the length of this cylinder. -->
    <pose>0 0 0.095455 0 0 0</pose>
    <collision name="top_collision">
      <geometry>
        <cylinder>
          <! -- Radius and length provided by Velodyne -->
          <radius>0.04267</radius>
          <length>0.07357</length>
        </cylinder>
      </geometry>
    </collision>
    <inertial>
      <mass>0.1</mass>
      <inertia>
        <ixx>0.000090623</ixx>
        <iyy>0.000090623</iyy>
        <izz>0.000091036</izz>
        <ixy>0</ixy>
        <ixz>0</ixz>
        <iyz>0</iyz>
      </inertia>
    </inertial>
    <! -- The visual is mostly a copy of the collision -->
    <visual name="top_visual">
      <geometry>
        <cylinder>
          <radius>0.04267</radius>
          <length>0.07357</length>
        </cylinder>
      </geometry>
    </visual>
    <! -- Add a ray sensor， and give it a name -->
    <sensor type="ray" name="sensor">
      <! -- Position the ray sensor based on the specification. Also rotate
          it by 90 degrees around the X-axis so that the <horizontal> rays
          become vertical -->
      <pose>0 0 0.03779 0 0 0</pose>
      <! -- Enable visualization to see the rays in the GUI -->
      <visualize>true</visualize>
      <! -- Set the update rate of the sensor -->
```

```
        <update_rate>10</update_rate>
        <always_on>true</always_on>
        <ray>
    <noise>
            <type>gaussian</type>
            <mean>0</mean>
            <stddev>0.008</stddev>
          </noise>
          < !  -- The scan element contains the horizontal and vertical beams.
              We are leaving out the vertical beams for this tutorial. -->
          <scan>

            < !  -- The horizontal beams -->
            <horizontal>
              <samples>2</samples>

              < !  -- Resolution is multiplied by samples to determine number of
                  simulated beams vs interpolated beams. See:
                  http://sdformat.org/spec ?  ver=1.6&elem=sensor#horizontal_resolution
                  -->
              <resolution>1</resolution>
              < !  -- Minimum angle in radians -->
              <min_angle>0</min_angle>
              < !  -- Maximum angle in radians -->
              <max_angle>1.570796</max_angle>
            </horizontal>
          </scan>
          < !  -- Range defines characteristics of an individual beam -->
          <range>
            < !  -- Minimum distance of the beam -->
            <min>0.00</min>
            < !  -- Maximum distance of the beam -->
            <max>70</max>
            < !  -- Linear resolution of the beam -->
            <resolution>0.001</resolution>
          </range>
        </ray>
        <plugin name="gazebo_ros_ray_controller" filename="libgazebo_ros_laser.so">
          <topicName>/robot/observe</topicName>
          <frameName>ray_sensor</frameName>
        </plugin>
      </sensor>
    </link>
    < !  -- Each joint must have a unique name -->
    <joint type="revolute" name="joint">
```

```
    <! -- Position the joint at the bottom of the top link -->
    <pose>0 0 -0.036785 0 0 0</pose>
    <! -- Use the base link as the parent of the joint -->
    <parent>base</parent
    <! -- Use the top link as the child of the joint -->
    <child>top</child>
    <! -- The axis defines the joint's degree of freedom -->
    <axis>
      <! -- Revolve around the z-axis -->
      <xyz>0 0 1</xyz>
      <! -- Limit refers to the range of motion of the joint -->
      <limit>
        <! -- Use a very large number to indicate a continuous revolution -->
        <lower>-10000000000000000</lower>
        <upper>10000000000000000</upper>
      </limit>
    </axis>
  </joint>
</model>
```

此机器人将会观测 x 与 y 正方向上与机器人原点距离最近的物体与机器人原点之间的距离，并以 10Hz 的频率发送到 /robot/observe 话题下，且此距离加入了标准差为 0.008m 的高斯噪声。

9.3.3 基本机器人移动

本节将说明如何在 ROS 下的 Gazebo 仿真环境中控制机器人模型移动。

将机器人模型添加到 Gazebo 仿真环境中，卡尔曼滤波器只能处理线性情况下的状态估计，同时考虑现实中速度只能连续变化的情况，本实验使用机器人动力学模型设计控制器，因此使用的控制量是 x、y 方向上的力。

然后编写 controller 和 driver 节点，前者设计运动控制器来实现控制命令序列的产生与转发，后者计算机器人前向动力学，并将机器人位置发送给 Gazebo。这里不直接使用 Gazebo 的运动引擎，主要原因是考虑到需要在机器人运动中加入过程噪声，因此在 driver 中加入过程噪声项后将其转发给 Gazebo 中的机器人，从而改变其坐标，实现移动。

driver 节点的代码如下：

```
#! /usr/bin/env python
import rospy
import random
import numpy as np
from gazebo_msgs.msg import ModelState
from geometry_msgs.msg import Twist
from scipy import linalg as lnr

class Driver(object):
```

```
    # constructor
    def __init__ ( self ):
        self.time_save = 0
        self.name = 'cylinderRobot'
        self.pub = rospy.Publisher ( "/gazebo/set_model_state", ModelState, queue_size=10 )
        rospy.Subscriber ( '/robot/control', Twist, self.callback_control )
        self.mass = 10
        self.state = np.zeros ( [4, 1] )      # state = [ px; vx; py; vy ]
        # dx/dt = Ax ( t ) + Bu ( t ) + w ( t ),
        #   cov[w ( t ), w ( t ) ] = Sigma_w
        self.A = np.array ( [
            [0, 1, 0, 0],
            [0, 0, 0, 0],
            [0, 0, 0, 1],
            [0, 0, 0, 0]
        ] )
        self.B = np.array ( [
            [0, 0 ],
            [1/self.mass, 0],
            [0, 0 ],
            [0, 1/self.mass]
        ] )
        self.Sigma_w = np.eye ( 4 ) *0.00001
        # self.S = lnr.sqrtm ( self.Sigma_w )
        # self.Q = np.dot ( np.dot ( lnr.inv ( self.S ), self.A ), self.S )
        # self.Q = self.Q + self.Q.T

    def callback_control ( self, twist ):
        if self.time_save == 0:
            self.time_save = rospy.get_time ()
            dt = 0.1
        else:
            dt = rospy.get_time () - self.time_save
            self.time_save = rospy.get_time ()
        u = np.zeros ( [2, 1] )
        u[0] = twist.linear.x
        u[1] = twist.angular.z
        if u[0] ==0 and u[1] ==0 and self.state[1, 0]==0 and self.state[3, 0]==0:
            return 0
        else:
            self.state = self.forward_dynamics ( u, dt )
            self.sendStateMsg ()

    def forward_dynamics ( self, u, dt ):
        Atilde, Btilde, Sigma_w_tilde = self._discretization_Func ( dt )
```

```
        w = np.random.multivariate_normal(np.zeros([4]), Sigma_w_tilde).reshape([4, 1])
        x = Atilde.dot(self.state) + Btilde.dot(u) + w
        return x

    def _discretization_Func(self, dt):
        Atilde = np.array([
            [1, 0,  0,  0],
            [dt, 1, 0,  0],
            [0, 0,  1,  0],
            [0, 0,  dt, 1]
        ])
        Btilde = np.array([
            [dt/self.mass,       0],
            [dt*dt/2/self.mass, 0],
            [0,        dt/self.mass],
            [0, dt*dt/2/self.mass]
        ])
        q1 = self.Sigma_w[0, 0]
        q2 = self.Sigma_w[1, 1]
        q3 = self.Sigma_w[2, 2]
        q4 = self.Sigma_w[3, 3]
        Sigma_w_tilde = np.array([
            [dt*q1,      dt*dt/2*q1,          0,           0],
            [dt*dt/2*q1, (dt*q2) + (dt*dt*dt/3*q1), 0,          0],
            [0,          0,              dt*q3,        dt*dt/2*q3],
            [0,          0,              dt*dt/2*q3, (dt*q4) + (dt*dt*dt/3*q3)],
        ])
        return Atilde, Btilde, Sigma_w_tilde

    def sendStateMsg(self):
        msg = ModelState()
        msg.model_name = self.name
        msg.pose.position.x = self.state[1]
        msg.pose.position.y = self.state[3]
        self.pub.publish(msg)

if __name__ == '__main__':
    try:
        rospy.init_node('driver', anonymous=True)
        driver = Driver()
        rospy.spin()
    except rospy.ROSInterruptException:
        pass
```

driver 节点订阅了来自 controller 节点的 /robot/control 话题，根据实际的控制间隔 Δt 生成离散化的模型参数与过程噪声，随后根据机器人的动力学模型计算当前时刻的模型位置真实值，通过 /gazebo/set_model_state 话题改变 Gazebo 中模型的位置来实现基本机器人移动。注意，发送的模型名称为 'cylinderRobot'，与传感器文件中的模型名称要保持一致。

controller 节点可以使用 rviz 下的 teleop 作为开环的手动输入，如图 9-15 所示，输入 Output Topic 为 /robot/control 后回车，鼠标左键点击面板即可向 Topic 中发送控制信号。

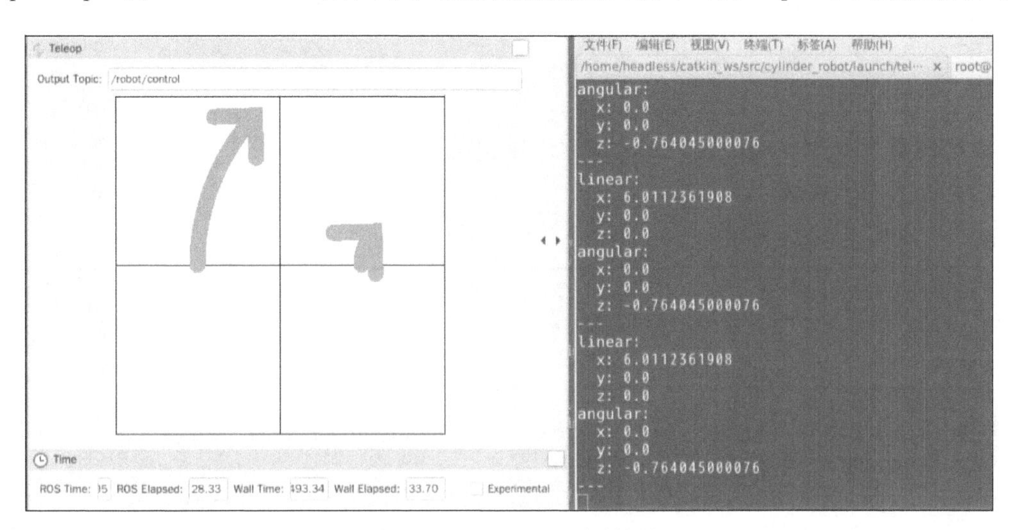

图 9-15　teleop 面板手动控制

也可以编写 controller 节点生成控制序列，以下是生成一段直线运动的开环控制序列，当 driver 和该 controller 节点运行起来后，Gazebo 中的机器人模型将会按照控制信号移动起来。

```
#！ /usr/bin/env python

import rospy
import sys
from std_msgs.msg import String
from geometry_msgs.msg import Twist

def controller（）:
    pub = rospy.Publisher（'/robot/control'， Twist， queue_size = 10）
    rospy.init_node（'talker'，anonymous=True）
    rate = rospy.Rate（10）
    for i in range（0， 100）:
        twist = Twist（）
        twist.linear.x=1.5*abs（i-49.5）/（i-49.5）
        pub.publish（twist）
        rate.sleep（）
    sys.exit（0）

if __name__ == '__main__':
```

```
    try:
        controller()
    except rospy.ROSInterruptException:
        pass
```

当后续实现机器人定位后，可以将结果反馈到 controller 节点中，通过设计闭环控制器来实现机器人的闭环控制。

9.3.4 基本机器人定位

根据机器人模型与 Gazebo 中建立的环境，可以建立 perception 节点实现机器人的定位及对定位结果的滤波。

perception 节点代码如下：

```
#! /usr/bin/env python

import rospy
import rospkg
from scipy import linalg as lnr
from matplotlib import pyplot as plt
import numpy as np
from sensor_msgs.msg import LaserScan
from geometry_msgs.msg import Twist
from gazebo_msgs.msg import ModelState
import os
import sys

class KalmanFilter(object):
    # initialization the kalman filter.
    #  x'(t) = Ax(t) + Bu(t) + w(t)
    #  y(t) = Cx(t) + v(t)
    #  x(0) ~ N(x_0, P_0)
    def __init__(self, mass, C, Sigma_w, Sigma_v, x_0, P_0):
        self.mass = mass
        self.C = C
        self.n = 4
        self.m = 2
        self.Sigma_w = Sigma_w
        self.Sigma_v = Sigma_v
        self.t = 0
        self.x = x_0
        self.P = P_0
        self.u = np.zeros([self.m, 1])

    # Given duration dt, return the discretization of A, B, Sigma_w. Just like what we do last
    week.
```

```
    def _discretization_Func(self, dt):
        Atilde = np.array([
            [1,  0,   0,   0],
            [dt, 1,   0,   0],
            [0,  0,   1,   0],
            [0,  0,   dt,  1]
        ])
        Btilde = np.array([
            [dt/self.mass,        0],
            [dt*dt/2/self.mass,   0],
            [0,          dt/self.mass],
            [0,   dt*dt/2/self.mass]
        ])
        q1 = self.Sigma_w[0, 0]
        q2 = self.Sigma_w[1, 1]
        q3 = self.Sigma_w[2, 2]
        q4 = self.Sigma_w[3, 3]
        Sigma_w_tilde = np.array([
            [dt*q1,         dt*dt/2*q1,                     0,              0],
            [dt*dt/2*q1,    (dt*q2) + (dt*dt*dt/3*q1), 0,                   0],
            [0,             0,                          dt*q3,          dt*dt/2*q3],
            [0,             0,                          dt*dt/2*q3, (dt*q4) + (dt*dt*dt/3*q3)],
        ])
        return Atilde, Btilde, Sigma_w_tilde

    # predict step
    def _predict_Step(self, ctrl_time):
        dt = ctrl_time - self.t
        self.t = ctrl_time
        At, Bt, Sigma = self._discretization_Func(dt)
        self.x = np.dot(At, self.x) + np.dot(Bt, self.u)
        self.P = np.dot(np.dot(At, self.P), At.T) + Sigma

    # correction step
    def _correction_Step(self, y):
        innovation = y - self.C.dot(self.x)
        lambda_t = self.C.dot(self.P.dot(self.C.T)) + self.Sigma_v
        kalman_gain = self.P.dot(self.C.T.dot(np.linalg.inv(lambda_t)))
        self.x = self.x + kalman_gain.dot(innovation)
        self.P = self.P - kalman_gain.dot(self.C.dot(self.P))

    # when getting the control signal, execution the predict step, update the control signal
    def control_moment(self, u_new, time_now):
        self._predict_Step(time_now)
        self.u = u_new
```

```
    # when getting the observe info,  execution the predict step,  and then execution the correction
    step
    def observe_moment ( self,  y_new,  time_now ):
        self._predict_Step ( time_now )
        self._correction_Step ( y_new )
class Localization ( object ):
    def __init__ ( self ):
        # config the subscribe information
        rospy.Subscriber ( '/robot/control',  Twist,  self.callback_control )
        rospy.Subscriber ( '/robot/observe',  LaserScan,  self.callback_observe )
        rospy.Subscriber ( 'gazebo/set_model_state',  ModelState,  self.callback_state )
        self.pub = rospy.Publisher ( "/robot/esti_model_state",  ModelState,  queue_size=10 )
        # catch Ctrl+C. When you press Ctrl+C,  call self.visualzation ()
        rospy.on_shutdown ( self.visualization )
        # initialize Kalman filter.
        self.kf = KalmanFilter (
            mass = 10,
            C = np.array ( [
                [0,  1,  0,  0],
                [0,  0,  0,  1]
            ] ),
            Sigma_w = np.eye ( 4 ) *0.00001,
            Sigma_v = np.array ( [[0.02**2,  0],  [0,  0.02**2]] ),
            x_0 = np.zeros ( [4,  1] ),
            P_0 = np.eye ( 4 ) /1000
            )
        # list to save data for visualization
        self.x_esti_save = []
        self.x_esti_time = []
        self.x_true_save = []
        self.x_true_time = []
        self.p_obsv_save = []
        self.p_obsv_time = []

    def callback_control ( self,  twist ):
        # extract control signal from message
        u = np.zeros ( [2,  1] )
        u[0,  0] = twist.linear.x
        u[1,  0] = twist.angular.z
        # call control moment function in Kalman filter
        current_time = rospy.get_time ()
        self.kf.control_moment ( u,  current_time )
        # save data for visualization
        self.x_esti_save.append ( self.kf.x )
```

```
        self.x_esti_time.append（current_time）

    def callback_observe（self， laserscan）:
        # extract observe signal from message
        y = -np.array（laserscan.ranges）+ 5
        y = y.reshape（2， 1）
        # call observe moment function in Kalman filter
        current_time = rospy.get_time（）
        self.kf.observe_moment（y， current_time）
        # save data for visualzation
        self.x_esti_save.append（self.kf.x）
        self.x_esti_time.append（current_time）
        self.p_obsv_save.append（y）
        self.p_obsv_time.append（current_time）
        # send estimated x to controller
        self.sendStateMsg（）

    # restore the true state of robot for visualization. You CAN NOT get them in real world.
    def callback_state（self， state）:
        current_time = rospy.get_time（）
        x = np.zeros（[4， 1]）
        x[0， 0] = state.twist.linear.x
        x[1， 0] = state.pose.position.x
        x[2， 0] = state.twist.linear.y
        x[3， 0] = state.pose.position.y
        self.x_true_save.append（x）
        self.x_true_time.append（current_time）

    def sendStateMsg（self）:
        msg = ModelState（）
        # msg.model_name = self.name
        msg.pose.position.x = self.kf.x[1]
        msg.pose.position.y = self.kf.x[3]
        self.pub.publish（msg）

    # visualzation
        # visualzation
    def visualization（self）:
        print（"Visualizing......"）
        t_esti = np.array（self.x_esti_time）
        x_esti = np.concatenate（self.x_esti_save， axis=1）
        p_obsv = np.concatenate（self.p_obsv_save， axis=1）
```

```
        t_obsv = np.array（self.p_obsv_time）
        t_true = np.array（self.x_true_time）
        x_true = np.concatenate（self.x_true_save， axis=1）
        fig_x = plt.figure（figsize=（16， 9））
        plt.subplot（2， 2， 1）
        plt.plot（t_esti， x_esti[1， ： ].T， label = "esti"）
        plt.plot（t_true， x_true[1， ： ].T， label = "true"）
        plt.legend（bbox_to_anchor = （0.85， 1）， loc='upper left'）
        plt.title（'px'）
        plt.subplot（2， 2， 2）
        plt.plot（t_esti， x_esti[3， ： ].T， label = "esti"）
        plt.plot（t_true， x_true[3， ： ].T， label = "true"）
        plt.legend（bbox_to_anchor = （0.85， 1）， loc='upper left'）
        plt.title（'py'）
        plt.subplot（2， 2， 3）
        plt.plot（x_esti[1， ： ].T， x_esti[3， ： ].T， label = "esti"）
        plt.plot（x_true[1， ： ].T， x_true[3， ： ].T， label = "true"）
        plt.legend（bbox_to_anchor = （0.1， 1）， loc='upper left'）
        plt.title（'trace： esti with truth'）
        plt.subplot（2， 2， 4）
        plt.plot（x_esti[1， ： ].T， x_esti[3， ： ].T， label = 'esti'）
        plt.plot（p_obsv[0， ： ].T， p_obsv[1， ： ].T， label = 'obsv'）
        plt.legend（bbox_to_anchor = （0.1， 1）， loc='upper left'）
        plt.title（'trace： esti with observation'）
        fig_path = rospkg.RosPack（）.get_path（'cylinder_robot'）+"/"
        fig_x.savefig（fig_path+'fig_x.png'， dpi=120）
        print（"Visualization Complete."）

if __name__ == '__main__':
    try：
        rospy.init_node（'perception'， anonymous=True）
        obs = Localization（）
        rospy.spin（）
    except rospy.ROSInterruptException：
        pass
```

perception 节点订阅了 /robot/control、/robot/observe 与 /gazebo/set_model_states 三个话题，分别对应了 x 和 y 方向的力控制量、x 和 y 方向的墙面与传感器中心的距离观测与 Gazebo 仿真环境中模型的真实位置信息。perception 发布了一个 /robot/esti_model_state，代表了卡尔曼滤波器输出的状态估计，可以作为反馈量输入到 controller 节点中。

perception 节点中的类及函数说明见表 9-3。

表 9-3　perception 节点中的类与函数说明

代码	说明

class KalmanFilter（object）:
　# initialization the kalman filter.
　#　x'（t）= Ax（t）+ Bu（t）+ w（t）
　#　y（t）= Cx（t）+ v（t）
　#　x（0）～ N（x_0, P_0）
　def __init__（self, mass, C, Sigma_w, Sigma_v, x_0, P_0）: ……
　def _discretization_Func（self, dt）: ……
　def _predict_Step（self, ctrl_time）:
　…
　def _correction_Step（self, y）:
　…
　def control_moment（self, u_new, time_now）:
　…
　def observe_moment（self, y_new, time_now）:
　…
	# 类定义：卡尔曼滤波器
	
	# 初始化函数
	
	# 离散化函数
	# KF 中的预测
	
	# KF 中的更新
	
	# 采样不一致时控制时刻的处理
	
	# 采样不一致时观测时刻的处理

class Localization（object）:
　def __init__（self）: ……
　def callback_control（self, twist）:
　　# extract control signal from message
　…
　# call control moment function in Kalman filter
　…
　def callback_observe（self, laserscan）:
　　# extract observe signal from message
　　…
　　　# call observe moment function in Kalman filter
　…
　def callback_state（self, state）: ……
　def sendStateMsg（self）: ……
　def visualization（self）: ……
	# 类定义：定位器
	# 初始化函数
	# 观测信号回调函数，twist 是 ros 提供的数据帧格式，这里用来传递控制信息
	
	# twist.linear.x 和 twist.angular.z 存储了控制信息
	
	# 观测信号回调函数
	# laserscan 是 ros 提供的激光雷达数据帧格式，laserscan.ranges 中存储的就是雷达测量到的距离数据
	
	# 真值回调函数，以作绘图用
	# 发送滤波后定位，做闭环控制用
	# 可视化函数

代码中所使用的 ROS 消息类型说明如图 9-16 和图 9-17 所示，注意消息类型不一定与真实的物理含义对应，也可以只作为数据传递的载体。如单击 teleop 面板改变的是 twist.linear.z 与 twist.angular.z，但对应的是 x 和 y 方向的力，并不是 x 方向与 z 轴的力和转矩。

9.3.5　Gazebo 的颜色识别

本小节我们将实现 Gazebo 仿真下的颜色识别算法，通过颜色可区分环境中的路标点，因此实现颜色识别是后续实现特征检测下的定位算法的基础。

geometry_msgs/Twist Message

File: geometry_msgs/Twist.msg

```
# This expresses velocity in free space broken into it's linear and angular parts.
Vector3  linear
Vector3  angular
```

Expanded Definition

```
Vector3 linear
        float64 x
        float64 y
        float64 z
Vector3 angular
        float64 x
        float64 y
        float64 z
```

图 9-16　ROS 中的 twist 消息类型说明

sensor_msgs/LaserScan Message

File: sensor_msgs/LaserScan.msg

Raw Message Definition

```
# Single scan from a planar laser range-finder
#
# If you have another ranging device with different behavior (e.g. a sonar
# array), please find or create a different message, since applications
# will make fairly laser-specific assumptions about this data

Header header                 # timestamp in the header is the acquisition time of
                              # the first ray in the scan.
                              #
                              # in frame frame_id, angles are measured around
                              # the positive Z axis (counterclockwise, if Z is up)
                              # with zero angle being forward along the x axis

float32 angle_min             # start angle of the scan [rad]
float32 angle_max             # end angle of the scan [rad]
float32 angle_increment   # angular distance between measurements [rad]

float32 time_increment    # time between measurements [seconds] - if your scanner
                              # is moving, this will be used in interpolating position
                              # of 3d points
float32 scan_time             # time between scans [seconds]

float32 range_min             # minimum range value [m]
float32 range_max             # maximum range value [m]

float32[] ranges              # range data [m] (Note: values < range_min or > range_max should be discarded)
float32[] intensities     # intensity data [device-specific units]. If your
                              # device does not provide intensities, please leave
                              # the array empty.
```

图 9-17　ROS 中的 LaserScan 消息类型说明

1. RGB 模型与 HSV 模型

数字图像处理中常采用的模型是 RGB（红，绿，蓝）模型和 HSV（色调，饱和度，亮度）模型，其中 RGB 广泛应用于彩色监视器和彩色视频摄像机，我们平时的图片一般都是 RGB 模型；而 HSV 模型更符合人描述和解释颜色的方式，HSV 的彩色描述对人来说是自然且非常直观的。

HSV 模型中颜色的参数分别是色调（H：Hue）、饱和度（S：Saturation）和亮度（V：Value），是由 A.R.Smith 在 1978 年创建的一种颜色空间，也称为六角锥体模型（Hexcone Model）。

1）色调（H：Hue）：用角度度量，取值范围为 0° ～ 360°，从红色开始按逆时针方向计算，红色为 0°，绿色为 120°，蓝色为 240°。它们的补色是：黄色为 60°，青色为 180°，品红为 300°。

2）饱和度（S：Saturation）：取值范围为 0.0 ～ 1.0，值越大，颜色越饱和。

3）亮度（V：Value）：取值范围为 0.0（黑色）～ 1.0（白色）。

那么 RGB 模型与 HSV 模型之间如何转换呢？

在 RGB 模型中，设 $\{r,g,b\}$ 分别是一个颜色的红、绿和蓝坐标，它们的值是在 0 到 1 之间的实数，令 $\beta=\max\{r,g,b\}$，$\alpha=\min\{r,g,b\}$。那么，在 HSV 模型中，其色彩坐标 (h,s,v) 为

$$h=\begin{cases}0^\circ & (\alpha=\beta)\\ 60^\circ\dfrac{g-b}{\beta-\alpha}+0^\circ & (\beta=r\text{ 且 }g\geqslant b)\\ 60^\circ\dfrac{g-b}{\beta-\alpha}+360^\circ & (\beta=r\text{ 且 }g<b)\\ 60^\circ\dfrac{b-r}{\beta-\alpha}+240^\circ & (\beta=g)\\ 60^\circ\dfrac{r-g}{\beta-\alpha}+120^\circ & (\beta=b)\end{cases}$$

$$s=\begin{cases}0 & (\beta=0)\\ \dfrac{\beta-\alpha}{\beta}=1-\dfrac{\alpha}{\beta} & (\text{其他})\end{cases}$$

$$v=\beta$$

以上是从 RGB 模型到 HSV 模型的转换公式，从 HSV 模型到 RGB 模型的转换公式如下：

$$c=vs$$
$$x=c(1-|(h/60)\bmod 2-1|)$$
$$m=v-c$$

$$(r',g',b')=\begin{cases}(c,x,0) & (0°\leqslant h<60°)\\(x,c,0) & (60°\leqslant h<120°)\\(0,c,x) & (120°\leqslant h<180°)\\(0,x,c) & (180°\leqslant h<240°)\\(x,0,c) & (240°\leqslant h<300°)\\(c,0,x) & (300°\leqslant h<360°)\end{cases}$$

$$(r,g,b)=(255(r'+m),255(g'+m),255(b'+m))$$

2.OpenCV 简介

OpenCV 是一个开源的、发行的跨平台计算机视觉库，可以运行在 Linux、Windows、Android 和 Mac OS 操作系统上。它轻量级而且高效，由一系列 C 函数和少量 C++ 类构成，同时提供了 Python、Ruby、MATLAB 等语言的接口，实现了图像处理和计算机视觉方面的很多通用算法。

OpenCV 中的 cvtColor 函数用于图像颜色的空间转换，可以实现 RGB 颜色、HSV 颜色、HSI 颜色、lab 颜色、YUV 颜色等的转换，也可以对彩色和灰度图互转。在识别不同颜色物体时，需要将图片转换到 HSV 色域中识别。OpenCV 中 cvtColor 函数的定义如下：

```
dst = cv.cvtColor（src， code[， dst[， dstCn]]）
# src：原图像　code：颜色空间转换代码 dstCn：目标图像通道数
```


如图 9-18 所示，通过以下代码可以将 RGB 空间中的图像转换到 HSV 中：

```
hsv_image = cv2.cvtColor（src_image， cv2.COLOR_BGR2HSV）
```

inRange 函数可以根据设定的阈值，去除阈值之外的背景部分，达到筛选某个颜色的效果，函数代码如下：

```
dst = cv.inRange（src， lowerb， upperb[， dst]）
#src：原图　　#lowerb：下界　#upperb：上界
```

cv.inRange 函数将图像内在阈值范围内的点置为 255，阈值外的点置为 0。如图 9-19 所示，通过以下代码可以筛选出绿色的像素点：

```
ball_color = 'green'
color_dist = {'red'： {'Lower'： np.array（[0， 60， 60]），
                'Upper'： np.array（[6， 255， 255]）}，
              'blue'： {'Lower'： np.array（[100， 80， 46]），
              'Upper'： np.array（[124， 255， 255]）}，
              'green'： {'Lower'： np.array（[35， 43， 35]），
              'Upper'： np.array（[70， 255， 255]）}，
            }
inRange_hsv = cv2.inRange（hsv_img， color_dist[ball_color]['Lower']，
color_dist[ball_color]['Upper']）
```

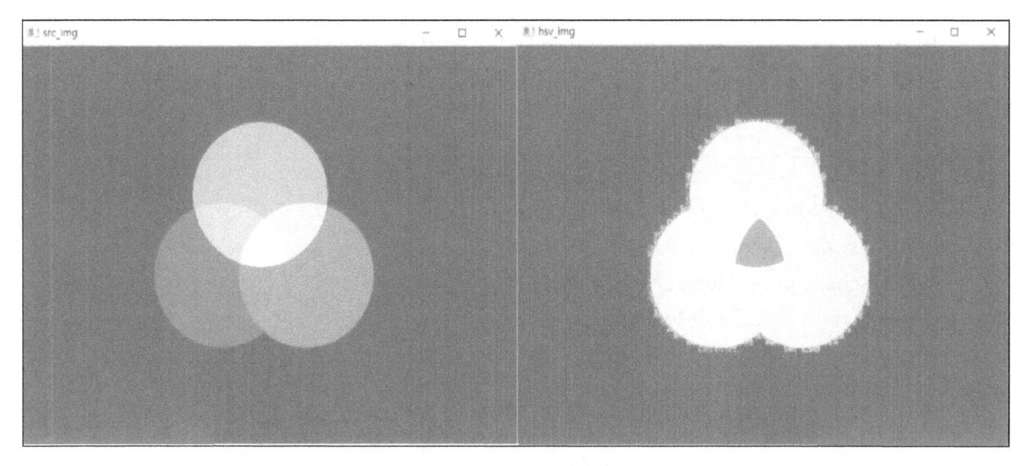

图 9-18　RGB 与 HSV 颜色空间下的同一图像

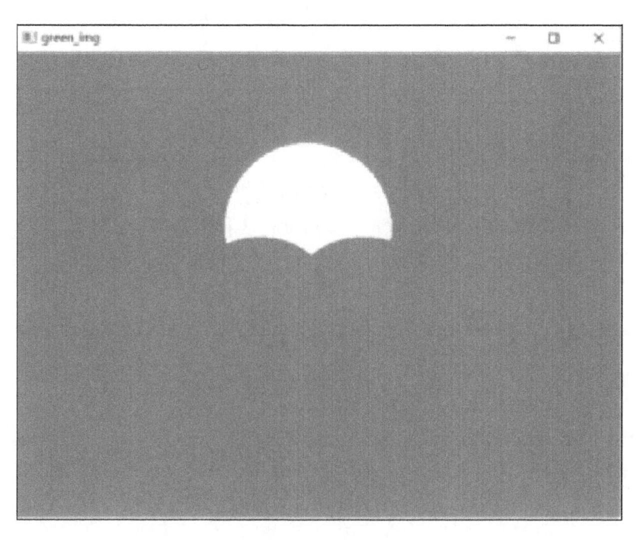

图 9-19　图像中的绿色像素点筛选

9.3.6　移动机器人 SLAM 实现

以上是线性条件下的机器人控制与定位过程，但针对双轮差速的动力学模型与非线性观测模型（如相机），准确实现相对于传感器的环境中的路标点定位是一件复杂而难以实现的事情，如使用摄像头对不同颜色路标圆柱体定位时，可能出现观测不完全、遮挡等问题，造成传感器观测噪声难以确认甚至无法辨识。因此在本节中，使用仿真环境下的模型位置关系并加入自定义的噪声，来模拟路标点在相机观测中的定位，并验证扩展卡尔曼滤波器的作用，这也是实现 SLAM 的基础。

在真实世界中，如何准确辨识观测模型的噪声以及解决路标点累积带来的状态量维度增长、计算难度累增的问题是解决扩展卡尔曼滤波器应用的关键。

首先参考 9.2 节在 Gazebo 环境中搭建一个具有四个不同颜色圆柱体的环境，并将带有摄像头的机器人放入此环境中，四个圆柱体代表了环境中的四个路标点，机器人的运动模型为双轮差速运动。然后编写一个观测节点，参考 9.3.5 节，通过摄像头观察到的图像判定路标点是否被观测到以及相对于机器人坐标系的极坐标。观测节点如下：

```
import rospy, cv2, numpy as np, random, math
from cv_bridge import CvBridge, CvBridgeError
from sensor_msgs.msg import Image
from std_msgs.msg import Float32MultiArray
from gazebo_msgs.msg import ModelStates

class ImageConverter:
    class Pose(object):
        def __init__(self, x, y, theta):
            self.x = x
            self.y = y
            self.theta = theta

    def __init__(self):
        self.color_dist = {'red': {'Lower': np.array([0, 60, 60]), 'Upper': np.array([6,
        255, 255])}, 'blue': {'Lower': np.array([100, 80, 46]), 'Upper': np.array([124,
        255, 255])}, 'green': {'Lower': np.array([35, 43, 35]), 'Upper': np.array([90,
        255, 255])}, 'yellow': {'Lower': np.array([26, 43, 46]), 'Upper': np.array([34,
        255, 255])}}
        self.cylinder_dist = {'red': np.array([1.5, -0.5, 0.0]), 'blue': np.array([3.0, -0.5,
        0.0]),
          'green': np.array([3.0, 0.5, 0.0]),
          'yellow': np.array([1.5, 0.5, 0.0])}
        self.threshold = 10
        self.pose = ImageConverter.Pose(0.0, 0.0, 0.0)
        self.bridge = CvBridge()
        self.image_pub = rospy.Publisher('/unicycle/image_result', Image, queue_size=10)
        self.meas_pub = rospy.Publisher('/unicycle/measurement', Float32MultiArray, queue_
        size=10)
        self.image_sub = rospy.Subscriber('/unicycle/camera1/image_raw', Image, self.
        callback)
        self.state_sub = rospy.Subscriber('/gazebo/model_states', ModelStates, self.callback_
        state)

    def modelpose_to_pose(self, model_pose):
        pose = ImageConverter.Pose(0.0, 0.0, 0.0)
        pose.x = model_pose.position.x
        pose.y = model_pose.position.y
        pose.theta = math.asin(model_pose.orientation.z) * 2
        return pose
```

```
    def callback_state（self， ModelStates）：
        model_index = ModelStates.name.index（'unicycle'）
        model_pose = ModelStates.pose[model_index]
        self.pose = self.modelpose_to_pose（model_pose）

    def callback（self， data）：
        try：
            cv_image = self.bridge.imgmsg_to_cv2（data， 'bgr8'）
        except CvBridgeError as e：
            print（e）
        else：
            result = self.detect_table（cv_image， threshold=self.threshold， color_dist=self.
            color_dist， cylinder_dist=self.cylinder_dist）
            result_array = Float32MultiArray（data=result）
            try：
                self.meas_pub.publish（result_array）
            except CvBridgeError as e：
                print（e）

    def count_white（self， image）：
        ret， th = cv2.threshold（image， 127， 255， cv2.THRESH_BINARY）
        self.image_pub.publish（self.bridge.cv2_to_imgmsg（image， 'mono8'））
        count = 0
        img = np.array（th）
        count = np.sum（np.reshape（img， （img.size， ）））
        return count

    def detect_table（self， image， threshold， color_dist， cylinder_dist）：
        result = []
        for i in range（12）：
            result.append（0）
        id = 0
        print（'-------------'）
        for color in color_dist：
            g_image = cv2.GaussianBlur（image， （5， 5）， 0）
            hsv = cv2.cvtColor（g_image， cv2.COLOR_BGR2HSV）
            inRange_hsv = cv2.inRange（hsv， color_dist[color]['Lower']， color_dist[color]
            ['Upper']）
            if self.count_white（inRange_hsv）> threshold：
                print（color， 'is detected'）
                result[3 * id + 0] = 1
                m_x = cylinder_dist[color][0]
                m_y = cylinder_dist[color][1]
                x = self.pose.x
                y = self.pose.y
```

```
                theta = self.pose.theta
                result[3 * id + 1] = math.sqrt（math.pow（m_x - x， 2）+ math.pow（m_y - y，
                2））+ random.gauss（0， 0.008）
                result[3 * id + 2] = math.atan2（m_y - y， m_x - x）- theta + random.gauss（0，
                0.008）
            else：
                result[3 * id + 0] = 0
                result[3 * id + 1] = 0
                result[3 * id + 2] = 0
            id += 1
        print（result）
        return result

if __name__ == '__main__'：
    rospy.init_node（'measurement_pub'）
    rospy.loginfo（'start measure'）
    ImageConverter（）
    rospy.spin（）
```

其输出的结果如图 9-20 所示：

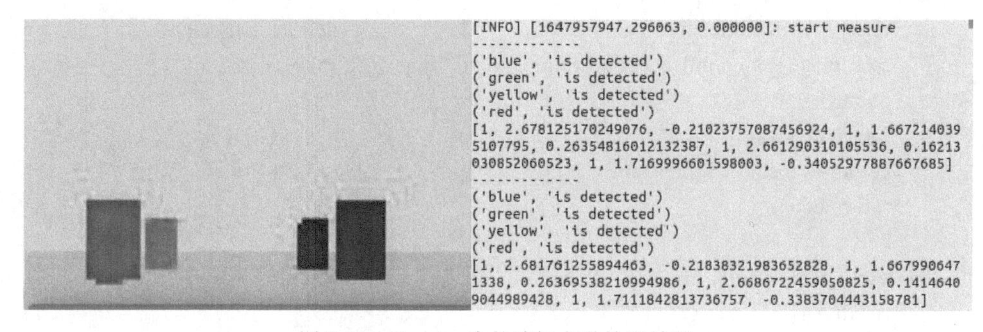

图 9-20　Gazebo 中的路标点及检测结果

检测结果通过 /unicycle/measurement 发送出去，后端的 EKF-SLAM 将会订阅此消息并据此更新状态估计。话题消息的格式是 Float32MultiArray，其中每一位代表的含义如下：

1）是否观测到（0/1）。

2）距离（m）。

3）朝向（rad）。

为简单起见，固定只有四个路标点，因此将以上检测重复四次，且颜色顺序与终端出现顺序对应。

编写完观测节点后，根据 9.3.4 节的 perception 节点与 6.2 节的扩展卡尔曼滤波器，可以编写以下 ekf_slam 节点：

```
#！ /usr/bin/env python


import rospy
```

```
import matplotlib.pyplot as plt
import numpy as np
import math
from std_msgs.msg import Float32MultiArray
from geometry_msgs.msg import Twist
from gazebo_msgs.msg import ModelStates

class ExtendKalmanFilter (object):

    class Pose (object):
        def __init__ (self, x, y, theta):
            self.x = x
            self.y = y
            self.theta = theta

    def __init__ (self):

        self.dt = 0.1
        self.time = rospy.get_time ()
        self.v_control_rate = 0.1                                    # 限速
        self.w_control_rate = 1.5

        self.u_t = np.array ([[0.0], [0.0]])
        self.z_t = np.array ([[0.0], [0.0]])

        self.number_landmark = 4
        self.X_updated = np.zeros ((3+2*self.number_landmark, 1)) *0.5    # 状态 + 地图
        self.X_updated[0, 0] = 0.0
        self.X_updated[1, 0] = 0.0
        self.X_updated[2, 0] = 0.0
        self.Pxx_updated = np.zeros ((3, 3))
        self.Pxm_updated = np.zeros ((3, 2*self.number_landmark))
        self.Pmx_updated = np.zeros ((2*self.number_landmark, 3))
        self.Pmm_updated = np.eye (2*self.number_landmark) *10e5      # 地图本身强相关
        self.P_updated = np.vstack ((np.hstack ((self.Pxx_updated, self.Pxm_updated)),
        np.hstack ((self.Pmx_updated, self.Pmm_updated))))

        self.X_predicted = np.zeros ((3+2*self.number_landmark, 1))    #prediction in filtering
        self.P_predicted = np.vstack ((np.hstack ((self.Pxx_updated, self.Pxm_updated)),
        np.hstack ((self.Pmx_updated, self.Pmm_updated))))

        self.number_data = 150.0
        self.x_real_store = []          # 只包括状态量，不包括地图
        self.X_filter_store = []
```

```
        self.Fxx_t = np.array([[1.0, 0.0, 0.5], [0.0, 1.0, 0.5], [0.0, 0.0, 1.0]])
                                        #3*3 的 f(x, u)雅可比阵不能全为 0
        self.Fxm = np.zeros((3, 2*self.number_landmark))
        self.Fmx = np.zeros((2*self.number_landmark, 3))
        self.Fmm = np.eye(2*self.number_landmark)
        self.F_t = np.vstack((np.hstack((self.Fxx_t, self.Fxm)), np.hstack((self.Fmx,
        self.Fmm))))
        self.Qxx = 0.025 * np.array([[0.1, 0.0, 0.05], [0.0, 0.1, 0.05], [0.05, 0.05, 0.1]])
                                        #3*3 的过程噪声协方差(根据控制信号和时间差 dt 确定)
        self.Qxx_t = np.zeros((3, 3))
        self.Qxm = np.zeros((3, 2*self.number_landmark))
        self.Qmx = np.zeros((2*self.number_landmark, 3))
        self.Qmm = np.zeros((2*self.number_landmark, 2*self.number_landmark))
        self.Q_t = np.vstack((np.hstack((self.Qxx_t, self.Qxm)), np.hstack((self.Qmx,
        self.Qmm))))

        self.Hlow_t = np.array([[-0.5, -0.5, 0.0, 0.5, 0.5], [0.5, -0.5, -1.0, -0.5, 0.5]])
                                        #2*5 的 h(x)雅可比阵不能全为 0
        self.R = np.array([[0.008*0.008, 0.0], [0.0, 0.008*0.008]])
                                        #2*2 的测量协方差(来自 meas_pub)

        self.cylinder_color = ('blue', 'green', 'yellow', 'red')
        self.cylider_real_position = np.array([[3, -0.5], [3.0, 0.5], [1.5, 0.5], [1.5, -0.5]])
        self.observed = np.array([[0], [0], [0], [0]])          #red, blue, green, yellow


    # 获取并保存观测数据
    # 预测 + 更新
    def callback_measurement(self, Float32MultiArray):
        self.X_predicted, self.P_predicted = self.extend_kalman_filter_predict(self.X_updated,
        self.P_updated, self.u_t)          # since measurement faster than control; predict in a
                                            unchanged v/w
        print('------ start update ------')
        for id in range(4):
            if(Float32MultiArray.data[3*id+0] == 1):
                color = self.cylinder_color[id]
                r_meas = Float32MultiArray.data[3*id+1]
                phi_meas = Float32MultiArray.data[3*id+2]
                self.z_t = np.array([[r_meas], [phi_meas]])
                #print(color, 'is detected')
                #print('current measurement is', [self.z_t[0][0], self.z_t[1][0]])
                if self.observed[id][0] == 0:
                    print(color, 'is observed for first time')
                    self.X_predicted[3+2*id][0] = self.X_predicted[0][0] + r_meas * math.cos
                    (phi_meas + self.X_predicted[2][0])
```

```
                    self.X_predicted[3+2*id+1][0] = self.X_predicted[1][0] + r_meas * math.sin
                    ( phi_meas + self.X_predicted[2][0] )
# 对每一个被检测到的圆柱更新，此时依旧是 xt|t-1 和 Pt|t-1
                    self.X_predicted, self.P_predicted = self.extend_kalman_filter_update ( id,
                    self.X_predicted, self.P_predicted, self.z_t )
                    self.observed[id][0] = 1
                else:
# 对每一个被检测到的圆柱更新，此时依旧是 xt|t-1 和 Pt|t-1
                    self.X_predicted, self.P_predicted = self.extend_kalman_filter_update ( id,
                    self.X_predicted, self.P_predicted, self.z_t )
            else:
                color = self.cylinder_color[id]
        self.X_updated = self.X_predicted          # 在检测到所有的圆柱之后赋值
        self.P_updated = self.P_predicted
        self.X_filter_store.append ( self.X_updated )
        print ( len ( self.X_filter_store ), ': filter_x =', format ( self.X_updated[0]
        [0], '.4f' ), 'filter_y =', format ( self.X_updated[1][0], '.4f' ), 'filter_theta =', format
        ( self.X_updated[2][0], '.4f' ))
        print ( len ( self.X_filter_store ), ': blue_x =', format ( self.X_updated[3][0], '.4f' ),
        'blue.y =', format ( self.X_updated[4][0], '.4f' ))
        print ( len ( self.X_filter_store ), ': green_x =', format ( self.X_updated[5][0], '.4f' ),
        'green.y =', format ( self.X_updated[6][0], '.4f' ))
        print ( len ( self.X_filter_store ), ': yellow_x =', format ( self.X_updated[7][0], '.4f' ),
        'yellow.y =', format ( self.X_updated[8][0], '.4f' ))
        print ( len ( self.X_filter_store ), ': red_x =', format ( self.X_updated[9][0], '.4f' ),
        'red.y =', format ( self.X_updated[10][0], '.4f' ))
        if ( len ( self.X_filter_store ) == self.number_data ):
            rospy.loginfo ( "Start to plot" )
            plt.figure (1)          #plot the trajectory
            x_real = np.array ( self.x_real_store )
            X_filter = np.array ( self.X_filter_store )
            plt.subplot (2, 1, 1)
            plt.plot ( x_real[: , 0, 0], x_real[: , 1, 0], color = "red", label = "real" )
            plt.plot ( X_filter[: , 0, 0], X_filter[: , 1, 0], color = "blue", label = "filter" )
            plt.legend ( loc='upper right' )
            plt.title ( "trace" )
            gap = math.floor ( ( x_real.shape[0]-1 ) /X_filter.shape[0] )
            x_real_sample = []
            for i in range (0, X_filter.shape[0] ):
                x_real_sample.append ( x_real[int ( i*gap ) ] )
            x_real_sample_array = np.array ( x_real_sample )
            time_real = np.arange (0, x_real_sample_array.shape[0] )
            time_filter = np.arange (0, X_filter.shape[0] )
            plt.subplot (2, 1, 2)
            plt.plot ( time_real, x_real_sample_array[: , 2, 0], color = "red", label = "real" )
```

```
        plt.plot（time_filter， X_filter[：，2，0]，color = "blue"，label = "filter"）
        plt.legend（loc='upper right'）
        plt.title（"theta"）
        plt.figure（2）  # 首先绘制画布
        plt.plot（X_filter[：，3，0]， X_filter[：，4，0]，color = "blue"，label = "blue
        cylinder"）
        plt.plot（X_filter[：，5，0]， X_filter[：，6，0]，color = "green"，label = "green
        cylinder"）
        plt.plot（X_filter[：，7，0]， X_filter[：，8，0]，color = "yellow"，label = "yellow
        cylinder"）
        plt.plot（X_filter[：，9，0]， X_filter[：，10，0]，color = "red"，label = "red
        cylinder"）
        plt.xlim（[1.0，3.5]）
        plt.ylim（[-1.0，1.0]）
        plt.legend（loc='upper right'）
        plt.title（"map"）
        plt.show（）

# 将 Gazebo 模型位姿赋予 pose
# @param     model_pose：given model_posessss
# @return   pose：ExtendKalmanFIlter.Pose
def modelpose_to_pose（self，model_pose）：
    pose = ExtendKalmanFilter.Pose（0，0，0）
    pose.x = model_pose.position.x
    pose.y = model_pose.position.y
    pose.theta = math.asin（model_pose.orientation.z） * 2
    return pose

# 获取位姿真值
def callback_state（self，ModelStates）：
    model_index = ModelStates.name.index（'unicycle'）      # 选择名称对应的模型
    #rospy.loginfo（'model_index=%f'，model_index）
    model_pose = ModelStates.pose[model_index]             # 获取模型位姿
    pose = self.modelpose_to_pose（model_pose）
    x_real_t = np.array（[[pose.x]，[pose.y]，[pose.theta]]）
    self.x_real_store.append（x_real_t）

# 获取并保存控制信号
# 预测
def callback_twist（self，Twist）：
    v = Twist.linear.x * self.v_control_rate
    w = Twist.angular.z * self.w_control_rate
    self.u_t = np.array（[[v]，[w]]）                        #control signal
    self.X_predicted， self.P_predicted = self.extend_kalman_filter_predict（self.X_updated，
    self.P_updated，self.u_t）
```

```
# 通过给定的速度和角速度更新位姿
# @param      pose_now： now pose（ExtendKalmanFilter.Pose）
#                 v： speed
#                 w： angular velocity
# @return   pose_next： next pose（ExtendKalmanFilter.Pose）
def unicycle_forward_kinematics（self， pose_now， v， w）：
    w =   w * math.pi / 180.0                         #w： du/s
    theta_new = pose_now.theta + w * self.dt
    if theta_new >= math.pi：
        theta_new = theta_new - 2 * math.pi             #rad
    if theta_new < -math.pi：
        theta_new = theta_new + 2 * math.pi
    #print（'theta after is'， theta_new）
    x_new = v * math.cos（pose_now.theta） * self.dt + pose_now.x          #v： m/s
    y_new = v * math.sin（pose_now.theta） * self.dt + pose_now.y
    return ExtendKalmanFilter.Pose（x_new， y_new， theta_new）

# 获取 dt 的真值
def get_time（self）：
    if（（rospy.get_time（） - self.time）>1）：
        pass
    else：
        self.dt = rospy.get_time（） - self.time
    self.time = rospy.get_time（）

# 根据时间差 self.dt 计算 self.Q_t
# predict step in extend_kalman_filter
# @param      X_update： X_t|t
#             P_update： P_t|t
#             u_t： u_t（controller）
# @return     X_predict： X_t+1|t
#             P_predict： P_t+1|t
def extend_kalman_filter_predict（self， X_updated， P_updated， u_t）：
    print（'------ start predit ------'）
    self.get_time（）
    self.Qxx_t = self.dt * self.Qxx
    self.Q_t = np.vstack（（np.hstack（（self.Qxx_t， self.Qxm））， np.hstack（（self.Qmx，
    self.Qmm））））
    #print（'X_updated is'， X_updated）
    pose_now = ExtendKalmanFilter.Pose（X_updated[0][0]， X_updated[1][0]， X_
    updated[2][0]）
    pose_pre = self.unicycle_forward_kinematics（pose_now， u_t[0][0]， u_t[1][0]）
    X_predicted = X_updated
    X_predicted[0：3，：] = np.array（[[pose_pre.x]， [pose_pre.y]， [pose_pre.theta]]）
```

```
        #predict step,  x_hat represent xt|t-1
        #print ('X_predicted is',  X_predicted)
        self.Fxx_t[0][2] = -u_t[0][0] * math.sin (X_updated[2][0]) * self.dt  # 计算雅可比矩阵
        self.Fxx_t[1][2] = u_t[0][0] * math.cos (X_updated[2][0]) * self.dt
        self.F_t = np.vstack ((np.hstack ((self.Fxx_t, self.Fxm)),  np.hstack ((self.Fmx,
        self.Fmm))))
        G_t_tran = self.F_t.transpose ()
        P_predicted = self.F_t.dot (P_updated) .dot (G_t_tran) + self.Q_t
        #predict step,  P_hat represent Pt|t-1
        return X_predicted,  P_predicted

    # 扩展卡尔曼滤波中的预测步骤
    # @param      id:  the coresponding landmark index
    #             X_predict:  X_t+1|t
    #             P_predict:  P_t=1|t
    #             z_t:  z_t (measurement)
    # @return  X_update:  X_t+1|t+1
    #             P_update:  P_t+1|t+1
    def extend_kalman_filter_update (self,  id,  X_predicted,  P_predicted,  z_t):
        m_x = X_predicted[3+2*id][0]
        m_y = X_predicted[3+2*id+1][0]
        x_pre = X_predicted[0][0]
        y_pre = X_predicted[1][0]
        theta_pre = X_predicted[2][0]
        r_pre = math.sqrt (math.pow ((m_x-x_pre),  2) + math.pow ((m_y-y_pre),  2))
        # 计算扩展后的观测
        phi_pre = math.atan2 (m_y-y_pre,  m_x-x_pre) - theta_pre
        z_pre = np.array ([[r_pre],  [phi_pre]])
        if (r_pre == 0.0):
            print ('!!! r is zero !!! ')
        else:
            self.Hlow_t[0][0] = - (m_x-x_pre) / (math.sqrt (math.pow ((m_x-x_pre),  2) +
            math.pow ((m_y-y_pre),  2)))            #calculate the jacobi matrix
            self.Hlow_t[0][1] = - (m_y-y_pre) / (math.sqrt (math.pow ((m_x-x_pre),  2) +
            math.pow ((m_y-y_pre),  2)))
            self.Hlow_t[0][3] = (m_x-x_pre) / (math.sqrt (math.pow ((m_x-x_pre),  2) +
            math.pow ((m_y-y_pre),  2)))
            self.Hlow_t[0][4] = (m_y-y_pre) / (math.sqrt (math.pow ((m_x-x_pre),  2) +
            math.pow ((m_y-y_pre),  2)))
            self.Hlow_t[1][0] = (m_y-y_pre) / (math.pow ((m_x-x_pre),  2) + math.pow
            ((m_y-y_pre),  2))
            self.Hlow_t[1][1] = - (m_x-x_pre) / (math.pow ((m_x-x_pre),  2) + math.pow
            ((m_y-y_pre),  2))
            self.Hlow_t[1][3] = - (m_y-y_pre) / (math.pow ((m_x-x_pre),  2) + math.pow
            ((m_y-y_pre),  2))
```

```
            self.Hlow_t[1][4] = (m_x-x_pre) / (math.pow((m_x-x_pre), 2) + math.pow
            ((m_y-y_pre), 2))
        F = np.zeros((3+2, 3+2*self.number_landmark))
        F[0:3, 0:3] = np.eye(3)
        F[3:5, 3+2*id:3+2*(id+1)]= np.eye(2)
        H_t = self.Hlow_t.dot(F)
        H_t_tran = H_t.transpose()
        K = P_predicted.dot(H_t_tran).dot(np.linalg.inv(H_t.dot(P_predicted).dot(H_t_
        tran) + self.R))                                      #11*2 的卡尔曼增益
        X_updated = self.X_predicted + K.dot(z_t - z_pre)
        #print('X_predicted after is', X_updated)
        P_updated = self.P_predicted - K.dot(H_t).dot(self.P_predicted)
        return X_updated, P_updated

    def subscribe(self):
        rate = rospy.Rate(10)
        rospy.Subscriber('/robot/control', Twist, self.callback_twist)          #10Hz
        rospy.Subscriber('/unicycle/measurement', Float32MultiArray, self.callback_
        measurement)                                                            #30Hz
        rospy.Subscriber('/gazebo/model_states', ModelStates, self.callback_state)    #1000Hz
        while not rospy.is_shutdown():
            rate.sleep()

def main():
    rospy.init_node('ekf_localization', anonymous=True)
    ekf = ExtendKalmanFilter()
    try:
        ekf.subscribe()
    except rospy.ROSInterruptException:
        pass

if __name__ == '__main__':
    main()
```

此节点实现的功能与 9.3.4 节的 perception 节点类似，但机器人的运动模型与观测模型都不仅限于线性条件下，而是扩展至双轮差速与极坐标系下的观测模型，更加符合真实世界中机器人的应用场景。

9.4　移动机器人路径规划实践

在第 7 章中我们介绍了一些移动机器人的路径规划及轨迹跟踪算法，接下来，本节将介绍一些相应的仿真实验，直观地描述相应算法。

9.4.1 基于传统算法的路径规划实践

A* 算法能够高效快速地解决路径规划问题，在寻找最优路径时较其他算法要快。A* 算法用到一种估计函数，公式表示为：$f(n)=g(n)+h(n)$，其中，$f(n)$ 是从初始状态经由状态 n 到目标状态的代价估计，$g(n)$ 是在状态空间中从初始状态到状态 n 的实际代价，h(n) 是从状态 n 到目标状态的最佳路径的估计代价（对于路径搜索问题，状态就是图中的节点，代价就是距离）。A* 算法路径规划运算步骤如下：

1）把起点加入 openlist 中。

2）遍历 openlist，找到 f 值最小的节点，把它作为当前处理的节点，并把该节点加入 closelist 中。

3）对该节点的 8 个相邻格子进行判断，如果格子是不可抵达的或者在 closelist 中，则忽略它，否则进行如下操作：

① 如果相邻格子不在 openlist 中，把它加入，并将父节点设置为该节点，计算 f、g、h 值。

② 如果相邻格子已在 openlist 中，并且新的 g 值比旧的 g 值小，则把相邻格子的父节点设置为该节点，并且重新计算 f 值。

4）重复 2)、3）步，直到终点加入 openlist 中，表示找到路径；或者 openlist 空了，表示没有路径。

5）最后从目标格开始，沿着每一格的父节点移动直到回到起始格，这就是路径。

接下来，我们利用 Python 语言，给出一个在 ROS 环境中使用 Gazebo 实现 A* 算法路径规划的简单仿真代码。

My_publisher_5.py：

```
#！ /usr/bin/env python3
# 用于控制 Turtlebot 的 ROS 节点，它会根据 A* 算法提供的最优路径来控制 Turtlebot 的运动
import rospy
from geometry_msgs.msg import Twist
from tf.transformations import euler_from_quaternion
from math import atan2
from nav_msgs.msg import Odometry
from Main import *

class TurtlebotPathFollower：
    def __init__（self）：
        # 初始化 ROS 节点
        rospy.init_node（'turtlebot_path_follower'， anonymous=True）
        # 创建一个发布器，用于发布 Turtlebot 的速度指令
        self.cmd_vel_pub = rospy.Publisher（'/cmd_vel'， Twist， queue_size=10）
        # 初始化路径为空
        self.path = []
```

```
    def follow_path（self， path）:
        # 设置路径
        self.path = path
        # 设置频率为 10Hz
        rate = rospy.Rate（10）# 10 Hz
        rospy.loginfo（"Following path..."）

        # 遍历路径中的每一个点
        for point in self.path:
            goal_x， goal_y = point

            while not rospy.is_shutdown（）:
                # 获取当前位置信息
                current_position = self.get_current_position（）
                # 计算当前点到目标点的距离
                distance_to_goal = （（current_position[0] - goal_x） ** 2 +
                                    （current_position[1] - goal_y） ** 2） ** 0.5

                # 如果距离小于 0.1（容差），则移动到下一个点
                if distance_to_goal < 0.1:
                    break

                # 计算目标点的角度
                theta = atan2（goal_y - current_position[1]， goal_x - current_position[0]）
                current_orientation = self.get_current_orientation（）
                euler = euler_from_quaternion（current_orientation）
                # P 控制器，用于控制角速度
                angular_velocity = 3 * （theta - euler[2]）

                # 创建 Twist 消息，控制线速度和角速度
                cmd_vel = Twist（）
                cmd_vel.linear.x = 0.3                          # 线速度
                cmd_vel.angular.z = angular_velocity            # 角速度

                # 发布速度指令
                self.cmd_vel_pub.publish（cmd_vel）
                # 按照频率休眠
                rate.sleep（）

        rospy.loginfo（"Path completed."）
        # 停止 Turtlebot
        self.cmd_vel_pub.publish（Twist（））

    def get_current_position（self）:
        try:
```

```
            # 等待从 '/odom' 话题获取 Odometry 消息
            msg = rospy.wait_for_message（'/odom'， Odometry， timeout=1）
            # 返回当前位置的 x 和 y 坐标
            return msg.pose.pose.position.x， msg.pose.pose.position.y
        except rospy.ROSException：
            rospy.logwarn（"Failed to get current position. Returning （0， 0）."）
            # 如果获取失败，返回默认位置（0， 0）
            return 0， 0

    def get_current_orientation（self）：
        try：
            # 等待从 '/odom' 话题获取 Odometry 消息
            msg = rospy.wait_for_message（'/odom'， Odometry， timeout=1）
            # 返回当前姿态的四元数
            return （
                msg.pose.pose.orientation.x，
                msg.pose.pose.orientation.y，
                msg.pose.pose.orientation.z，
                msg.pose.pose.orientation.w
            ）
        except rospy.ROSException：
            rospy.logwarn（"Failed to get current orientation. Returning default orientation."）
            # 如果获取失败，返回默认四元数（0， 0， 0， 1）
            return 0， 0， 0， 1

if __name__ == '__main__':
    try：
        path_follower = TurtlebotPathFollower（）
        # 最优路径，从 A* 算法中获取
        optimal_path = [（1， 1， 0），（2.7， 1.0， 0），（4.2， 1.9， 75），（5.5， 3.1， 0），（7.0，
        4.0， 75），（7.5， 6.0， 75），（7.9， 7.6， 75），（9.2， 8.8， 0）]
        # 调整路径中的坐标
        for idx， each in enumerate（optimal_path）：
            optimal_path[idx] = （each[0]-5， each[1]-5）
        # 跟随路径
        path_follower.follow_path（optimal_path）
    except rospy.ROSInterruptException：
        pass
```

Main.py：

```
# 实现一个路径规划程序，利用 A* 算法来计算路径，并通过用户输入设置起点、终点
# import math
from Obstacles import *
from Functions import *
```

```
def run_program ()：

    # 用户输入清除值，默认为 50mm
    clearance = float ( input ( " 请输入清除值 ( mm )，建议为 50\n" ))
    radius = 105.0                    # Turtlebot 的半径为 105mm
    clearance = clearance / 1000      # 转换为米
    radius = radius / 1000
    d = clearance + radius            # 总的清除距离

    # 用户输入起点的 x、y 坐标和 theta 值，如果在障碍物中则重新输入
    input_start_x = input ( " 请输入起始位置的 'x' 坐标，建议为 1\n" )
    input_start_y = input ( " 请输入起始位置的 'y' 坐标，建议为 1\n" )
    input_start_theta = input ( " 请输入起始位置的方向 -theta 值，建议为 0\n" )
    input_start_coordinates = ( int ( input_start_x ), int ( input_start_y ), int ( input_start_
    theta ))

    # 检查起点是否在障碍物中
    while obstacle ( ( input_start_coordinates[0], input_start_coordinates[1], d ))：
        print ( " 输入的值在障碍物中。请重新输入 \n" )
        input_start_x = input ( " 请输入起始位置的 'x' 坐标，建议为 1\n" )
        input_start_y = input ( " 请输入起始位置的 'y' 坐标，建议为 1\n" )
        input_start_theta = input ( " 请输入起始位置的方向 -theta 值，建议为 0\n" )
        input_start_coordinates = ( [int ( input_start_x ), int ( input_start_y ), int ( input_start_
        theta ) ] )

    # 用户输入目标点的 x、y 坐标和 theta 值，如果在障碍物中则重新输入
    input_goal_x = input ( " 请输入目标位置的 'x' 坐标，建议为 9\n" )
    input_goal_y = input ( " 请输入目标位置的 'y' 坐标，建议为 9\n" )
    input_goal_theta = input ( " 请输入目标位置的方向 -theta 值，建议为 0\n" )
    input_goal_coordinates = ( int ( input_goal_x ), int ( input_goal_y ), int ( input_goal_
    theta ))

    # 检查目标点是否在障碍物中
    while obstacle ( ( input_goal_coordinates[0], input_goal_coordinates[1], d ))：
        print ( " 输入的值在障碍物中。请重新输入 \n" )
        input_goal_x = input ( " 请输入目标位置的 'x' 坐标，建议为 9\n" )
        input_goal_y = input ( " 请输入目标位置的 'y' 坐标，建议为 9\n" )
        input_goal_theta = input ( " 请输入目标位置的方向 -theta 值，建议为 0\n" )
        input_goal_coordinates = ( [int ( input_goal_x ), int ( input_goal_y ), int ( input_goal_
        theta ) ] )

    # 输入左轮和右轮的 RPM（每分钟转速）值
    left_RPM = int ( input ( " 请输入左轮 RPM，建议为 50\n" ))
    right_RPM = int ( input ( " 请输入右轮 RPM，建议为 40\n" ))
```

```
    # 创建地图并展示障碍物
    # create_map ()

    # 使用 A* 算法计算从起点到终点的路径
    solution_travelled_path = A_star ( input_start_coordinates, input_goal_coordinates, radius,
    clearance, left_RPM, right_RPM )
    print ( solution_travelled_path )

    # 展示已行驶的路径
    # show_path_travelled ( solution_travelled_path )

    print ( " 成功 " )
    return solution_travelled_path

# 运行程序
run_program ()

# 将路径写入文件（假设你需要保存路径到文件中）
# f = open ( "output.txt", "r+" )
# for d in solution_travelled_path:
#     f.write ( f"{d}\n" )
# f.close ()
```


Function.py：

```
# 实现了一个用于路径规划的 A* 算法，并包含用于生成和验证子节点、计算成本、执行回溯等的
辅助函数
import math
# import matplotlib.pyplot as plt
from collections import deque
import matplotlib.patches as patches
from Obstacles import *

# 设置每次迭代中 theta 角度的增量
th = 15

# 函数用于对值进行舍入
def rounding ( x, y, th, theta ):
    x = ( round ( x * 10) / 10)
    y = ( round ( y * 10) / 10)
    th = ( round ( th / theta ) * theta )
    return ( x, y, th )

# 函数生成新的动作集
def action_set ( RPM1, RPM2):
    actions = [[RPM1, 0], [0, RPM1], [RPM1, RPM1], [0, RPM2], [RPM2, 0], [RPM2,
```

```
        RPM2], [RPM1, RPM2], [RPM2, RPM1]]
        return actions

# 函数用于计算给定输入参数的代价
def cost(Xi, Yi, Thetai, RPM_L, RPM_R):
    Thetai = Thetai % 360
    t = 0
    r = 0.038    # 轮子半径
    L = 0.354    # 轮子间距
    dt = 0.1     # 时间步长
    Xn = Xi
    Yn = Yi
    Thetan = 3.14 * Thetai / 180

    # Xi, Yi, Thetai: 输入点的坐标
    # Xs, Ys: 绘图函数的起点坐标
    # Xn, Yn, Thetan: 终点坐标

    D = 0
    while t < 1:
        t = t + dt
        Xs = Xn
        Ys = Yn
        Xn += 0.5 * r * (RPM_L + RPM_R) * math.cos(Thetan) * dt
        Yn += 0.5 * r * (RPM_L + RPM_R) * math.sin(Thetan) * dt
        Thetan += (r / L) * (RPM_R - RPM_L) * dt
        D = D + math.sqrt(math.pow((0.5 * r * (RPM_L + RPM_R) * math.cos(Thetan) *
        dt), 2) + math.pow((0.5 * r * (RPM_L + RPM_R) * math.sin(Thetan) * dt), 2))
    Thetan = 180 * (Thetan) / 3.14
    cost_return = (*rounding(Xn, Yn, Thetan, th), D, RPM_L, RPM_R)
    return cost_return

# 函数用于检查生成的子节点是否有效且不在障碍物中
def valid_child_nodes(current_node, radius, clearance, left_RPM, right_RPM):
    for action in action_set(left_RPM, right_RPM):
        x, y, theta, cost_, UL, UR = cost(*current_node, *action)

        # 检查点是否在障碍物中
        d = radius + clearance
        coordinates = (current_node[0], current_node[1], d)
        if not obstacle((x, y, d)):
            yield x, y, theta, cost_, UL, UR

# 函数用于创建地图
# def create_map():
```

```
#     figure, axes = plt.subplots()
#     axes.set(xlim=(0, 10), ylim=(0, 10))
#
#     circle_1 = plt.Circle((2, 2), 1, fill='True')
#     circle_2 = plt.Circle((2, 8), 1, fill='True')
#
#     square_1 = patches.Rectangle((0.25, 4.25), 1.5, 1.5, color='blue')
#     rectangle_1 = patches.Rectangle((3.75, 4.25), 2.5, 1.5, color='blue')
#     rectangle_2 = patches.Rectangle((7.25, 2), 1, 2, color='blue')
#
#     axes.set_aspect('equal')
#     axes.add_artist(circle_1)
#     axes.add_artist(circle_2)
#     axes.add_patch(square_1)
#     axes.add_patch(rectangle_1)
#     axes.add_patch(rectangle_2)
#     plt.show()

# 函数用于显示已行驶的路径
# def show_path_travelled(path):
#     start_node = path[0]
#     goal_node = path[-1]
#     plt.plot(start_node [0], start_node[1], "Dg")
#     plt.plot(goal_node[0], goal_node[1], "Dg")
#
#     for i, (x, y, theta) in enumerate(path[: -1]):
#         n_x, n_y, theta = path[i+1]
#         plt.plot([x, n_x], [y, n_y], color="black")
#
#     plt.show()
#     plt.savefig("Map.png")
#     plt.pause(5)
#     plt.close('all')

# 函数用于执行回溯
def backtrack(goal_node, start_node, travelled_paths):
    current_node_path = goal_node
    path = [goal_node]
    while current_node_path != start_node:
        current_node_path = travelled_paths[current_node_path]
        path.append(current_node_path)
    return path[::-1]

# A* 算法
def A_star(start_node, goal_node, radius, clearance, left_RPM, right_RPM):
```

```
    travelled_paths = {}
    open_list = deque ( )
    visited_list = {}                          # 用于跟踪所有访问过的节点
    initial_cost_to_go = float ( 'inf' )       # 初始成本设为无穷大（一个较高的值）
    initial_cost_to_come = 0
    open_list.append ( ( start_node， initial_cost_to_go， initial_cost_to_come ))
                                               # 将起始节点添加到开放列表中，0 表示未访问
    while len ( open_list ) ！ = 0：
        current_node， dist， cost_to_come = open_list.popleft ( )
                                               # 取出开放列表中的第一个节点
        visited_list[ ( current_node[0]， current_node[1] ) ] = 1        # 将该坐标标记为已访问
        if dist <= 0.5：   # 如果到目标节点的距离小于等于 0.5，则认为目标节点已到达
            goal_node = current_node           # 当前节点即为目标节点
            solution_path = backtrack ( goal_node， start_node， travelled_paths )    # 执行回溯
            return solution_path

        child_nodes = set ( valid_child_nodes ( current_node， radius， clearance， left_RPM，
        right_RPM ))                           # 查找当前节点的所有有效子节点
        for n_x， n_y， n_theta， n_cost， UL， UR in child_nodes：
            dist = math.dist ( ( n_x， n_y )， goal_node[：2] )
                                        # 计算当前节点（子节点）到目标节点的欧几里得距离
            if visited_list.get ( ( n_x， n_y )) == 1：        # 如果子节点已访问，跳过该子节点
                continue
            new_cost = cost_to_come + n_cost   # 计算新成本
            for i， item in enumerate ( open_list )：
                if item[1] + item[2] > new_cost + dist：
                                               # 如果开放列表中项目的成本高于新总成本
                    open_list.insert ( i， ( ( n_x， n_y， n_theta )， dist， new_cost ))
                                               # 将新节点插入到开放列表的 i 位置
                    break
            else：
                open_list.append ( ( ( n_x， n_y， n_theta )， dist， new_cost ))
                                               # 将新节点添加到开放列表的末尾
            travelled_paths[ ( n_x， n_y， n_theta ) ] = current_node
                                               # 将当前节点添加到已行驶路径的字典中
```

world_launch.launch：

```
<launch>
  <arg name="model" default="$ ( env TURTLEBOT3_MODEL ) " doc="model type [burger，
  waffle， waffle_pi]"/>
  <arg name="x_pos" default="-4.0"/>
  <arg name="y_pos" default="-4.0"/>
  <arg name="z_pos" default="0.0"/>

  <include file="$ ( find gazebo_ros ) /launch/empty_world.launch">
```

```
        <arg name="world_name" value="$ ( find my_package ) /world/map.world"/>
        <arg name="paused" value="false"/>
        <arg name="use_sim_time" value="true"/>
        <arg name="gui" value="true"/>
        <arg name="headless" value="false"/>
        <arg name="debug" value="false"/>
    </include>

    <param name="robot_description" command="$ ( find xacro ) /xacro --inorder $ ( find turtlebot3_
    description ) /urdf/turtlebot3_$ ( arg model ) .urdf.xacro" />

    <node pkg="gazebo_ros" type="spawn_model" name="spawn_urdf"  args="-urdf -model
    turtlebot3_$ ( arg model )  -x $ ( arg x_pos )  -y $ ( arg y_pos )  -z $ ( arg z_pos )  -param
    robot_description" />
</launch>
```

打开一个新的终端窗口并启动 Gazebo：

```
source devel/setup.bash
roslaunch my_package world_launch.launch
```

再打开一个新的终端窗口，运行节点使 Gazebo 运行：

```
source devel/setup.bash
rosrun my_package my_publisher5.py
```


仿真结果如图 9-21 所示，通过 A* 算法的计算，我们成功地为机器人规划出了一条避开障碍物的最短路径。机器人从棋盘格中的左下方出发，沿着规划出来的路径向棋盘格右上方的终点移动。这条路径不仅确保了机器人能够顺利到达目的地，而且有效减少了机器人的移动距离，从而提高了机器人的工作效率和能源利用率。

图 9-21　A* 算法路径规划结果图

9.4.2　基于智能算法的路径规划实践

粒子群算法中每一个粒子的位置代表了待求解问题的一个候选解。每一个粒子的位置在空间内的好坏由该粒子的位置在待求解问题中的适应度值决定。每一个粒子在下一代的位置由其在这一代的位置与其自身的速度矢量决定，其速度决定了粒子每次飞行的方向和距离。在飞行过程中，粒子会记录下自己所到过的最优位置 p_{best}，群体也会更新群体所到过的最优位置 g_{best}。粒子的飞行速度则由其当前位置、粒子自身所到过的最优位置、群体所到过的最优位置以及粒子此时的速度共同决定。

本节利用 PSO 来进行移动机器人的二维路径规划。首先需要对仿真环境如地图、障碍物文件进行配置：

warehouse.yaml

```
image：./warehouse.pgm
resolution：0.050000
origin：[-12.000000，-12.000000，0.000000]
negate：0
occupied_thresh：0.65
free_thresh：0.196
```

obstacles_config.yaml

```
# static obstacles
obstacles：
  - type：BOX
    pose：4 2 0 0 0 0
    color：Grey
    props：
      m：1.00
      w：0.50
      d：1.00
      h：0.80
  - type：BOX
    pose：3 3 0 0 0 0
    color：Grey
    props：
      m：1.00
      w：1.00
      d：0.50
      h：1.00
```

然后在对 user_config.yaml 参数配置文件中一些必要参数进行设定后，使用 main_generate.py 文件自动生成设定参数对应的执行文件 main.launch。具体步骤如下：

（1）编写 user_config.yaml 参数配置文件，代码如下：

```
map： "warehouse"
world： "warehouse"
rviz_file： "sim_env.rviz"

robots_config：
  - robot1_type： "turtlebot3_waffle"
    robot1_global_planner： "pso"
    robot1_local_planner： "dwa"
    robot1_x_pos： "0.0"
    robot1_y_pos： "0.0"
    robot1_z_pos： "0.0"
    robot1_yaw： "0.0"

# plugins：
  # pedestrians： "pedestrian_config.yaml"
  # obstacles： "obstacles_config.yaml"
```

（2）运行 main_generate.py 文件，根据上述设定的配置参数生成执行文件 main.launch。


```
python main_generate.py user_config.yaml
```

```
import xml.etree.ElementTree as ET
from plugins import ObstacleGenerator， PedGenerator， RobotGenerator， MapsGenerator，
XMLGenerator

class MainGenerator（XMLGenerator）：
    def __init__（self， *plugins）-> None：
        super（）.__init__（）
        self.main_path = self.root_path + "pedestrian_simulation/"
        self.app_list = [app for app in plugins]

    def writeMainLaunch（self， path）：
        # 根元素
        launch = MainGenerator.createElement（"launch"）

        # 其他应用程序
        for app in self.app_list：
            assert isinstance（app， XMLGenerator），
            app_register = app.plugin（）
            for app_element in app_register：
                launch.append（app_element）
```

```
        # include 元素
        include = MainGenerator.createElement ( "include",  props={"file":  "$ ( find sim_env ) /
        launch/config.launch"} )
        include.append ( MainGenerator.createElement ( "arg",  props={"name":  "world",
        "value":  "$ ( arg world_parameter ) "} ))
        include.append ( MainGenerator.createElement ( "arg",  props={"name":  "map",
        "value":  self.user_cfg["map"]} ))
        include.append ( MainGenerator.createElement ( "arg",  props={"name":  "robot_
        number",  "value":  str ( len ( self.user_cfg["robots_config"] )) } ))
        include.append ( MainGenerator.createElement ( "arg",  props={"name":  "rviz_file",
        "value":  self.user_cfg["rviz_file"]} ))

        launch.append ( include )
        MainGenerator.indent ( launch )
        with open ( path,  "wb+" )  as f:
            ET.ElementTree ( launch ) .write ( f,  encoding="utf-8",  xml_declaration=True )
    def plugin ( self ):
        pass

# 动态生成器
main_gen = MainGenerator ( PedGenerator (),  RobotGenerator (),  ObstacleGenerator (),
MapsGenerator ())
main_gen.writeMainLaunch ( main_gen.root_path + "sim_env/launch/main.launch" )
```

（3）运行 main.launch 文件，进行测试。

```
roslaunch sim_env main.launch
```

```
<?  xml version='1.0' encoding='utf-8' ?  >
<launch>
    <arg name="world_parameter" value="warehouse" />
    <include file="$ ( find sim_env ) /launch/config.launch">
        <arg name="world" value="$ ( arg world_parameter ) " />
        <arg name="map" value="warehouse" />
        <arg name="robot_number" value="1" />
        <arg name="rviz_file" value="sim_env.rviz" />
    </include>
</launch>
```

利用 ROS 和 Gazebo 仿真平台，根据给障碍物施加惩罚的方式定义适应度函数，并设置如下相关参数：迭代次数 $k=1000$ ，种群数 $N=100$ ，惯性权重 $\omega=0.5$ ，学习因子 $c_1=1.5,c_2=1.5$ ，最大速度 $v=10$ 。经过以上步骤，移动机器人路径规划仿真结果如图 9-22 所示。

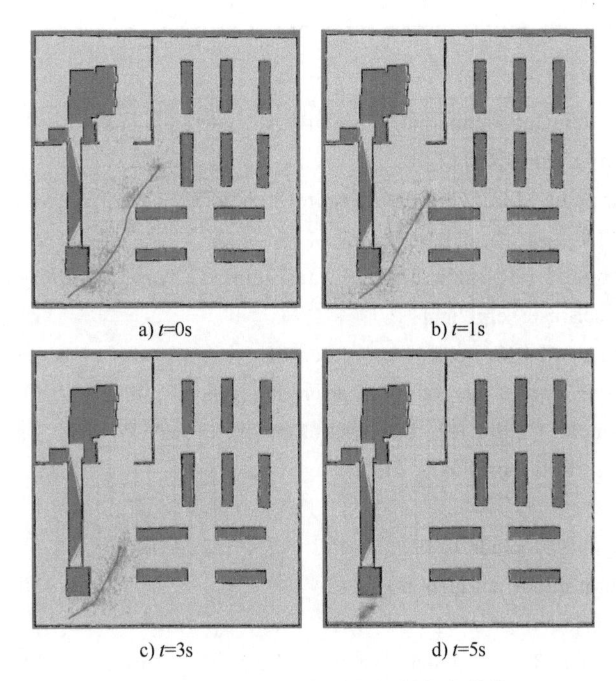

a) t=0s　　b) t=1s

c) t=3s　　d) t=5s

图 9-22　基于 PSO 的路径规划仿真结果

图 9-22 所示结果表明，利用 PSO 经过粒子迭代更新，实现了移动机器人的路径规划。通过以下代码订阅 /amcl_pose 话题可以获得移动机器人实时位姿，如图 9-23 所示。


```
rostopic echo /amcl_pose
```

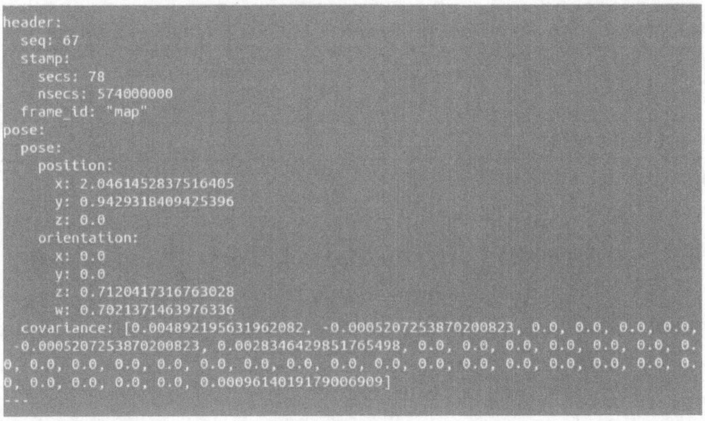

```
header:
  seq: 67
  stamp:
    secs: 78
    nsecs: 574000000
  frame_id: "map"
pose:
  pose:
    position:
      x: 2.0461452837516405
      y: 0.9429318409425396
      z: 0.0
    orientation:
      x: 0.0
      y: 0.0
      z: 0.7120417316763028
      w: 0.7021371463976336
  covariance: [0.004892195631962082, -0.0005207253870200823, 0.0, 0.0, 0.0, 0.0,
 -0.0005207253870200823, 0.0028346429851765498, 0.0, 0.0, 0.0, 0.0, 0.0, 0.0, 0.
0, 0.0, 0.0, 0.0, 0.0, 0.0, 0.0, 0.0, 0.0, 0.0, 0.0, 0.0, 0.0, 0.0, 0.0, 0.0, 0.
0, 0.0, 0.0, 0.0, 0.0, 0.0009614019179006909]
---
```

图 9-23　移动机器人实时位姿

粒子群算法（PSO）主函数 pso.py 代码如下：

```
import random
import math
import numpy as np
from collections import namedtuple
from threading import Thread
```

```
Node = namedtuple ( 'Node',  ['x',  'y'] )
Particle = namedtuple ( 'Particle',  ['position',  'velocity',  'fitness'] )

class PSO:
    def __init__ ( self,  costmap,  n_particles,  n_inherited,  point_num,  w_inertial,  w_
    social,  w_cognitive,  max_speed,  init_mode,  max_iter ):
        self.costmap = costmap
        self.n_particles = n_particles
        self.n_inherited = n_inherited
        self.point_num = point_num
        self.w_inertial = w_inertial
        self.w_social = w_social
        self.w_cognitive = w_cognitive
        self.max_speed = max_speed
        self.init_mode = init_mode
        self.max_iter = max_iter
        self.inherited_particles = [Particle ( [ ( 1, 1 ) ] * point_num, [ ( 0, 0 ) ] * point_num, 0.0 ) ]

    def plan ( self,  start,  goal ):
        start_ =  ( float ( start.x ),  float ( start.y ) )
        goal_ =  ( float ( goal.x ),  float ( goal.y ) )
        expand = []

        # 变量初始化
        best_particle = None
        particles = []

        # 生成粒子群的初始位置
        init_positions = self.initialize_positions ( start,  goal,  self.init_mode )

        # 粒子初始化
        for i in range ( self.n_particles ):
            if i < self.n_inherited and len ( self.inherited_particles ) == self.n_inherited:
                init_position = self.inherited_particles[i].position
            else:
                init_position = init_positions[i]

            init_velocity = [ ( 0,  0 ) ] * self.point_num

            # 计算适应值
            init_fitness = self.cal_fitness_value ( init_position )

            particle = Particle ( init_position,  init_velocity,  init_fitness )
```

```
        if best_particle is None or init_fitness > best_particle.fitness：
            best_particle = particle

        particles.append（particle）

    # 迭代优化
    for iter in range（self.max_iter）：
        threads = []
        for particle in particles：
            thread = Thread（target=self.optimize_particle， args=（particle， best_particle，
            expand））
            threads.append（thread）
            thread.start（）
        for thread in threads：
            thread.join（）

    # 从最佳粒子生成路径
    points = [start_]
    for pos in best_particle.position：
        points.append（（float（pos[0]）， float（pos[1]）））
    points.append（goal_）

    # 移除重复点
    points = list（dict.fromkeys（points））

    b_path = self.bspline_gen（points）

    # 路径数据结构转换
    path = []
    if b_path：
        path.append（（int（b_path[-1][0]）， int（b_path[-1][1]）））
        for p in range（len（b_path）- 2， -1， -1）：
            x， y = int（b_path[p][0]）， int（b_path[p][1]）
            if x ！ = path[-1][0] or y ！ = path[-1][1]：
                path.append（（x， y））

    # 根据最佳适应值更新继承粒子
    particles.sort（key=lambda p： p.fitness， reverse=True）
    self.inherited_particles = particles[：self.n_inherited]

    return path

def initialize_positions（self， start， goal， gen_mode）：
    positions = []
    center_x = （start.x + goal.x） // 2
```

```
        center_y = (start.y + goal.y) // 2
        radius = max(5, self.helper_dist(start, goal) / 2.0)

        for _ in range(self.n_particles):
            visited = set()
            particle_positions = []
            while len(particle_positions) < self.point_num:
                if gen_mode == "random":
                    x = random.randint(0, self.costmap.getSizeInCellsX() - 1)
                    y = random.randint(0, self.costmap.getSizeInCellsY() - 1)
                else:
                    angle = random.uniform(0, 2 * math.pi)
                    r = math.sqrt(random.uniform(0, 1)) * radius
                    x = int(round(center_x + r * math.cos(angle)))
                    y = int(round(center_y + r * math.sin(angle)))

                if 0 <= x < self.costmap.getSizeInCellsX() and 0 <= y < self.costmap.
                getSizeInCellsY():
                    pos_id = self.grid2Index(x, y)
                    if pos_id not in visited:
                        visited.add(pos_id)
                        particle_positions.append((x, y))

            positions.append(particle_positions)
        return positions

    def optimize_particle(self, particle, best_particle, expand):
        # 优化粒子的位置和速度
        r1 = random.random()
        r2 = random.random()

        new_velocity = [
            (
                self.w_inertial * v[0] + self.w_cognitive * r1 * (p_best[0] - p[0]) + self.w_
                social * r2 * (g_best[0] - p[0]),
                self.w_inertial * v[1] + self.w_cognitive * r1 * (p_best[1] - p[1]) + self.w_
                social * r2 * (g_best[1] - p[1])
            )
            for v, p, p_best, g_best in zip(particle.velocity, particle.position, particle.
            position, best_particle.position)
        ]

        new_position = [
            (
                min(max(p[0] + v[0], 0), self.costmap.getSizeInCellsX() - 1),
```

```
                min（max（p[1]+v[1]， 0）， self.costmap.getSizeInCellsY（）－1）
            ）
            for p， v in zip（particle.position， new_velocity）
        ]

        new_fitness = self.cal_fitness_value（new_position）

        particle.velocity = new_velocity
        particle.position = new_position

        if new_fitness > particle.fitness：
            particle.fitness = new_fitness
            particle.best_pos = new_position

        if new_fitness > best_particle.fitness：
            best_particle.position = new_position
            best_particle.fitness = new_fitness

    def cal_fitness_value（self， position）：
        # 计算适应度值，适应度值可以根据需求进行定义
        return -sum（self.costmap.getCost（p[0]， p[1]）for p in position）

    def helper_dist（self， start， goal）：
        return math.sqrt（（start.x - goal.x）** 2 +（start.y - goal.y）** 2）

    def grid2Index（self， x， y）：
        return y * self.costmap.getSizeInCellsX（）+ x

# 示例使用
class Costmap2D：
    def __init__（self， size_x， size_y）：
        self.size_x = size_x
        self.size_y = size_y
        self.costmap = np.zeros（（size_x， size_y））

    def getSizeInCellsX（self）：
        return self.size_x

    def getSizeInCellsY（self）：
        return self.size_y

    def getCost（self， x， y）：
        return self.costmap[x， y]

if __name__ == "__main__"：
```

```
costmap = Costmap2D（100， 100）
pso = PSO（costmap， n_particles=30， n_inherited=5， point_num=10， w_inertial=0.5， w_
social=1.5， w_cognitive=1.5， max_speed=10， init_mode="random"， max_iter=100）
start = Node（0， 0）
goal = Node（99， 99）
path = pso.plan（start， goal）
print（path）
```

9.5　移动机器人轨迹跟踪实践

本节将实现一个以双轮差速机器人为被控对象的轨迹跟踪实践——机器人对接任务，此类任务一般可以分为感知和规划控制两个部分。对接任务下的感知主要包括两部分，第一部分是检测对接目标与机器人的相对位置，获取后续规划的起点、终点、角度信息；第二部分是在控制过程中对自身广义坐标的观测，然后通过控制器减小跟踪过程中误差造成的影响。感知任务不作为本实践的重点，因此只理解其作用即可。

对接任务可以分为以下几个步骤：

1）使用深度相机检测对接目标，可以是工作台、充电底座等。

2）设计路径点，一般对接任务的空间约束较小，路径较短，且基本不需要考虑障碍物的影响，因此可以人工设计路径点代替 A* 算法来提高路径规划的效率和稳定性。

3）参考 7.2.1 节，使用贝塞尔曲线对路径进行平滑以使其满足非完整约束。

4）按照控制频率采样生成带有时间戳的参考轨迹。

5）参考 7.2.2 节，根据机器人运动学模型设计反馈线性化算法，然后据此设计非线性控制器，接收状态观测后给出修正偏移的控制量，控制机器人跟踪目标点并最终到达终点。

实现的 Python 代码如下：

```
import numpy as np
import time
import matplotlib.pyplot as plt
from math import *
import random
import rospy
from geometry_msgs.msg import Twist
from nav_msgs.msg import Odometry


class Nonlinear（）：   # 设置初始化参数，包括路径点数量、k、L 等参数，启动 / 停止、路径补
                          偿等相关的标志位和存储状态的数组
    point_count = 320
    k = 2.5
    L = -0.085
    control_time = 0
```

```
    correct_x = 0
    correct_y = 0
    correct_theta = 0
    x = 0
    y = 0
    theta = 0
    x_cmd = 0
    y_cmd = 0
    theta_cmd = 0
    ready_to_stop = 0
    Start_flag = False
    correct_tf = False
    flag = False
    debug_tf = False
    x_r = np.zeros（point_count）
    y_r = np.zeros（point_count）
    x_d = np.zeros（point_count）
    y_d = np.zeros（point_count）
    v_r = np.zeros（point_count）
    theta_r = np.zeros（point_count）
    x_rec = []
    y_rec = []
    rec = 0
    R = np.mat（[[1, 0, 0],
                 [0, 1, 0],
                 [0, 0, 1]]）
    Q = np.mat（[[1, 0, 0],
                 [0, 1, 0],
                 [0, 0, 1]]）
    dist_aver = 0
    dis_rec = []

    def __init__（self）:                # 订阅与发送各个 ROS 话题
        self.cmd_pub = rospy.Publisher（'/cmd_vel', Twist, queue_size=1）  # 速度下发话题
        self.cmd_flag_pub = rospy.Publisher（'/cmd_if_start', Twist, queue_size=1）
                                        # 状态广播话题，1 代表对接中，0 代表对接结束
        self.target_sub = rospy.Subscriber（'/cmd_pose', Twist, self.Init_pose, queue_size=1）
                                        # 接收对接目标与机器人的初始定位
        self.dist_sub = rospy.Subscriber（'/cmd_dist', Twist, self.Init_dist, queue_size=1）
                                        # 全程接收深度相机返回的障碍距离信息，以实现停障功能
        self.pos_sub = rospy.Subscriber（'/odom_encoder', Odometry, self.callback, queue_
        size=1）                        # 接收里程计信息作为对接过程中的观测

    def callback（self, data）:
        twist = Twist（）
```

```
        p = self.point_count - 1        # 跟踪轨迹点的最后一个点的序号（终点）
        if self.Start_flag：
            if not self.correct_tf：    # 首先对里程计信息进行修正，保证从（0，0，0）开始
                self.correct_x = data.pose.pose.position.x
                self.correct_y = data.pose.pose.position.y
                self.correct_theta = data.pose.pose.position.z
                self.correct_tf = True
                self.R = np.mat（[[cos（self.correct_theta），-sin（self.correct_theta），self.
                correct_x]，
                                [sin（self.correct_theta），cos（self.correct_theta），self.
                                correct_y]，
                                [0，0，1]]）
                self.R = np.linalg.inv（self.R）
            else：                      # 开始跟踪
                x = data.pose.pose.position.x
                y = data.pose.pose.position.y
                theta = data.pose.pose.position.z + pi - self.correct_theta
                theta = （theta + pi）%（2 * pi）
                if theta > pi：
                    theta = theta - 2 * pi
                B = np.dot（self.R，[x，y，1]）
                x = B[0，0]
                y = B[0，1]

                dis = sqrt（pow（abs（x - self.x_r[p]），2）+ pow（abs（y - self.y_r[p]），2））
                error = sqrt（pow（abs（x - self.x_r[p]），2）+ pow（abs（y - self.y_r[p]），2））
                if self.control_time < self.point_count：
                    # Tracking
                    error = sqrt（pow（abs（x - self.x_r[self.control_time ]），2）+ pow（abs（y -
                    self.y_r[self.control_time ]），2））
                    v，w = self.Controller（x，self.x_r[self.control_time]，y，self.y_r[self.
                    control_time]，
                                        self.v_r[self.control_time]，
                                        self.theta_r[self.control_time]，
                                        theta）
                    if abs（w）> 0.3：
                        w = w / abs（w）* 0.3
                    if abs（v）> 0.8：
                        v = v / abs（v）* 0.8
                    print（v，w）
                    twist.linear.x = v
                    twist.angular.z = w

                elif self.control_time >= self.point_count：      # 跟踪结束，如果与终点误差较
                                                                   大，进行补偿
```

```
        # Compensate
        error = sqrt ( pow ( abs ( x - self.x_r[p] ), 2 ) + pow ( abs ( y - self.y_
        r[p] ), 2))
        if abs ( dis - self.rec ) < 0.00001:
            self.ready_to_stop += 1
        if dis > 0.02 and self.ready_to_stop < 20:
            print ( "Compensating" )
            v, w = self.Controller ( x, self.x_r[p], y, self.y_r[p],
                                    self.v_r[p],
                                    self.theta_r[p],
                                    theta )
            if abs ( v ) > 0.2:
                v = v / abs ( v ) * 0.2
            if abs ( w ) > 0.3:
                w = w / abs ( w ) * 0.3
            twist.linear.x = v
            twist.angular.z = w
        else:    # 否则结束跟踪，保存结果后退出
            twist.linear.x = 0
            twist.angular.z = 0
            self.cmd_pub.publish ( twist )
            start = Twist ()
            start.angular.x = 0
            self.cmd_flag_pub.publish ( start )
            x_rt = []
            y_rt = []
            x_rtc = []
            y_rtc = []
            for i in range ( len ( self.x_r )):
                final_xy = np.dot ( self.Q, [self.x_r[i], self.y_r[i], 1])
                x_rt.append ( final_xy[0, 0] )
                y_rt.append ( final_xy[0, 1] )
            for i in range ( len ( self.x_rec )):
                final_xy = np.dot ( self.Q, [self.x_rec[i], self.y_rec[i], 1])
                x_rtc.append ( final_xy[0, 0] )
                y_rtc.append ( final_xy[0, 1] )
            print ( "x=" + str ( x ))
            print ( "y=" + str ( y ))
            plt.switch_backend ('agg' )
            plt.xlim ( -0.4, 0.4)
            plt.plot ( x_rt, y_rt, 'r', label='reference' )
            plt.plot ( x_rtc, y_rtc, 'b', label = 'actual' )
            plt.xlabel ( "x ( m ) " )
            plt.ylabel ( "y ( m ) " )
            plt.legend ( loc=0)
```

```
                plt.savefig（'trajectory.jpg'）
                rospy.signal_shutdown（"Approach Success！ "）

            if self.dist_aver < 0.4 and self.control_time < self.point_count:
                                        # 跟踪过程中出现障碍时停障
                print（"Obstacle！ Please Move Away"）
                self.debug_tf = True
            else:
                self.debug_tf = False
            self.dis_rec.append（error）
            if not self.debug_tf:
                self.x_rec.append（x）
                self.y_rec.append（y）
                self.cmd_pub.publish（twist）
                self.control_time += 1
                self.rec = dis
            if self.debug_tf:
                twist.linear.x = 0
                twist.angular.z = 0
                self.cmd_pub.publish（twist）
                self.rec = dis

    def Init_pose（self, data）:      # 获取初始定位并规划轨迹
        if not self.flag:
            start = Twist（）
            start.angular.x = 1
            self.cmd_flag_pub.publish（start）
        if not self.Start_flag:
            if data.linear.z == 1:
                self.flag = True
                self.x_cmd = data.linear.x
                self.y_cmd = data.linear.y
                self.theta_cmd = data.angular.z
                self.Q = np.mat（[
                    [sin（-self.theta_cmd）, -cos（-self.theta_cmd）, self.x_cmd],
                    [cos（-self.theta_cmd）, sin（-self.theta_cmd）, self.y_cmd],
                    [0, 0, 1]
                ]）
                self.Q=np.linalg.inv（self.Q）
                self.Start_flag = True
                self.x_r, self.y_r = self.Path_Plan（self.x_cmd, self.y_cmd, self.theta_cmd）
                self.x_r, self.y_r, self.x_d, self.y_d, self.v_r, self.theta_r = self.Reference_
                trajectory（self.x_r,

                self.y_r）
```

```
            print（self.x_cmd， self.y_cmd， self.theta_cmd/pi*180.0）
            print（"Start_flag"， self.Start_flag）

    def Init_dist（self， data）:
        self.dist_aver = data.linear.y


    def Path_Plan（self， target_x， target_y， target_theta）:      # 生成初始参考路径
        # 选择控制点
        P0 = np.array（[0， 0]）
        P1 = np.array（[target_x / 5.0， 0]）
        P2 = np.array（[target_x / 3.0， target_y -（2.0*target_x / 3.0）* tan（target_theta）]）
        P3 = np.array（[target_x / 3.0， target_y -（2.0*target_x / 3.0）* tan（target_theta）]）
        P4 = np.array（[target_x， target_y]）
        x_2 = []
        y_2 = []
        for t in np.arange（0， 1， 1.0 / self.point_count）:
            p11_t =（1 - t）* P0 + t * P1
            p12_t =（1 - t）* P1 + t * P2
            p13_t =（1 - t）* P2 + t * P3
            p14_t =（1 - t）* P3 + t * P4
            p21_t =（1 - t）* p11_t + t * p12_t
            p22_t =（1 - t）* p12_t + t * p13_t
            p23_t =（1 - t）* p13_t + t * p14_t
            p31_t =（1 - t）* p21_t + t * p22_t
            p32_t =（1 - t）* p22_t + t * p23_t
            p4_t =（1 - t）* p31_t + t * p32_t
            x_2.append（p4_t[0]）
            y_2.append（p4_t[1]）
        return x_2， y_2

    def Reference_trajectory（self， x_r， y_r）:   # 生成参考轨迹
        for i in range（self.point_count - 1）:
            self.x_d[i] = self.x_r[i + 1] - self.x_r[i]
            self.y_d[i] = self.y_r[i + 1] - self.y_r[i]
            self.v_r[i] = sqrt（pow（self.x_d[i]， 2）+ pow（self.y_d[i]， 2））
            self.theta_r[i] = atan（self.y_d[i] * 1.0 / self.x_d[i]）
        return self.x_r， self.y_r， self.x_d， self.y_d， self.v_r， self.theta_r

    def Controller（self， x， x_r， y， y_r， v_r， theta_r， theta）:
    # 根据反馈线性化算法设计控制器
        v = -self.k *（self.L +（x - x_r）* cos（theta）+（y - y_r）* sin（theta））+ v_r * cos（theta_
```

```
            r - theta )
        w = v_r / self.L * sin ( theta_r - theta ) + self.k / self.L * ( ( x - x_r ) * sin ( theta ) - ( y
        - y_r ) * cos ( theta ))
        return v, w


if __name__ == "__main__":
    rospy.init_node ( "Dock_node" )
    rospy.loginfo ( "Start Docking Process" )
    nc = Nonlinear ()
    rospy.spin ()
```

上述代码中选择使用里程计作为反馈的观测，在实际对接任务中，标定好的里程计在短距离移动时精度足够，而且频率很高，可以满足需求。实际移动的轨迹与参考轨迹对比如图 9-24 所示，可以看到轨迹基本重合，但最后存在一小段距离跟不上，分析控制器输出得知是电机驱动存在死区，当下发速度低于阈值时会静止，一个简单的解决方案是在下发速度低于阈值时，将其改为最低速度下发，可以有效改善此问题。

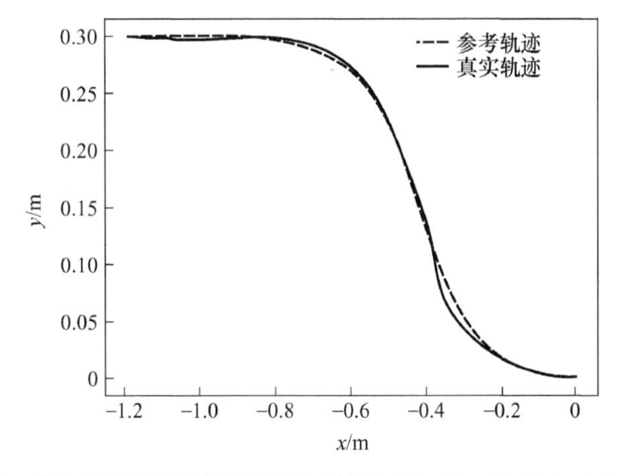

图 9-24　对接任务下的真实轨迹与参考轨迹（从（0，0）到（-1.2，0.3））

本章小结

本章从机器人操作系统（Robot Operating System，ROS）和 Gazebo 仿真环境入手，介绍了如何构建模块化的软件架构，实现节点间的通信和数据交换。接下来，通过使用 turtlesim 功能包，实践了 ROS 下的运动控制基础。控制小海龟运动的练习帮助读者理解了速度控制和传感器反馈的基本原理，创建工作空间、组织和管理 ROS 项目，也通过小海龟运动控制例程中的 Publisher 与 Subscriber 的使用展示了 ROS 通信机制的核心。

本章随后专注于移动机器人的定位实践，涵盖了卡尔曼滤波器的 Python 实现，观测模型的构建，基本移动和定位方法，以及 Gazebo 中的颜色识别技术等。最终以 SLAM（Simultaneous Localization and Mapping）的实践使读者了解了机器人在未知环境中自主导航的技术基础。

在移动机器人路径规划和轨迹跟踪控制实践环节，首先实践了 A* 等传统算法的路径规划方法，然后探讨了基于智能算法的路径规划，随后通过移动机器人轨迹跟踪的实践，让读者了解移动机器人的轨迹生成和轨迹跟踪的控制方法。

综上所述，本章为读者提供了一个全面的智能机器人运动控制实践框架，从基础的运动控制、定位、路径规划到轨迹跟踪技术，每一部分都通过 ROS 和 Gazebo 环境的实践来加深理解。通过本章的学习，读者不仅能够掌握理论知识，还能够通过实践来提升解决实际问题的能力。

参考文献

[1] PILLAY P, KRISHNAN R. Modeling of permanent magnet motor drives[J]. IEEE Transactions on Industrial Electronics, 1988, 35 (4): 537–541.

[2] JAHNS T M. Flux–weakening regime operation of an interior permanent–magnet synchronous motor drive[J]. IEEE Transcations on Industry Applications, 1987, 23 (4): 681–689.

[3] WEBER H F. Pulse–width modulation DC motor control[J]. IEEE Transactions on Industrial Electronics and Control Instrumentation, 1965 (1): 24–28.

[4] PILLAY P, KRISHNAN R. Modeling, simulation, and analysis of permanent–magnet motor drives. I. The permanent–magnet synchronous motor drive[J]. IEEE Transactions on Industry Applications, 1989, 25 (2): 265–273.

[5] PAL D. Modeling, analysis and design of a DC motor based on state space approach[J]. International Journal of Engineering Research & Technology (IJERT), 2016, 5 (2): 293–296.

[6] QIN S J. An overview of subspace identification[J]. Computers & Chemical Engineering, 2006, 30 (10–12): 1502–1513.

[7] BJÖRCK Å. Least squares methods[J]. Handbook of Numerical Analysis, 1990, 1: 465–652.

[8] VAN O P, DE M B. N4SID: Subspace algorithms for the identification of combined deterministic–stochastic systems[J]. Automatica, 1994, 30 (1): 75–93.

[9] KALMAN R E. Contributions to the theory of optimal control[J]. Bol. Soc. Mat. Mexicana, 1960, 5 (2): 102–119.

[10] MAYNE D Q. A solution of the smoothing problem for linear dynamic systems[J]. Automatica, 1966, 4 (2): 73–92.

[11] LINDQUIST A. On feedback control of linear stochastic systems[J]. SIAM Journal on Control, 1973, 11 (2): 323–343.

[12] GEORGIOU T T, LINDQUIST A. The separation principle in stochastic control, redux[J]. IEEE Transactions on Automatic Control, 2013, 58 (10): 2481–2494.

[13] MUIR P F, NEUMAN C P. Kinematic modeling of wheeled mobile robots[J]. Journal of Robotic Systems, 1987, 4 (2): 281–340.

[14] BORENSTEIN J, KOREN Y. Real–time obstacle avoidance for fast mobile robots[J]. IEEE Transactions on Systems, Man, and Cybernetics, 1989, 19 (5): 1179–1187.

[15] DE LUCA A, ORIOLO G, SAMSON C. Feedback control of a nonholonomic car–like robot[J]. Robot Motion Planning and Control, 2005 (4): 171–253.

[16] FIORINI P, SHILLER Z. Motion planning in dynamic environments using velocity obstacles[J]. The International Journal of Robotics Research, 1998, 17 (7): 760–772.

[17] ANTONELLI G, Chiaverini S, Fusco G. A calibration method for odometry of mobile robots based on the least–squares technique: Theory and experimental validation[J]. IEEE Transactions on Robotics, 2005, 21 (5): 994–1004.

[18] ANDERSON B D O, MOORE J B. Optimal filtering[M]. Chelmsford: Courier Corporation, 2005.

[19] SENNE K. Stochastic processes and filtering theory[J]. IEEE Transactions on Automatic Control, 1972, 17 (5): 752–753.

[20] HART P E, NILSSON N J, RAPHAEL B. A formal basis for the heuristic determination of minimum cost paths[J].IEEE Transactions on Systems Science & Cybernetics, 1972, 4 (2): 28–29.

[21] KENNEDY J，EBERHART R. Particle swarm optimization[C]//IEEE International Conference on Neural Networks（ICNN–95）. New York：IEEE. 1995.

[22] SKRJANC I，KLANCAR G. Cooperative collision avoidance between multiple robots based on bezier curves[C]//2007 29th International Conference on Information Technology Interfaces. New York：IEEE. 2007：451–456.

[23] CHOI J，CURRY R，ELKAIM G. Path planning based on bézier curve for autonomous ground vehicles[C]//Advances in Electrical and Electronics Engineering–IAENG Special Edition of the World Congress on Engineering and Computer Science 2008. New York：IEEE. 2008：158–166.